铁路职业教育铁道部规划教材

（高 职）

工程材料

蒋 荣 主编
姜 波 主审

中国铁道出版社
2015年·北京

内 容 简 介

本书主要系统介绍了工程材料的性质和应用知识，将工程材料与工程应用紧密地联系在一起。第1章介绍材料的基本知识，第2～9章分别介绍了工程中常用的石材、无机胶凝材料、混凝土、建筑砂浆、钢材、沥青及防水材料、木材及其他材料。本书将工程材料与铁路工务部门的工作实践相结合，依据铁路及相关行业的最新规范进行编写，突出行业特点。

本书为高职高专土木工程专业的教学用书，也可供相关技术人员参考。

图书在版编目(CIP)数据

工程材料／蒋荣主编．—北京：中国铁道出版社，2008.1(2015.3 重印)
铁路职业教育铁道部规划教材．高职
ISBN 978-7-113-08534-6

Ⅰ．工…　Ⅱ．蒋…　Ⅲ．工程材料—高等学校：技术学校—教材
Ⅳ．TB3

中国版本图书馆 CIP 数据核字(2008)第 005939 号

书　　名：工程材料
作　　者：蒋　荣　主编

责任编辑：李丽娟　　　　电话：(010)51873135
封面设计：陈东山
责任校对：张玉华
责任印制：金洪泽

出版发行：中国铁道出版社(北京市西城区右安门西街 8 号　邮政编码：100054)
印　　刷：三河市华业印务有限公司
版　　次：2008 年 2 月第 1 版　　2015 年 3 月第 4 次印刷
开　　本：787 mm×1092 mm　1/16　印张：12.75　字数：316 千
书　　号：ISBN 978-7-113-08534-6
定　　价：26.00 元

前　言

本书为铁路职业教育铁道部规划教材，是根据铁路高职教育铁道工程（工务）专业教学计划“工程材料”课程教学大纲编写的。

本书主要系统介绍了工程材料的性质和应用知识，将工程材料与工程应用紧密地联系在一起。书中以石材、水泥、混凝土、砂浆、建筑钢材、沥青及防水材料为重点，并注意反映新材料的特点。本书将工程材料与铁路工务部门的工作实践相结合，依据铁路及相关行业的最新规范进行编写，突出行业特点。

本书第 1 章介绍材料的基本知识，第 2 ~ 9 章分别介绍了工程中常用的石材、无机胶凝材料、混凝土、建筑砂浆、钢材、沥青及防水材料、木材及其他材料。为了加强实践性教学环节，提高学生的实践动手能力，本书将材料试验内容集中编于书后第 10 章中。另外，各章后所附习题有助于巩固学生所学知识。

本教材由湖南交通工程职业技术学院蒋荣主编，石家庄铁道职业技术学院姜波主审，包头铁路工程学校闫宏生、天津铁道职业技术学院蔺伯华、华东交通大学职业技术学院曾润忠参与编写。各章编写人员为：第 1、4 章，第 10 章第 2 节由蒋荣编写；第 2、5 章，第 10 章第 3 节由蔺伯华编写；第 3、8 章，第 10 章第 1 节由闫宏生编写；第 6、7、9 章，第 10 章第 4、5 节由曾润忠编写。

本书编写承蒙同行们的大力支持和帮助，谨此致以衷心的感谢。由于材料科学发展很快，工程材料及其产品不断推陈出新，加之编者水平有限，书中有疏漏不妥之处，敬请专家、同仁和广大读者不吝指出。

编　者

2007 年 9 月

目　录

1 工程材料的基本知识

【学习目标】通过本章的学习，要求了解工程材料在铁道工程中的重要地位，掌握工程材料的分类、材料的各项基本性质。

1.1 工程材料概论

1.1.1 工程材料及其分类

土木建筑工程中所使用的各种材料及其制品，统称为工程材料，或称建筑材料。

工程材料品种繁多，通常分为无机材料、有机材料和复合材料，其中无机材料又可分为金属材料和非金属材料。各种工程材料的分类详见表1－1。

表1－1 工程材料的分类

无机材料	金属材料	黑色金属：铁、碳素钢、合金钢等 有色金属：铝、铜、锌及其合金等
	非金属材料	天然石材：砂、石子、各种岩石加工的石材等 烧土制品：砖、瓦、陶瓷等 胶凝材料：石灰、石膏、水玻璃、菱苦土、水泥等 混凝土、砂浆：普通混凝土、轻骨料混凝土、特种混凝土、各种砂浆等 硅酸盐制品：多孔混凝土、粉煤灰砖和砌块等 碳化制品：碳化砖、碳化板等 保温材料：石棉、矿物棉、玻璃棉、膨胀蛭石、膨胀珍珠岩及其制品等 玻璃：彩色玻璃、镀膜玻璃、钢化玻璃、吸热玻璃、玻璃制品等
有机材料	动植物材料	木材、竹材、苇材、毛毡及其制品等
	高分子材料	石油沥青、煤沥青及其制品、塑料、涂料、胶黏剂、橡胶等
复合材料	无机与有机复合	玻璃纤维增强塑料、聚合物混凝土、沥青混凝土等
	金属与非金属复合	钢筋混凝土、钢丝网水泥、塑铝复合板、铝箔面油毡等
	其他复合材料	水泥石棉制品、不锈钢包覆钢板等

1.1.2 工程材料在工程建设中的地位

1. 工程材料是工程建设中不可缺少的物质基础

任何一项工程建设都需要使用工程材料。例如，修建一条Ⅰ级铁路干线，在平原地区每延长1 km，约需要各种材料6 000余吨，在山岳地区则需要15 000余吨。又如住宅、办公楼等建筑，每1 000 m^2 面积约需1 000～1 500余吨材料，估计用量举例如表1－2所示。因此，随着工程建设的进展，要及时地提供数量充足、质量良好、品种齐全的各种材料，才能保证工程建设的顺利进行。

表 1-2　1 000 m^2 房屋建筑用料参考量

建筑类型	红砖（千块）	砂（m^3）	砾石（m^3）	水泥（t）	钢材（t）	木材（m^3）	玻璃（m^2）	石灰膏（m^3）
5 层框架办公楼	23	370	40	231	35.0	37	160	5
6 层砖混住宅楼	209	370	16	159	15.5	51	140	20

2. 工程材料直接影响工程质量

工程材料的质量如何，直接影响着工程的质量，具体表现为材料的品种、组成、构造、规格及使用方法都会对工程的结构安全性、耐久性、适用性产生影响。将劣质材料使用到工程中，必然危害工程质量，影响工程的使用效果和耐久性能，甚至会造成严重事故。因此，必须从材料的生产、选择、使用和检验评定以及材料的储存、保管等各个环节确保材料的质量。对于新材料和代用材料的应用，要采取积极而又慎重的态度，使用前必须经过严格检验和技术鉴定。

3. 工程材料决定着工程造价和经济效益

材料费用在工程总造价中占有较大的比重，一般约占 50% ~60% 。因此，在保证材料质量的前提下，降低材料费用，对降低工程造价、提高经济效益，将起很大的作用。正确选择、就地取材、合理利用、减少浪费、科学管理等，都是降低材料费用的合理途径。

4. 新型材料的研制和发展将促进工程结构和施工技术的进步

在人类历史发展过程中，建筑材料有过三次重大的突破，带来了建筑技术的三次大飞跃。

公元前 3 世纪有了烧制的砖瓦、陶瓷、石灰，使建筑冲破了天然材料的局限，得以营造大量的、较大规模的、坚固耐用的各种建筑，这是建筑技术的第一次飞跃。

19 世纪中叶炼出了钢铁，钢结构的发展使结构的跨度从几米、几十米发展到上百米乃至几百米。19 世纪 20 年代有了水泥，随后又有了混凝土、钢筋混凝土、预应力混凝土，使结构的形式和规模都有了巨大的发展。这是土木工程发生的第二次大飞跃。

第三次飞跃从 20 世纪 30 年代人工合成材料问世至今，各种高分子材料和有机、无机、金属、非金属的复合材料迅速发展，这些轻质、高强、多功能的材料，大大地减轻了材料的自重，为建筑物向高层空间发展创造了极好的条件。

随着我国国民经济的发展，对建筑功能、工程结构的要求越来越高，从而对材料也提出了更高的要求。例如大跨度的桥梁、超高层的建筑等，都需要有新型的工程结构，也需要更高强度的钢材、混凝土；对于高层、高等级的建筑，还需要大量具有多种功能的轻质复合墙体材料和各种高档次的装饰材料。对工程的高、新要求促进了材料的发展，反过来，新材料的发展也促进了结构和施工技术的不断进步，使工程建筑的功能、适用性、艺术性、坚固性和耐久性都得到的改善。

1.1.3　新型材料的发展方向

为适应时代发展的需要，必须不断提高工程质量和降低工程造价，不断研究材料技术，开发新型产品，新型材料的发展具有以下趋势：

1. 高强：研制和发展高强度材料，以减小承重结构构件的截面，降低结构自重。

2. 轻质：发展轻质材料，减轻建筑物的自重，降低运输费用和工人劳动强度。

3. 复合高效多功能：发展高性能的复合材料，使材料具有高耐久性、高防火性、高防水性、高保温性、高吸声性、高装饰性等优异性能，并且使一种材料具有多种功能，除了满足坚固、安全、耐久性的要求之外，还具有良好的保温隔热、吸声、防潮、装饰等功能。

4. 节约能源：研制和生产低能耗（包括材料生产能耗和建筑使用能耗）的节能建筑材料，这对于降低成本、节约能源将起到十分有益的作用。

5. 综合利用：充分利用各种地方材料和工业废渣来生产工程材料，降低成本，变废为宝，化害为利，节约能源，改善环境。

6. 工业化生产：发展适用于由工厂大规模生产、机械化安装施工的材料制品，加快施工速度。

1.1.4 材料产品的标准

工程材料、建筑材料的生产、销售、采购、验收和质量检验，均应以产品质量标准为依据。我国材料的产品标准分为国家标准、行业标准、地方标准、企业标准四类。这些标准均以标准代号、标准号、颁布年份的次序表达，如“GB 175—1999”表示国家标准第175号，是在1999年颁布的。

1. 国家标准“GB”。在全国范围内统一的标准，如：

GB——全国强制性标准；

GB/T——全国推荐性标准；

GBJ——全国建筑工程技术方面的标准。

2. 行业标准。包括部级标准和专业标准，如：

JGJ——建工部（建设部）建筑工程技术标准；

JCJ——建材工业部建筑工程技术标准；

TBJ——铁道部建筑工程技术标准；

ZB——专业标准。

3. 地方标准“DB”。地方性标准。

4. 企业标准“QB”。企业内部的标准。

我国加入WTO以来，为了加快我国建筑材料工业与世界步伐的接轨，促进建材工业的科技进步，提高产品质量和标准化水平，扩大建筑材料的对外贸易，采用和参考了国际通用标准和先进标准。常用的国际标准有以下几类：

美国材料与试验协会标准（ASTM），属于国际团体和公司标准。

联邦德国工业标准（DIN），欧洲标准（EN），属于区域性国家标准。

国际标准组织标准（ISO），属于国际性标准化组织的标准。

1.1.5 本课程的任务和学习方法

“工程材料”是土木建筑工程各专业的一门重要课程，是一门应用技术，同时也是后续专业课程的基础。

本课程主要学习材料的基本性质和各种常用材料的生产成分、技术性质、规格标准、质量检验、应用范围、储运保管等知识，以期为工程建筑、结构、施工等专业课程提供材料方面的基本知识，亦为今后从事技术工作时，就材料选用、质量鉴定、验收保管、运输储存等方面打下必要的基础。

1. 学生学完本课程后，应达到以下要求：

（1）了解各种材料的成分、结构和生产加工原理；

（2）掌握各种材料的技术性质、应用范围、质量检验、储运保管的知识，能查阅有关技术资

料、标准规范,合理选用材料;

(3)掌握常用材料的质量检验方法,具有正确使用试验设备、完成材料试验、鉴别材料质量的能力。

2. 学习本课程应注意的学习方法:

(1)联系和运用物理、化学、数学、力学等基础知识,分析和研究有关材料的问题;

(2)注意要着重理解材料的主要技术性质,理解它的原理,掌握它的应用;

(3)材料试验是熟悉材料性质、鉴定材料质量的重要手段,也是培养试验能力的重要过程,必须认真完成各项试验和掌握试验方法;

(4)充分利用到工厂、工地参观和实习的机会,了解常用材料的品种、规格、应用和储存的情况;

(5)经常阅读有关报纸杂志中介绍的材料新产品、新标准,注意材料的发展动向。

1.2 材料的基本性质

工程材料(建筑材料)在各种土建工程中起着不同的作用,有的主要承受荷载,有的起围护作用,有的则起保温隔热或表面装饰、防水防潮、防腐、防火等作用。材料在这些外力、阳光、大气、水分及各种介质作用下,会发生受力变形、热胀冷缩、干湿变形、冻融交替、化学侵蚀等现象,这些因素都会使材料产生不同程度的破坏。为了使建筑物和构筑物能够安全、耐久、适用而又经济,必须在工程设计和施工中充分了解和掌握各种材料的性质和特点,以便正确、合理地选择和使用材料,使其性能满足使用者要求。

工程材料品种繁多,性质各异,有其共性,也有其特性。本节将对工程材料在物理、力学等方面的各种共同性质作专题介绍,建立起主要概念,论述其内涵和相互关联,以便在后续各章中理解和接受。

1.2.1 材料的基本物理性质

1. 密度

密度是指单位体积物质的质量,其单位可用 g/cm^3、kg/L 或 kg/m^3 表示。但是,由于材料有密实的、多孔的和颗粒堆积等不同状态,材料的密度也就有密实密度、表观密度、体积密度和堆积密度之分。

(1)密度:材料在密实状态下单位体积的质量称为材料的密度,用式(1-1)计算:

$$\rho = \frac{m}{V} \tag{1-1}$$

式中 ρ——材料的密实密度,g/cm^3;

m——材料的干质量,g;

V——材料在密实状态下的体积,cm^3。

材料"在密实状态下的体积"是材料体积内固体物质所占的体积,不包括孔隙在内的体积。对于绝对密实而外形规则的材料,体积可采用测量计算的方法求得。对于可研磨的非密实材料,体积可采用研磨成细粉,再用密度瓶测定。

(2)表观密度:材料在自然状态下不含开口孔隙时单位体积的质量称为材料的表观密度。

对于自身较为密实的颗粒堆积材料,如配制混凝土所用的砂、石等材料,可不必磨成细粉,

而直接用颗粒排水测得体积(包含少量的封闭孔隙而不含开口孔隙的体积),这样计算得的密度即是表观密度,用式(1-2)计算:

$$\rho' = \frac{m}{V'} \tag{1-2}$$

式中 ρ'——颗粒堆积材料的表观密度,g/cm^3;

m——颗粒堆积材料的干质量,g;

V'——包含少量封闭孔隙而不含开口孔隙的颗粒体积,cm^3。

(3)体积密度:材料(块体或颗粒)在自然状态下单位体积的质量称为体积密度,用式(1-3)计算:

$$\rho_0 = \frac{m}{V_0} \tag{1-3}$$

式中 ρ_0——材料的体积密度,g/cm^3 或 kg/m^3;

m——材料的质量,g 或 kg;

V_0——材料自然状态下的体积(自然体积),cm^3 或 m^3。

材料的体积密度,通常是指干燥状态的体积密度(干体积密度)。但在自然状态下的材料,常含有一些水分,会影响体积密度的值,这时应标明其含水状态(湿体积密度)。

(4)堆积密度:颗粒材料(或纤维材料)在自然堆积状态下单位体积的质量称为堆积密度,用式(1-4)计算:

$$\rho_0' = \frac{m}{V_0'} \tag{1-4}$$

式中 ρ_0'——材料的堆积密度,g/cm^3 或 kg/m^3;

m——材料的质量,g 或 kg;

V_0'——材料的堆积体积,cm^3 或 m^3。

材料的堆积体积是指颗粒(或纤维)自然堆积状态下,包含空隙体积在内的自然体积。颗粒堆积材料的堆积体积要用已知容积的容器量得。

堆积密度是颗粒材料松散(松装)状态的密度,如果颗粒材料按规定方法颠实后,其单位体积质量则称为紧密密度。

材料的密实密度、表观密度、体积密度和堆积密度,是材料的主要物理性质,用于材料的质量与体积之间的换算,如材料的用量、运输量和堆积空间的计算、材料配合比的计算,构件自重的计算等。

2. 密实度和孔隙率

(1)密实度:密实度是指在材料的自然体积中,被固体物质所充实的程度,用材料中固体物质的体积占总体积的百分数,用式(1-5a)计算:

$$D = \frac{V}{V_0} \times 100\% \tag{1-5a}$$

亦可采用材料的密度和体积密度计算,用式(1-5b)计算:

$$D = \frac{V}{V_0} \times 100\% = \frac{m/\rho}{m/\rho_0} = \frac{\rho_0}{\rho} \times 100\% \tag{1-5b}$$

式中 D——材料的密实度,%。

(2)孔隙率:孔隙率是指在材料的自然体积中,孔隙体积所占的比例,用式(1-6)计算:

$$P = \frac{V_0 - V}{V_0} \times 100\% = 1 - D = \left(1 - \frac{\rho_0}{\rho}\right) \times 100\% \tag{1-6}$$

式中　P——材料的孔隙率,%。

材料的密实度和孔隙率,从两个不同方面反映材料的基本性质——密实程度。材料的许多性质,如材料的体积密度、强度、吸水性、抗冻性、抗渗性、导热性、吸声性、耐蚀性等,都与材料孔隙率的大小和孔隙特征有直接关系。

材料的孔隙特征包括孔隙构造和孔隙粗细两个方面,孔隙的构造是指孔隙是封闭的还是开口连通的,孔隙粗细是指孔隙是粗大的或是细微的。

3. 填充率和空隙率

对于砂、石子、粉粒等颗粒堆积材料(或纤维堆积材料)的密实程度,可用填充率和空隙率来表示。

(1)填充率:填充率是指在颗粒材料(或纤维材料)的堆积体积中,被颗粒(或纤维)所填充的程度,用式(1-7)计算:

$$D' = \frac{V'}{V_0'} \times 100\% = \frac{\rho_0'}{\rho'} \times 100\% \tag{1-7}$$

式中　D'——材料的填充率,%。

(2)空隙率:空隙率是指颗粒材料(或纤维材料)的堆积体积中,颗粒(或纤维)间的空隙体积所占的百分率,用式(1-8)计算:

$$P' = \frac{V_0' - V'}{V_0'} \times 100\% = 1 - D' = \left(1 - \frac{\rho_0'}{\rho'}\right) \times 100\% \tag{1-8}$$

式中　P'——材料的空隙率,%。

常用材料的密度和孔(空)隙率见表1-3。

表1-3　几种常用材料的基本物理参数

材料名称	密度(g/cm^3)	表观密度(g/cm^3)	体积密度(kg/m^3)	堆积密度(kg/m^3)	孔隙率(%)	空隙率(%)
钢　材	7.85	—	7 850	—	0	—
花岗岩	2.6~2.9	2.6~2.8	2 500~2 800	—	0.5~1.0	—
普通混凝土	2.6~2.8	—	2 300~2 500	—	5~20	—
烧结黏土砖	2.5~2.7	—	1 700~1 900	—	20~40	—
多孔混凝土	3.0	—	600~800	—	70~80	—
松　木	1.55	—	400~800	—	55~75	—
碎石或卵石	2.6~2.9	2.5~2.8	—	1 500~1 700	—	35~45
普通砂	2.6~2.7	2.5~2.7	—	1 400~1 600	—	35~45
水　泥	2.9~3.1	—	—	1 200~1 300	—	55~60

1.2.2　材料的力学性质

材料的力学性质又称机械性质,是指材料在外力作用下的变形性能和抵抗破坏的能力。

1. 强度

材料抵抗外力(荷载)破坏的能力称为材料的强度。

材料所受的外力有压缩、拉伸、剪切和弯曲等多种形式，根据材料所受外力的形式不同，材料的强度分为抗压强度、抗拉强度、抗剪强度和抗弯（抗折）强度四种，如图 1－1 所示。

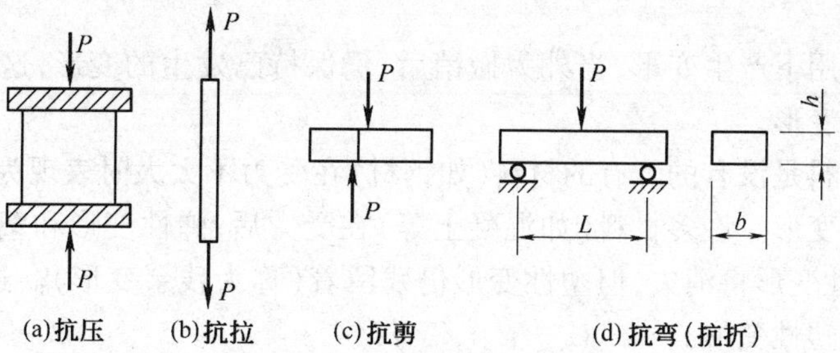

图 1－1　材料的几种受力状态

材料的抗压强度、抗拉强度和抗剪强度，均可按式（1－9）计算：

$$f=\frac{P}{A} \tag{1-9}$$

式中　f——材料的强度，包括抗压强度 f_c、抗拉强度 f_t 和抗剪强度 f_v，N/mm^2 即 MPa；

P——材料受压、受拉、受剪破坏时的荷载，N；

A——材料的受力面积，mm^2。

材料的抗弯强度（又称抗折强度）与材料的截面和受力情况有关，不同形状大小的试件，不同的受力情况，其计算公式是不同的。材料试验中，常采用矩形截面试件，在两支点正中作用一个集中荷载，如图 1－1（d）所示，其抗折强度按式（1－10）计算：

$$f_f=\frac{3PL}{2bh^2} \tag{1-10}$$

式中　f_f——材料的抗折强度，N/mm^2 即 MPa；

P——受弯破坏时的荷载，N；

L——跨距，即两支点间的距离，mm；

b——材料截面的宽度，mm；

h——材料截面的高度，mm。

强度是材料的主要技术性质之一。凡是用于承重的各种材料，都规定了有关强度的测定方法和计算方法，都以其主要强度的大小划分为若干个强度等级，以供结构设计和施工时合理选用。这将在以后各章中分别论述。

几种常用材料的强度见表 1－4。

表 1－4　几种常用材料的强度

材料名称	抗压强度（MPa）	抗拉强度（MPa）	抗折强度（MPa）
钢　材		300～1 500	
松木（顺纹）	30～60	80～120	60～110
花岗岩	100～250	5～8	10～14
普通黏土砖	7.5～30		2～5
普通混凝土	7.5～60	0.7～4	0.7～4
水　泥	30～80		5～9

2. 弹性与塑性

材料在外力作用下产生变形,当外力撤销时,变形随之消失,这种性质称为弹性。这种变形称为弹性变形。

材料在外力作用下产生变形,当外力撤销后,仍保持已发生的变形,这种性质称为塑性。这种变形称为塑性变形。

单纯弹性的材料是没有的。有的材料(如钢材)在受力不太大时表现为弹性,超过弹性限度之后便出现塑性变形。许多材料(如混凝土等)在受力后,弹性变形和塑性变形同时发生,若撤销外力,其弹性变形将消失,但塑性变形仍残留着(称为残余变形)。这种既有弹性又有塑性的变形称为弹塑性变形。

3. 韧性与脆性

材料受力时,发生较大变形尚不破坏的性质称为韧性。具有这种性质的材料称为韧性材料。如钢材、木材、塑料、橡胶等属于韧性材料。

材料受力时,在没有明显变形的情况下突然破坏的性质称为脆性。具有这种性质的材料称为脆性材料。如生铁、混凝土、砖、石、玻璃、陶瓷等均属于脆性材料。一般来说,脆性材料的抗压强度较高,而抗拉强度却很低,比其抗压强度低得多,这从表 1-4 中可以看出。

4. 硬度与耐磨性

材料抵抗外物压入或刻画的性质称为硬度。木材、金属等韧性材料的硬度,往往采用压入法来测定。压入法硬度的指标有布氏硬度和洛氏硬度,它等于压入荷载值除以压痕的面积或密度。而陶瓷、玻璃等脆性材料的硬度往往采用刻画法来测定,称为莫氏硬度,根据刻画矿物(滑石、石膏、磷灰石、正长石、硫铁矿、黄玉、金刚石等)不同分为 10 级。

材料抵抗外物磨损的性质称为耐磨性。硬度大、强度高的材料,其耐磨性好。铁路的钢轨和用于路面、地面、桥面、阶梯等部位的材料,都要求使用耐磨性好的材料。

1.2.3 材料与水有关的性质

1. 亲水性与憎水性

材料与水接触时,根据材料表面对水的吸附程度,有亲水与憎水两种不同情况。

大多数材料的表面对水的吸附力较大,水在材料表面呈摊开状[润湿角 $\theta<90°$,如图 1-2(a)所示],材料表面能被水润湿,材料中的开口微孔能将水吸入,材料的这种性质称为亲水性,具有这种性质的材料称为亲水性材料。工程上常见的有木材、砖、石、混凝土等。

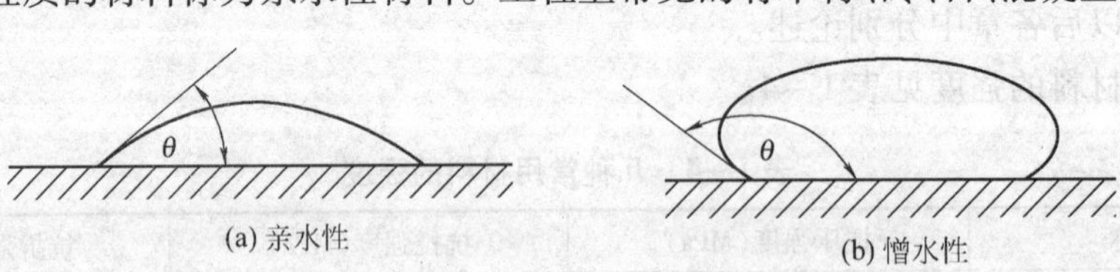

图 1-2 材料的亲水性和憎水性

少数材料的表面对水的吸附力较小,由于水的内聚力作用,水在材料表面收拢成珠状[润湿角 $\theta\geq 90°$,如图 1-2(b)所示],材料表面不易被润湿,材料中的微细孔隙不会将水吸入,材料的这种性质称为憎水性,具有这种性质的材料称为憎水性材料。沥青、石蜡等材料属于憎水性材料。憎水性材料常用作防水材料,或对亲水性材料表面作防水处理。

2. 吸水性

材料在水中吸水的性质称为吸水性。材料的吸水性用质量吸水率或体积吸水率表示。

材料在吸水饱和状态下，所吸收水分的质量与材料干质量比值的百分率称为材料的质量吸水率（简称为吸水率），用式(1-11a)表示：

$$w_m = \frac{m_b - m}{m} \times 100\% \tag{1-11a}$$

式中　w_m——材料的质量吸水率，%；

m_b——材料吸水饱和时的质量，g；

m——材料烘干至恒重时的质量，g。

对于轻质多孔材料的吸水性，可用体积吸水率表示。材料在吸水饱和状态下，所吸水分的体积与材料自然状态体积比值的百分率称为材料的体积吸水率，用式 (1-11b)表示：

$$w_v = \frac{m_b - m}{V_0} \cdot \frac{1}{\rho_w} \times 100\% \tag{1-11b}$$

式中　w_v——材料的体积吸水率，%；

V_0——材料在干燥状态时的自然体积，cm^3；

ρ_w——水的密度，取 1 g/cm^3。

材料吸水性的强弱，取决于材料的亲水性、孔隙率和孔隙特征。一般说来，孔隙率较大的亲水性材料，其吸水率大，吸水性强。但如果是封闭的孔隙，则不能进水；粗大孔隙虽易进水，却不易存留。因而一般具有大量开口连通细微孔隙的亲水性材料（如木材、砖、多孔混凝土等），其吸水性是很强的。

3. 吸湿性

材料在潮湿环境中吸收空气中水分的性质称为吸湿性。材料的吸湿性用含水率表示。

材料在自然状态下，所含水分的质量与材料干质量比值的百分率称为材料的含水率，用式(1-12)表示：

$$w_h = \frac{m_h - m}{m} \times 100\% \tag{1-12}$$

式中　w_h——材料的含水率，%；

m_h——材料含水时的质量，g。

材料含水率的大小，除与材料的亲水性、孔隙率、孔隙特征有关之外，还随着周围环境的温度、湿度而变化。当周围环境较为潮湿时，材料将吸入水分，使含水率增大；反之，当周围环境较为干燥时，材料中的水分蒸发，使含水率下降，直至与外界湿度达到平衡为止。达到平衡时材料的含水率称为平衡含水率。

4. 耐水性

材料在长期饱和水作用下保持其原有性质的能力称为耐水性。

材料在吸水后，由于水分子的侵入，削弱了材料微粒间的结合力，还会将其中易溶于水的成分溶解，而使材料的强度有不同程度的下降（软化），严重者会完全丧失其强度（如黏土）。结构材料的耐水性主要指材料吸水饱和后强度的变化，用软化系数 K_R 表示，按式(1-13)计算：

$$K_R = \frac{f_s}{f_g} \tag{1-13}$$

式中 f_s——材料吸水饱和状态下的抗压强度,MPa;

f_g——材料在干燥状态下的抗压强度,MPa。

材料的软化系数 K_R 在 0~1 之间。K_R 越接近于 1,材料的耐水性越好。凡用于受水浸泡或潮湿环境的重要材料,要求 $K_R \geqslant 0.85$;用于受潮湿较轻或次要部位的材料,要求 $K_R \geqslant 0.70$。通常 $K_R > 0.85$ 的材料,可认为是耐水材料。

5. 抗渗性

材料抵抗压力水(或其他液体)渗透的能力称为抗渗性。材料抗渗性能的好与差,主要由材料的孔隙率和孔隙特征决定,增大材料的密实性或使材料内部形成一定量的封闭孔隙,能提高材料的抗渗性能。

抗渗性可用渗透系统表示,根据水力学的渗透定律,渗透系数可按式(1-14)计算。

$$k = \frac{Qd}{HAt} \tag{1-14}$$

式中 Q——透过材料试件的水量,cm^3;

H——水头差,cm;

A——渗水面积,cm^2;

d——试件厚度,cm;

t——渗水时间,h;

k——渗透系数,cm/h。

材料的抗渗性,可用抗渗等级 Pn 表示。其中的“P”是抗渗等级的代号,其后的数字代表材料在不发生渗透的前提下所能承受的最大水压。“P6”代表材料按标准方法作抗渗试验时,在 0.6 MPa 的水压作用下不发生渗透。

6. 抗冻性

材料在吸水饱和状态下,抵抗冻融循环破坏的能力称为材料的抗冻性。

由于水结冰时体积膨胀大约 9%,所以材料孔隙内的水结冰膨胀,将对材料的孔壁产生很大的压力,而使材料产生内外裂纹、表面剥落、强度下降,引起冻融破坏,冻融循环次数越多,冻融破坏就越严重。

材料的抗冻性,用抗冻等级 Fn 表示,其中的“F”是抗冻等级的代号,其后的数值代表冻融循环次数。如“F25”代表材料在标准试验条件下,质量损失不大于 5%、强度损失不大于 25%,所能经受的冻融循环次数最多为 25 次。

材料抗冻性的好与差取决于材料的强度、孔隙率和孔隙特征。增大材料的密实性或使材料内部形成一定数量的封闭孔隙,均能提高材料的抗冻性能。

1.2.4 材料的耐久性

材料在使用过程中,除受各种外力作用外,还要长期地受到各种自然环境因素的破坏作用。这些破坏作用可以概括为物理、化学和生物的作用。

1. 物理作用:材料在长期的阳光、大气、雨水、冰雪等作用下,不断发生干湿变化、热胀冷缩、冻融循环,从而发生内外裂缝、表面剥落,造成材料的破坏。

2. 化学作用:材料在各种化学介质、酸碱盐物质的水溶液和有害气体的侵蚀作用下,会发生变质,引起破坏。如钢材生锈、水泥腐蚀、钢筋混凝土的碳化破坏、碱—骨料反应等。

3. 生物作用:材料受菌类、昆虫的侵蚀造成的破坏。如木材腐朽、虫蛀等。

对于使用中的工程材料来说，它们所受到的破坏作用往往不是一种，而是上述几种因素共同作用，如果不采取相应的防护措施，材料就会逐渐发生破坏。

综上所述，我们将材料在各种自然环境因素作用下能否经久耐用的性质称为耐久性。一般把材料的抗蚀性、抗冻性、抗渗性、抗老化性等作为材料耐久性的主要内容。

思考练习题

1. 工程材料如何分类？每类包括哪些主要材料？

2. 工程材料在工程建设中的重要性表现在哪些方面？其发展方向如何？

3. 为什么要制订材料产品的质量标准？材料产品标准分哪几类，各用什么代号表示？

4. 什么是材料的密度？按材料状态不同分为哪几种？分别如何表示和计算？

5. 什么是材料的密实度、孔隙率和空隙率？如何计算？材料的孔隙特征指什么？

6. 一块标准红砖，尺寸为240 mm×115 mm×53 mm，烘干后质量为2.665 kg，将其一部分磨细后取干粉55 g，用密度瓶测得其密实体积为20.7 cm^3，求此砖的密度、体积密度、孔隙率。

7. 某地的卵石，堆积密度为1 750 kg/m^3，表观密度为2.69 g/cm^3，求此卵石的空隙率。用堆积密度为1 500 kg/m^3 的砂子填满1 m^3 上述卵石的空隙，问需砂子多少？

8. 取一些卵石经洗净烘干后，称取1 000 g，将其浸水饱和（其开口连通孔隙吸饱水，可使测试结果更为准确，但封闭孔隙未进水），广口瓶盛满水连盖称得质量为1 840 g，装入卵石后再加满水加盖称得质量为2 470 g，求卵石的表观密度。

9. 什么是材料的强度？按受力形式不同分为哪几种？分别如何计算？

10. 用直径18 mm的钢筋做拉伸试验，测得最大拉力为102.85 kN，问该钢筋的抗拉强度为多少。

11. 对蒸压灰砂砖试样进行抗压和抗折试验，试件的尺寸如图1－3所示，测得最大抗压荷载为162.53 kN，最大抗折荷载为3 040 N，求此砖的抗压强度和抗折强度分别为多少。

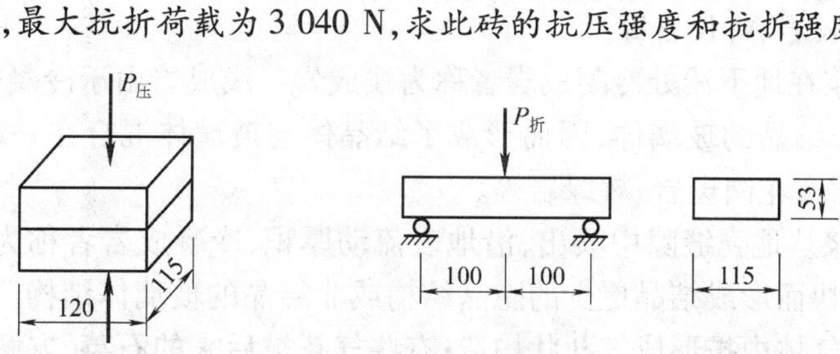

图1－3 第11题图（单位：mm）

12. 什么是弹性变形？什么是塑性变形？什么是材料的韧性？什么是材料的脆性？

13. 拌制混凝土时，每次需要干砂200 kg，若现场砂子的含水率为8%，问每次需要称取湿砂多少，其带入的水为多少？

14. 材料孔隙率的大小对材料的体积密度、强度、吸水性、抗冻性、抗渗性有何影响？为什么？

2 石材

【学习目标】通过本章的学习，要求掌握砂石材料的技术性质和技术要求，了解工程上常见的各类石材及其应用。

2.1 岩石

2.1.1 岩石按成因分类

岩石的种类很多，按成因不同，可分为岩浆岩、沉积岩和变质岩三大类。

1. 岩浆岩

岩浆岩又称为火成岩，是熔融岩浆在地下或喷出地表后冷凝结晶而成的岩石。其物质成分主要是硅酸盐矿物。岩浆存在于地壳深部，处在高温高压条件下，当地壳发生构造运动时，岩浆便冲开岩层薄弱地带，向压力较低的方向流动，当其上升到一定高度，即内压力与上覆岩层的外压力达到平衡时，则岩浆便在地层下冷凝成岩；岩浆还可能沿着地壳的缝隙冲出而在地表冷凝成岩。根据成岩的位置不同，岩浆岩可分为深成岩、浅成岩、喷出岩和火山岩。

(1)深成岩：岩浆在地下深处冷凝成岩者称为深成岩。深成岩由于冷凝缓慢，有充分的时间结晶，形成全晶结构。这类岩石结晶完整，晶粒粗大，构造密实，抗压强度高。工程上常用的深成岩有花岗岩、闪长岩、辉长岩等。

(2)浅成岩：岩浆在地下浅处冷凝成岩者称为浅成岩。浅成岩由于冷凝较快，有些岩浆来不及结晶就凝固成非结晶的玻璃体，因而形成了结晶体与玻璃体混合在一起的半晶质结构。工程中常用的浅成岩有花岗斑岩、辉绿岩等。

(3)喷出岩：岩浆从地壳缝隙中喷出，沿地表流动厚积，冷凝成岩者称为喷出岩。大量喷出的岩浆，因冷凝较快而形成结晶更少的隐晶结构或非结晶的玻璃体结构。而薄处岩浆速冷凝固时，由于挥发的气体内扩形成气孔状构造；有些气孔被后来的石英、方解石等矿物填充而形成杏仁状构造。工程中常用的喷出岩有玄武岩、安山岩等。

(4)火山岩：当岩浆冲出地表喷向空中而落回地面形成的火山灰、火山渣、浮石等，或再被岩浆或其他物质胶结而成为火山凝灰岩，称为火山岩。因急速冷却，使内部形成大量的气孔，常用作混凝土的轻骨料；又因多呈玻璃体质，有较高的化学活性，常用作水泥的混合材料。

2. 沉积岩

露出地表的各种先期形成的岩石，经风化、剥蚀作用成为岩石碎屑，再经流水、风力、冰川等的自然搬运、沉积，又经长期的压密、胶结、重结晶等作用，在地表及其附近形成的岩石，称为沉积岩。沉积岩又称水成岩，其主要特征是呈层理状构造，外观多层理，且各层岩石的成分、构造、颜色均有不同；多数沉积岩的体积密度较小，孔隙率和吸水率较大，强度较低，耐久性较差。

根据沉积条件的不同,沉积岩可分为碎屑沉积岩、黏土沉积岩、化学沉积岩和生物化学沉积岩等几类。

(1)碎屑沉积岩:风化的岩石碎屑,经风、水的搬运而沉积,长期受覆盖层的压密和胶结物的胶结作用而形成的岩石称为碎屑沉积岩。碎屑粒径大于2 mm的称碎屑岩,小于2 mm的称砂岩,由火山喷出的碎屑沉积而成的称火山碎屑岩。

(2)黏土沉积岩:由粒径小于0.005 mm的极细矿物沉积,并在压力作用下经压密固结而成的岩石,一般层理较薄,如泥岩、页岩等。主要作为生产砖瓦、陶瓷、水泥的原料使用。

(3)化学沉积岩:原有岩石中的某些成分溶解于水,其溶液、胶体经迁移、沉淀、结晶形成的岩石称为化学沉积岩,如白云岩、石膏、菱镁石和部分石灰岩等。

(4)生物化学沉积岩:由生物遗骸沉积或有机化合物转变而成的岩石称生物化学沉积岩,如石灰岩、白垩、贝壳岩、珊瑚、硅藻土等。

3. 变质岩

地壳中原有的岩石,由于地壳运动,被覆盖在地下深处,在高温、高压和化学性质活泼的液体渗入作用下,造成原岩的物理和化学变化,改变了原来岩石的结构、构造甚至矿物成分,形成一种新的岩石,称为变质岩。变质岩的结构多为变晶结构,主要有片理和块状两种构造。如板岩、千枚岩是表面平直、片理明显、厚薄均匀的岩石;片麻岩是晶粒粗大、片理不规则、成条带状、沿片理面不易裂开的岩石;大理岩、石英岩是由晶粒矿物组成并呈致密的块状构造的变质岩等。

2.1.2 工程中常用的岩石

1. 工程中常用的岩浆岩

(1)花岗岩:花岗岩属于酸性的深成岩,SiO_2 含量达65%以上,主要矿物成分为长石、石英、云母和普通角闪石,为全晶质结构,块状构造。花岗岩常呈灰白色,也有微黄、淡红、暗红等色。由于含有深色矿物而呈花点状,故俗称麻石、豆渣石,体积密度大,达2 500~2 700 kg/m^3,抗压强度高,可达120~250 MPa,孔隙率和吸水率很小(0.1%~0.7%),耐磨性、抗冻性、耐水性、耐酸性、抗风化都很好。构造均匀,能锯解成片,表面经琢磨后具有花点状色彩,光泽美观,有很好的装饰性。由于花岗岩分布广泛,又具有上述的优良性能,因而是良好的工程材料,大量应用于工程建筑的基础、墩台、闸坝、路面、护坡、挡土墙、基座、勒脚、栏杆、台阶、沟槽等,尤其适用于修建纪念性建筑物,其板材是建筑物的高档饰面材料,其碎石用于铁路的道砟,也是拌制普通混凝土和耐酸混凝土的良好粗骨料。

(2)辉绿岩:辉绿岩是浅成岩浆岩,造岩矿物主要是长石、辉石、橄榄石、角闪石、云母等。颜色多为灰绿和墨绿,半晶质结构,密实、强度高,耐酸性能好。能劈解成较规则的块材,多用于高质量的路面及建筑物的名贵衬面;其碎石可作普通混凝土和耐酸混凝土的骨料;因熔点较低(1 400~1 500 ℃),故能加热熔化后浇铸成铸石,能铸成各种板材、块材、管材和形态较复杂的制品。

(3)玄武岩:玄武岩是喷出岩中最普遍的一种,颜色常呈深灰色、黑色、棕黑色,暗淡无光。主要矿物成分为斜长石和辉石。具有细粒致密结构或斑状结构,呈气孔状构造或杏仁状构造。玄武岩的硬度、强度都很高,其抗压强度可达250~500 MPa,常用于基础、桥梁等石砌体和高强度混凝土的粗骨料,也常用来建造道路路面。玄武岩熔点较低,是制造铸石和岩棉的主要原料。

(4)火山凝灰岩:当岩浆冲出地表喷向空中时,即成粉碎状态并急速冷却,下落时形成不同粒径的颗粒,其中粉状疏松的沉积物称为火山灰,多孔颗粒称为浮石,这些火山灰、浮石被岩浆或其他物质胶结起来,成为火山凝灰岩。由于火山灰沉积时比较疏松,又由于岩浆胶结时冷却得较快,有许多挥发性气体起扩张作用,使火山凝灰岩具有多孔特征,体积密度小,其抗压强度与普通黏土砖相近,为 5 ~ 20 MPa,可用作砌墙材料和轻混凝土的骨料,是水泥的重要掺料。

主要岩浆岩的矿物成分及性质可参见表 2 – 1。

表 2 – 1 岩浆岩的矿物成分及主要性质

岩浆岩		矿物成分	主要性质	
深成岩	浅成岩、喷出岩		体积密度(kg/m³)	抗压强度(MPa)
花岗岩	石英斑岩	石英、长石、云母	2 500 ~ 2 700	120 ~ 250
闪长岩	安山岩	长石、暗色矿物	2 800 ~ 3 000	150 ~ 300
辉长岩	玄武岩、辉绿岩	暗色矿物	2 900 ~ 3 300	250 ~ 500

2. 工程中常用的沉积岩

(1)石灰岩:石灰岩俗称灰岩或青石,属于化学沉积岩或生物化学沉积岩,化学成分以 $CaCO_3$ 为主,主要矿物成分为方解石,常含有白云石、菱镁石、石英、蛋白石、含铁矿物和黏土矿等。石灰岩通常为灰白色、浅灰色,有时因含杂质而呈现灰白、深灰、灰黑、浅黄、淡红等颜色。有明显的层理,由于构造不同,质量变化范围较大。其中密实的石灰岩密度大,强度高,抗渗性、抗冻性好,硬度较低,易于开采。石灰岩分布很广,在土建工程中广泛应用于砌筑基础、勒脚、墩台、挡土墙、沟槽及路面等,其碎石是常用的混凝土粗骨料和铁路道砟材料。此外,石灰岩也是生产石灰和水泥的主要原料。但不得用于酸性水和二氧化碳 CO_2 含量多的水中,因为其 $CaCO_3$ 成分容易被酸性物质腐蚀。

(2)砂岩:砂岩是粒径为 0.05 ~2 mm 的砂粒被天然胶结物胶结而成的岩石。由于胶结物的成分不同,使砂岩的性能差别很大,强度在 5 ~200 MPa 范围内变化,耐水性能也有很大差别,选用时要注意鉴别。

硅质砂岩以氧化硅为胶结物,呈白、淡灰、淡黄、淡红等色,强度高,抗风化能力强,能磨光,有光泽。可用于各种装饰、浮雕、路面、地面、基础、墩台、纪念碑等各种土建工程。

钙质砂岩以碳酸钙为胶结物,呈白色或灰白色,具有一定的强度,但易受酸的侵蚀,质较软,易加工。可用于大多数工程,如基础、墙身、台阶、挡土墙、人行道等。

铁质砂岩以氧化铁为胶结物,呈紫红色或棕红色,强度和稳定性不如硅质砂岩,容易风化,耐久性较差,不宜用于工程结构。

泥质砂岩以黏土质为胶结物,呈黄色,吸水性大,易软化,强度与稳定性差,不能用于工程结构。

(3)碎屑岩:碎屑岩是各种母岩受物理风化后所产生的机械碎屑物质,经搬运、沉积、固结和成岩等作用形成的沉积岩。碎屑岩分布很广,除用在玻璃、陶瓷工业外,在工程上也有应用。

2.1.3 岩石的技术性质

岩石的技术性质,主要从物理性质、力学性质和化学性质三方面来进行评价。

1. 物理性质

岩石的物理性质包括:密度、毛体积密度、孔隙率、吸水率、饱和吸水率、耐冻性、坚固性等。

岩石的物理性质是岩石矿物组成结构状态的反映,它与岩石的技术性质有着密切的联系。岩石可由各种矿物形成不同排列的各种结构,岩石的内部结构主要由矿质实体和孔隙(包括与外界连通的开口孔隙和不与外界连通的闭口孔隙)组成,如图 2-1(a)所示,各部分的质量与体积的关系如图 2-1(b)所示。

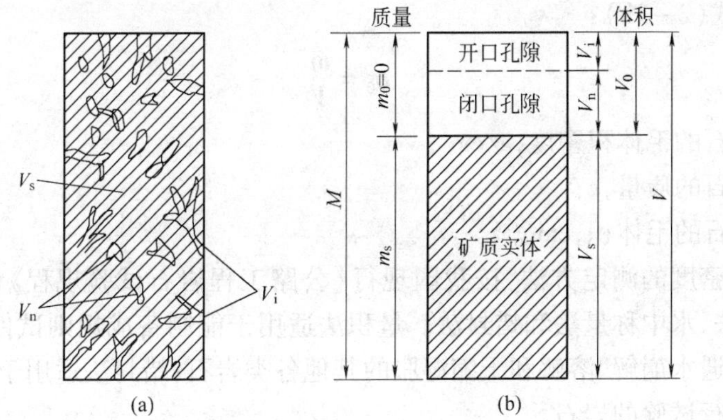

图 2-1　岩石组成结构示意图

(a)岩石组成结构外观示意图;(b)岩石结构的质量与体积关系示意图。

在工程用块状岩石中,为了反映岩石的组成结构以及它与物理—力学性质间的关系,通常采用密度、毛体积密度和孔隙率等常数来表征。通过这些物理常数可以间接预测岩石的有关物理性质和力学性质。

(1)密度。岩石在规定条件(105~110℃烘干至恒量,温度 20℃ ±2℃称量)下单位体积(不包括开口与闭口孔隙体积)的质量,用 ρ_t 表示。

$$\rho_t = \frac{m_s}{V_s} \tag{2-1a}$$

式中　ρ_t——岩石的真实密度,g/cm^3;

m_s——岩石矿质实体的质量,g;

V_s——岩石矿质实体的体积,cm^3。

由于测定岩石密度时是在空气中称量岩石质量的,所以岩石中的空气质量 $m_0=0$,矿质实体的质量就等于岩石的质量,即 $m_s=m$,故式(2-1a)可改写为式(2-1b):

$$\rho_t = \frac{m}{V_s} \tag{2-1b}$$

式中　ρ_t、V_s——意义同式(2-1a);

m——岩石的质量,g。

岩石密度的测定方法,按我国现行有关岩石试验规程,是将岩石样品粉碎磨细后,在 105~110 ℃条件下烘至恒量,称得其质量。然后在密度瓶中加水经煮沸后,使水充分进入闭口孔隙中,通过"置换法"测定其真实体积。已知真实体积和质量即可按式(2-1a)、式(2-1b)求得真实密度。

(2)毛体积密度。在规定条件下,烘干岩石(包括孔隙在内)的单位体积的质量,用 ρ_0 表示。

$$\rho_0 = \frac{m_s}{V_s + V_n + V_i} \tag{2-2a}$$

式中　m_s、V_s——意义同式(2－1a)；

ρ_0——岩石的毛体积密度，g/cm^3；

V_i、V_n——岩石开口孔隙和闭口孔隙的体积，cm^3。

由于 $m_s = M$，岩石的矿质实体体积和孔隙体积之和即岩石的毛体积，$V = V_s + V_n + V_i$，故式(2－2a)可写为式(2－2b)：

$$\rho_0 = \frac{m}{V} \tag{2-2b}$$

式中　ρ_0——岩石的毛体积密度，g/cm^3；

m——岩石的质量，g；

V——岩石的毛体积，cm^3。

岩石毛体积密度的测定方法，按我国现行《公路工程岩石试验规程》(JTGFAl—2005)规定，可分为量积法、水中称量法和蜡封法。量积法适用于能制备成规则试件的各类岩石；水中称量法适用于除遇水崩解、溶解和干缩湿胀的其他各类岩石；蜡封法适用于不能用量积法或直接在水中称量进行试验的岩石。

(3)孔隙率。岩石的孔隙体积占其总体积的百分率，可按式(2－3a)计算：

$$n = \frac{V_0}{V} \times 100 \tag{2-3a}$$

式中　n——岩石的孔隙率，%；

V_0——岩石的孔隙(包括开口和闭口孔隙)的体积，cm^3；

V——岩石的总体积，cm^3。

孔隙率也可由公式(2－3b)计算得到：

$$n = \left(1 - \frac{\rho_t}{\rho_0}\right) \times 100 \tag{2-3b}$$

式中　n——岩石的孔隙率，%；

ρ_t——岩石的真实密度，g/cm^3；

ρ_0——岩石的毛体积密度，g/cm^3。

岩石的密度、毛体积密度和孔隙率等物理常数不仅反映岩石的内部组成结构状态，而且能间接地反映岩石的力学性质(例如相同矿物组成的岩石，孔隙率愈低，其强度愈高)。尤其是岩石的孔结构，会影响其所轧制成的集料在水泥(或沥青)混凝土中，对水泥浆(或沥青)的吸收、吸附等化学交互作用的程度。

(4)吸水性。吸水性是岩石在规定条件下吸水的能力。岩石与水作用后，水很快湿润岩石的表面并填充了岩石的孔隙，因此水对岩石破坏作用的大小，主要取决于岩石造岩矿物性质及其组织结构状态(即孔隙分布情况和孔隙率大小)。通常采用吸水率和饱和吸水率两项指标来表征岩石的吸水性。

①吸水率

吸水率是在规定条件下，岩石试样最大的吸水质量与烘干岩石试件质量之比，可按式(2－4)计算：

$$w_a = \frac{m_1 - m}{m} \times 100 \tag{2-4}$$

式中　w_a——岩石吸水率，%；

m——岩石试件烘干至恒量时的质量,g;

m_1——岩石试件吸水至恒量时的质量,g。

岩石吸水率采用自由吸水法测定。

②饱和吸水率

在强制条件下,岩石试件最大的吸水质量与烘干岩石试件质量之比,以百分率表示。

饱和吸水率采用煮沸法或真空抽气法测定。因为真空抽气后占据岩石孔隙内部的空气被排出,当恢复常压时,水即进入具有稀薄残压的岩石孔隙中,此时水分几乎充满开口孔隙的全部体积,所以,饱和吸水率大于吸水率。饱和吸水率的计算方法与吸水率相同。

(5)耐候性。铁道工程大部分都是暴露于大自然中无遮盖的建筑物,经常受到各种自然因素的影响,用于建筑工程的岩石抵抗大气自然因素作用的性能称为耐候性。目前对铁道工程所用岩石,在某些气候条件下,必须考虑其抗冻融耐久性(简称抗冻性)。

①抗冻性:指岩石试样在饱和状态下抵抗反复冻结和融化的性能。

我国现行标准中抗冻性的试验方法采用直接冻融法。该方法是将岩石加工为规则的块状试样,在常温条件下(20 ℃ ±5 ℃),采用逐渐浸水的方法,使开口孔隙吸饱水分,然后置于负温(通常采用 -15 ℃)的冰箱中冻结 4 h,最后在常温条件下融解,如此为一冻融循环。经过10、15、25 或 50 次循环后,观察其外观破坏情况(产生裂缝、掉边、缺角或表面松散等破坏现象)并加以记录。抗冻性采用经过规定冻融循环后的质量损失百分率表征其抗冻性,可按式(2-5)计算:

$$L=\frac{m_s-m_f}{m_s}\times 100 \tag{2-5}$$

式中　L——试件经冻融后的质量损失率,%;

m_s——试验前烘干试件的质量,g;

m_f——试验后烘干试件的质量,g。

此外,抗冻性亦可采用未经冻融的岩石试件饱水抗压强度与冻融循环后的岩石试件饱水抗压强度的比值(称为耐冻系数)表示,按式(2-6)计算:

$$K_f=\frac{R_f}{R_s} \tag{2-6}$$

式中　K_f——耐冻系数;

R_f——未经冻融循环试验的岩石试件饱水抗压强度,MPa;

R_s——经若干次冻融循环试验后的岩石试件饱水抗压强度,MPa。

水在结冰时,体积增大约 9%,对孔壁产生约 100 MPa 的压力,在压力的反复作用下孔壁开裂,所以当岩石吸收水分体积占开口孔隙体积 90% 以下时,岩石不因冻结而产生破坏。因此对岩石抗冻性要求,要根据岩石本身吸水率大小及所处的环境和气候条件来考虑。一般要求在寒冷地区,冬季月平均气温低于 -15 ℃的重要工程,岩石吸水率大于 0.5% 时,都需要对岩石进行抗冻性试验(因岩石本身毛细孔中的水在此温度下才结冰)。

②坚固性:是评定岩石试样经饱和硫酸钠溶液多次浸泡与烘干循环后,不发生显著破坏或强度降低的性能。

试验时将烘干岩石试件置入饱和硫酸钠溶液中浸泡 20 h 后,将试件取出置于 105 ℃ ±5 ℃的烘箱中烘烤 4 h,至此完成第 1 个循环。待试样冷却至 20 ~25 ℃后,即开始第 2 个循环。从第 2 个循环起,浸泡和烘烤时间均为 4 h。完成 5 次循环后,仔细观察试件有无破坏现象,将试件洗净烘至恒量，准确称出其质量，按式(2-7)计算质量损失率：

$$Q=\frac{m_1-m_2}{m_1}\times 100 \tag{2-7}$$

式中 Q——试件经硫酸钠溶液浸泡后的质量损失率，%；

m_1——试验前烘干试件的质量，g；

m_2——试验后烘干试件的质量，g。

2. 力学性质

工程结构物中用的岩石除受上述物理性质影响外，还受到外力的作用，所以岩石还应具备一定的力学性质。除了一般材料力学所述及的抗压、抗拉、抗剪、抗弯、弹性模量等纯力学性质外，还有一些特殊要求的力学指标，如抗磨光、抗冲击和抗磨耗等。

岩石的单轴抗压强度是指岩石试件抵抗单轴压力时保持自身不破坏的极限应力，按式(2-8)计算：

$$R=\frac{P}{A} \tag{2-8}$$

式中 R——岩石的抗压强度，MPa；

P——极限破坏时的荷载，N；

A——试件的截面积，mm^2。

岩石的单轴抗压强度是岩石力学性质中最重要的一项指标。岩石的抗压强度值取决于岩石的组成结构（如矿物组成，岩石的结构和构造、裂隙的分布等），同时也取决于试验的条件（如试件尺寸和形状、加载速度、试验温度和湿度等）。

3. 化学性质

岩石的化学性质将影响混合料的物理—力学性质。

根据试验研究的结果，按 SiO_2 的含量多少将岩石划分为酸性、碱性及中性。按克罗斯的分类法，岩石化学组成中 SiO_2 含量大于65%的岩石称为酸性岩石；SiO_2 含量在52%～65%的岩石称为中性岩石；SiO_2 含量小于52%的岩石称为碱性岩石。所以在选择与沥青结合的岩石时，应考虑岩石的酸碱性对沥青与岩石黏结的影响。

2.2 岩石制品

2.2.1 铁路砌体工程用岩石制品

根据《铁路混凝土与砌体工程施工质量验收标准》(TB 10424—2003)规定将铁路砌体工程中的岩石分为：

1. 普通片石：由爆破获得的石块，形状不规则，石块中部厚度不小于150 mm。

2. 镶面片石：形状不规则，大致有两个平行面，厚度不小于150 mm。其他尺寸大于厚度。

3. 块石：形状规则，大致方正；稍加修整，厚度不得小于200 mm，长度及宽度不小于厚度。

4. 镶面块石：形状规则，大致方正；外露面稍加修整，凹入深度不大于20 mm，尺寸同块石。外露面向内修凿的进深不小于70 mm，但尾部的宽度和厚度不大于修凿的部分；丁石的长度不小于顺石宽度的1.5倍。

5. 粗料石：形状规则的六面体；经粗加工，表面不允许凸出，凹入深度不大于20 mm，厚度不小于200 mm，宽度不小于厚度，长度不小于厚度的1.5倍，外露面向内修凿的进深不小于

100 mm,且修凿面应与外露面垂直,每 100 mm 应凿切 4 ~ 5 条纹,丁石的长度应比相邻顺石宽度大 150mm。

6. 细料石:形状规则的六面体或按设计要求;经细加工,表面不允许凸出,凹入深度不大于 10 mm ,尺寸同粗料石。主要用作柱头、柱脚、楼梯、台阶的踏步、窗台板、栏杆和其他外部镶面石料等。

2.2.2 饰面用岩石制品

工程上常用的饰面板材有大理石板材、花岗岩板材等。

1. 大理石板材

天然大理石板材是用大理石荒料(形状大致规则的大块石料),经锯切、研磨、抛光后裁切为一定规格的板材。大理石板材硬度小,易于加工和磨光,耐久年限约达 40 ~ 100 年。

大理石板材是用于建筑物室内高级饰面的材料,可用于墙面、地面、柱面、栏杆、踏步等。当用于室外时,因碳酸钙在大气中受硫化物及水的作用,容易被腐蚀,使面层很快变色,失去光泽,并逐渐破损。所以只有少数几种,如汉白玉、艾叶青等质地纯、杂质少的品种,可用于室外饰面。

2. 花岗石板材

花岗石板材是用花岗岩荒料加工制成的板状产品。耐磨性和耐久性好,使用年限 75 ~ 200 年。根据用途和加工方法,花岗石板材可分为三种:

(1)粗面板材:表面平整、粗糙,具有规则的斧纹或刨纹的板材,如剁斧板、机刨板、锤击板、烧毛板等。

(2)细面板材:表面平整、光滑的板材。

(3)镜面板材:表面平整、光滑、色泽鲜明,有镜面光泽的板材。

花岗石板材主要用于建筑工程室内外的地面、墙面、柱面、台阶等饰面工程。

2.2.3 道路路面用岩石制品

道路路面建筑用岩石制品,包括直接铺砌路面面层用的整齐块石、半整齐块石和不整齐块石三类和用作路面基层用的锥形块石、片石等。

1. 高级铺砌用整齐块石

由高强、硬质、耐磨的岩石经精凿加工而成,其加工费用昂贵。这种块石铺筑的路面,需以水泥混凝土为底层,并且用水泥砂浆灌缝找平,所以这种路面造价很高,只有在有特殊要求的路面,如特重交通以及履带车等行驶的路面上使用。尺寸一般可按设计要求确定。大方块石为 300 mm × 300 mm × (120 ~ 150) mm,小方块石为 120 mm × 120 mm × 250mm。用于加工高级铺砌用的岩石,抗压强度不低于 100 MPa,洛杉矶磨耗率不大于 5% 。

2. 路面铺砌用半整齐块石

经粗凿而成立方体的方块石或长方体条石,顶面与底面平行,顶面积与底面积之比不小于 40% ~75% 。半整齐块石宜用硬质岩石制成,为修凿方便,常采用花岗岩。顶面不进行加工,因此顶面平整性较差,一般只在特殊地段使用,如土基尚未沉实稳定的桥头引道及干道或铁轮履带车经常通过的地段等。

3. 铺砌用不整齐块石

又称拳石,它是由粗打加工而得到的块石,要求顶面为一平面,底面与顶面基本平行,顶面积与底面积之比大于40% ~60%。其优点是造价不高,经久耐用;其缺点是不平整,行车振动大,故目前应用较少。

4. 锥形块石

又称大块石,用于路面底基层,由片石进一步加工而得,要求上小下大,接近截锥形,其底面积不宜小于100 cm^2,以便砌摆稳定。高度一般有160 mm ±20 mm、200 mm ±20 mm、250 mm ±20 mm等,通常底基层厚度应为石块高的1.1 ~1.4倍。除特殊情况外,一般不采用大块石基层。

2.2.4 碎石和卵石

1. 碎石:碎石是由坚硬岩石经人工或机械破碎而成的。碎石广泛用作拌制混凝土的粗骨料,按一定的粒径大小筛分后可用作铁路道砟。

2. 卵石:为天然形成的小石块,颗粒形状为圆卵形,有少量的长条形和片形,表面圆滑。卵石广泛用作混凝土的粗骨料。

不论是用作铁路道砟的碎石,还是用作混凝土骨料的碎石和卵石,都应是坚韧、耐磨、不易风化的岩石,所含松软颗粒、尘末及黏土含量均不得超过规定限值。

思考练习题

1. 影响岩石抗压强度的主要因素(内因和外因)有哪些?
2. 集料的主要物理性质有哪几项?
3. 铁路砌体工程常用岩石制品有哪些?

3 无机胶凝材料

【学习目标】通过本章的学习，了解常用无机胶凝材料的生产工艺、凝结硬化原理；掌握常用无机胶凝材料的技术性质、质量检测方法、特点和使用中应注意的问题，能够合理选用无机胶凝材料。

能够通过自身的物理化学作用，由浆体变成坚硬的固体，并将散粒状材料、块状材料或片状材料胶结成为一整体的材料，统称为胶凝材料。

根据化学组成不同，胶凝材料分为有机胶凝材料和无机胶凝材料两大类。有机胶凝材料是指以天然的或人工合成的有机高分子化合物为基本成分的胶凝材料，如沥青、合成树脂等；无机胶凝材料又称矿物胶凝材料，是以无机化合物为基本成分的胶凝材料，如石灰、水泥等。按硬化条件不同，无机胶凝材料又可以分为气硬性胶凝材料和水硬性胶凝材料。气硬性胶凝材料只能在空气中硬化，并只能在空气中保持发展强度，如石膏、水玻璃、石灰等；水硬性胶凝材料既能在空气中硬化，而且还能更好地在水中硬化，保持发展强度，如各种水泥。

气硬性胶凝材料只适用于干燥环境；水硬性胶凝材料既适用于地上，也可用于潮湿环境或水中。

3.1 石　灰

石灰是建筑史上使用较早的一种胶凝材料，我国著名建筑——万里长城，就是以石灰作为胶凝材料砌筑的。石灰具有原料分布广、生产工艺简单、成本低廉的特点，在建筑工程中应用广泛。在建筑工程中常用的石灰产品有磨细生石灰粉、消石灰粉和石灰膏。

3.1.1 石灰的生产及分类

1. 石灰的生产

生产石灰的主要原料有石灰石、白云石、白垩、贝壳等，其主要成分是碳酸钙，其次为碳酸镁。石灰的原料中要求黏土杂质含量应在 8% 以内，否则，制得的石灰具有一定的水硬性，这种石灰被称为水硬性石灰。

将石灰石经高温煅烧分解，释放出二氧化碳气体，得到以氧化钙为主要成分的块状生石灰，反应式为：

$$CaCO_3 \xrightarrow{900℃} CaO + CO_2\uparrow$$

由于石灰原料中常含有一些碳酸镁，因此生石灰中除含氧化钙外，还含有氧化镁。

在普通大气压情况下，碳酸钙的理论分解温度为 900 ℃。实际生产中，为加快石灰石的分解，提高产量，使原料充分煅烧，煅烧温度通常控制在 1 000 ~ 1 200 ℃之间。

如果煅烧温度较低、煅烧时间短或岩块尺寸过大时，碳酸钙不能完全分解，石灰中含有未烧透的内核，这种石灰称为欠火石灰。欠火石灰的产浆量较低，有效氧化钙和氧化镁含量低，使用时黏结力不足，质量较差。如煅烧温度过高、煅烧时间过长，则成为内部结构致密的过火石灰。过火石灰的表面常被黏土杂质熔化时所形成的玻璃釉状物包覆，因而过火石灰与水反应速度十分缓慢。若将过火石灰用于建筑工程，过火石灰颗粒往往会在正常石灰硬化以后才发生水化作用，并且体积膨胀，使已硬化的砂浆表面产生开裂、隆起等现象，影响工程质量。因此，在生产中控制适宜的煅烧温度，是保证石灰品质的重要条件。

2. 石灰的分类

(1)根据加工方法不同，石灰可分为块状生石灰、磨细生石灰粉、消石灰粉和石灰浆。

块状生石灰是由石灰原料经煅烧而得的产品，也称为建筑生石灰，主要化学成分为氧化钙；磨细生石灰粉是将块状生石灰经破碎、磨细而成的粉末状物质，也称为建筑生石灰粉，主要化学成分为氧化钙；消石灰粉是将块状生石灰用适量水熟化而得到的粉末，也称之为熟石灰，主要化学成分为氢氧化钙；石灰浆是将生石灰用较多的水经熟化、沉淀而得到的可塑性膏状体，主要化学成分为氢氧化钙和水。

(2)根据石灰中氧化镁的含量不同，块状生石灰和磨细生石灰粉可分为钙质生石灰（MgO 的含量≤5%）和镁质生石灰（MgO 的含量 >5%）；消石灰粉可分为钙质消石灰粉（MgO 的含量 <4%）、镁质消石灰粉（4% ≤MgO 的含量 <24%）、白云石消石灰粉（24% ≤MgO 的含量 <30%）。

(3)根据煅烧程度不同，石灰可分为欠火石灰、正火石灰、过火石灰。

(4)根据熟化速度不同，石灰可分为快熟石灰（熟化时间在 10 min 以内）、中熟石灰（熟化时间在 10 ~ 30 min 之间）、慢熟石灰（熟化时间在 30 min 以上）。

3.1.2 石灰的熟化

对块状生石灰加水，使之消解为高分散度的氢氧化钙细粒，这一水化过程即为石灰的熟化或消化。反应式为：

$$CaO + H_2O \rightarrow Ca(OH)_2 + 64.9kJ$$

生石灰在熟化时会放出大量的热，同时其体积膨胀 1.0 ~ 2.5 倍，易在工程中造成事故，因此，在石灰熟化过程中应注意安全，防止烧伤、烫伤。

石灰熟化的理论用水量为生石灰质量的 32%，由于生石灰熟化时放热，会使大量的水变为水蒸气而蒸发，为了使生石灰充分熟化，实际用水量可达 70% ~100% 。

熟化时根据加水量的多少，可得到消石灰粉和石灰浆。

消石灰粉是由块状生石灰用适量的水熟化而得，加水量通常为石灰质量 60% ~80%，这样既可以充分熟化，又不致过湿成团。熟化最好在密闭容器中进行，它可以减少热能的损失，同时所产生的水蒸气又可以加速石灰的熟化过程。工地上常采用分层喷淋法，将打碎了的生石灰块平铺于能吸水的平地上，每层厚约 20 cm，用水喷淋一次，然后上面再铺一层生石灰，接着再喷淋一次，直至 5 ~ 7 层为止，最后用砂和土予以覆盖，以防蒸发，使石灰充分熟化，同时又可阻止产生碳化作用。如系大块生石灰，则可置于金属丝篮内，浸于水中，待气泡停止逸出后，从水中取出，滴去多余的水，将石灰倒出堆于地上至 1 ~ 1.5 m 高，并加以覆盖。

石灰浆是将生石灰放在化灰池中,用过量的水(约为生石灰体积的 3 ~ 4 倍)消化成石灰水溶液,然后通过筛网,流入储灰坑内,形成石灰浆。随着水分的减少,储灰坑中的石灰会逐渐沉积或浓缩,形成石灰膏。为消除过火石灰的危害,保证石灰完全熟化,石灰膏必须在储灰坑中保存两周以上,这个过程称为“陈伏”。陈伏时间越长,石灰熟化得越完全。陈伏期间石灰浆表面应保持有一层一定厚度的水,以隔绝空气,防止碳化。

应特别指出,块状生石灰必须充分熟化后方可用于工程中。若将块状生石灰直接用球磨机破碎、磨细制得的磨细生石灰粉,则可不预先熟化、陈伏而直接应用。这是因为磨细生石灰的细度高,水化反应速度可提高 30 ~ 50 倍,且水化时体积膨胀均匀,避免了局部膨胀过大。使用磨细生石灰,克服了传统石灰硬化慢、强度低的缺点,提高了工效,节约了场地,改善了施工环境,但其成本较高。

3.1.3　石灰的硬化

石灰浆体在空气中的硬化,是由下列两个同时进行的过程来完成的。

1. 结晶作用

石灰浆在干燥过程中,石灰浆体中的游离水分逐渐蒸发,或被砌体吸收,使氢氧化钙溶液达到饱和而析出氢氧化钙晶粒。这些晶粒最初被水膜隔开,但随着水分不断蒸发,水膜逐渐变薄,晶粒长大并彼此靠近,交错结合在一起,形成结晶结构网,产生强度。

2. 碳化作用

石灰浆表层的氢氧化钙与潮湿空气中的二氧化碳反应生成碳酸钙晶粒而使石灰浆硬化。反应式为:

$$Ca(OH)_2 + CO_2 + nH_2O \rightarrow CaCO_3 + (n+1)H_2O$$

碳酸钙晶粒与氢氧化钙晶粒相互交叉、共生,构成紧密交织的结晶网,使硬化后的浆体强度进一步得到提高。

由于空气中的二氧化碳浓度很低,石灰的碳化作用主要发生在与空气接触的表面,并且碳化生成致密的碳酸钙后,会阻止二氧化碳继续深入内部,也影响到浆体内部水分的蒸发,使氢氧化钙结晶速度减慢。因此,石灰浆体的硬化过程具有由表及里、硬化速度逐渐变慢、硬化时间较长的特点。

3.1.4　石灰的技术性质和技术标准

1. 石灰的技术性质

生石灰多为块状,其颜色随成分不同而异。纯净的生石灰为白色,含杂质的呈灰色、浅黄色或红色。

(1)石灰的密度

生石灰的密度取决于化学成分、煅烧的温度与时间,生石灰的密度为 3.1 ~ 3.4 g/cm^3。表观密度通常为 600 ~ 1 100 kg/m^3。

消石灰的密度为 2.1 g/cm^3,表观密度为 400 ~ 700 kg/m^3。

(2)有效氧化钙和氧化镁含量

石灰中产生黏结性的有效成分是活性氧化钙和氧化镁,它们的含量决定了石灰黏结能力的大小,是评价石灰品质的重要指标。

(3)生石灰产浆量和未消化残渣含量

产浆量是指单位质量的生石灰经消化后，所产生石灰浆的体积。生石灰产浆量愈高，表示石灰质量愈好。未消化残渣含量是生石灰消化后，未能消化而存留在5 mm圆孔筛上的残渣占试样的百分率。

(4)二氧化碳含量

二氧化碳含量越高，说明未分解的碳酸盐含量越高，有效成分(CaO + MgO)含量相对降低。

(5)消石灰粉游离水含量

游离水含量是指化学结合水以外的含水量。生石灰消化时多加的水残留于氢氧化钙中，残余水分蒸发后留下孔隙，加剧消石灰粉碳化现象的产生，影响其使用质量。

(6)细度

细度与石灰的质量有密切关系，现行标准以0.90 mm和0.125 mm筛余百分率控制。试验方法是称取试样50 g，倒入0.90 mm、0.125 mm套筛内进行筛余，分别称量筛余物，计算其筛余百分率。

2. 石灰的技术标准

根据我国建材行业标准《建筑生石灰》(JC/T 479—1992)和《建筑生石灰粉》(JC/T 480—1992)的规定，建筑生石灰(粉)按技术指标可分为优等品、一等品、合格品三个等级。建筑生石灰及建筑生石灰粉的主要技术指标见表3－1、表3－2。

表3－1 建筑生石灰技术指标表(JC/T 479—1992)

项目	钙质生石灰			镁质生石灰		
	优等品	一等品	合格品	优等品	一等品	合格品
CaO + MgO 含量不小于，(%)	90	85	80	85	80	75
未消化残渣含量(5 mm圆孔筛筛余)不大于，(%)	5	10	15	5	10	15
CO_2 含量不大于，(%)	5	7	9	6	8	10
产浆量不小于，(L/kg)	2.8	2.3	2.0	2.8	2.3	2.0

表3－2 建筑生石灰粉技术指标表(JC/T 480—1992)

项目		钙质生石灰			镁质生石灰		
		优等品	一等品	合格品	优等品	一等品	合格品
CaO + MgO 含量不小于，(%)		85	80	75	80	75	70
CO_2 含量不大于，(%)		7	9	11	8	10	12
细度	0.90 mm筛筛余不大于，(%)	0.2	0.5	1.5	0.2	0.5	1.5
	0.125 mm筛筛余不大于，(%)	7.0	12.0	18.0	7.0	12.0	18.0

根据《建筑消石灰粉》(JC/T 481—1992)的规定，石灰按技术指标可分为优等品、一等品、合格品三个等级，其主要技术指标见表3－3。

表 3-3 建筑消石灰粉技术指标表(JC/T 481—1992)

项目		钙质消石灰粉			镁质消石灰粉			白云石消石灰粉		
		优等品	一等品	合格品	优等品	一等品	合格品	优等品	一等品	合格品
CaO + MgO 含量不小于,(%)		70	65	60	65	60	55	65	60	55
游离水,(%)		0.4~2	0.4~2	0.4~2	0.4~2	0.4~2	0.4~2	0.4~2	0.4~2	0.4~2
体积安定性		合格	合格	—	合格	合格	—	合格	合格	—
细度	0.90 mm 筛筛余不大于,(%)	0	0	0.5	0	0	0.5	0	0	0.5
	0.125 mm 筛筛余不大于,(%)	3	10	15	3	10	15	3	10	15

3.1.5 石灰的特性、应用及储存

1. 石灰的特性

(1)良好的可塑性

生石灰熟化为石灰浆时,能形成颗粒极细(粒径约 1 μm)、呈胶体分散状态的氢氧化钙粒子,表面能吸附一层较厚的水膜,颗粒间的摩擦力减小,使石灰具有良好的可塑性和保水性。在水泥砂浆中掺入石灰膏,可显著提高砂浆的和易性。

(2)凝结硬化慢、强度低

由于空气中二氧化碳含量少,使碳化作用减慢,而且硬化后的表层会对内部的硬化起阻碍作用,所以硬化时间长。同时,石灰浆中含有较多的游离水,水分蒸发后形成较多的孔隙,降低了石灰的密实度和强度。1:3 的石灰砂浆 28 d 抗压强度只有 0.2~0.5 MPa。

(3)吸湿性强、耐水性差

生石灰在存放过程中会吸收空气中的水分而熟化,并且发生碳化致使石灰的活性降低。已硬化的石灰浆体,如果长期受到水的作用,会因氢氧化钙的逐渐溶解而导致石灰浆体结构破坏,强度降低,甚至引起溃散,因此石灰耐水性差,不宜在潮湿环境下使用。

(4)体积收缩大

石灰浆在硬化过程中,蒸发大量的游离水,引起体积显著的收缩,容易产生开裂。所以,石灰一般不宜单独使用,通常掺入一定量的骨料(砂)或纤维材料(纸筋、麻刀等),以减少收缩,提高抗拉强度,避免开裂。

2. 石灰的应用

(1)配制石灰乳和石灰砂浆

将消石灰粉或石灰膏加入足量的水稀释,制成石灰乳,可用于室内粉刷。石灰浆中加入砂子、炉灰、纸筋或麻刀等,可制成石灰砂浆,用于主体结构的砌筑和抹面工程。

(2)配制无熟料水泥

将具有一定火山灰活性的材料,如粒化高炉矿渣、粉煤灰、煤矸石等工业废渣,按适当比例加以石灰作为碱性激发剂,共同磨细可得到具有水硬性的胶凝材料,称之为无熟料水泥。无熟料水泥不需经过煅烧,可节省能源,减少污染。

(3)生产硅酸盐制品

磨细的生石灰与砂子、粒化高炉矿渣、炉渣、粉煤灰等加水拌和,经成型、蒸压或蒸养处理,

可制得硅酸盐制品,如灰砂砖、粉煤灰砖、加气混凝土砌块。

(4)配制石灰土和三合土

消石灰粉与黏土按1:(2~4)质量比拌制可配成石灰土,或与黏土、炉渣或砂等按1:2:3配合比拌制可配成三合土。黏土颗粒表面少量活性氧化硅及氧化铝,在有水存在的条件下可与石灰中的氢氧化钙起反应,生成不溶性的水化硅酸钙和水化铝酸钙,将黏土颗粒黏结起来,同时,石灰改善了黏土的可塑性,提高了黏土的强度和耐水性,可作为建筑物基础和道路的垫层材料。

(5)生产碳化石灰板

将磨细生石灰、增强纤维(如玻璃纤维)或轻质骨料(如矿渣)搅拌成型,然后通入二氧化碳进行人工碳化,可制成轻质板材。为减轻自重和提高碳化效果,一般多制成空心板。碳化石灰空心板的表观密度小(约为700~800 kg/m^3),有一定的强度,导热系数小,保温性能好,能锯、刨、钉,可作为内隔墙板、天花板。

3. 石灰的储存

生石灰的吸水、吸湿性极强,极易吸收空气中的水分和二氧化碳,还原为碳酸钙,使其胶凝性能降低,因此石灰在存放时应注意防水防潮,并且不宜久存,储存时间一般不超过1个月,做到随到随用。由于生石灰受潮熟化时放出大量的热,而且体积膨胀,所以,储存和运输生石灰时,不应与易燃易爆物品及液体共存、同运,以免发生火灾,引起爆炸。

3.2 通用硅酸盐系水泥

水泥是在人类长期使用气硬性胶凝材料(特别是石灰)的经验基础上发展起来的。1824年英国建筑工人阿斯普丁(J. Aspdin)首次申请了生产波特兰水泥的专利,所以一般认为水泥是从那时发明的。

水泥是重要的工程材料之一,被广泛应用于工业与民用建筑、交通、海港、水利、国防等建设工程。

水泥的品种很多,按其用途和性能,可分为通用水泥、专用水泥、特性水泥三大类,通用水泥是指用于一般土木建筑工程的水泥,使用最为广泛的是硅酸盐系水泥,如硅酸盐水泥、普通硅酸盐水泥、矿渣硅酸盐水泥、火山灰质硅酸盐水泥、粉煤灰硅酸盐水泥、复合硅酸盐水泥等;专用水泥是指具有专门用途的水泥,如白色硅酸盐水泥、道路硅酸盐水泥等;特性水泥指具有某种特殊性能的水泥,如快硬硅酸盐水泥、膨胀水泥等。

按其主要矿物成分,水泥又可分为硅酸盐类水泥、铝酸盐类水泥、硫铝酸盐类水泥、铁铝酸盐类水泥等。

3.2.1 通用硅酸盐系水泥的定义

1. 硅酸盐水泥

凡由硅酸盐水泥熟料、0~5%石灰石或粒化高炉矿渣、适量石膏磨细制成的水硬性胶凝材料,称为硅酸盐水泥,又称波特兰水泥。硅酸盐水泥分两种类型,不掺混合材料的称为Ⅰ型硅酸盐水泥,代号为P·Ⅰ;在硅酸盐水泥熟料粉磨时掺加不超过水泥质量5%的混合材料(如石灰石或粒化高炉矿渣)的称为Ⅱ型硅酸盐水泥,代号为P·Ⅱ。

2. 普通硅酸盐水泥

凡由硅酸盐水泥熟料、6%~15%混合材料和适量石膏磨细制成的水硬性胶凝材料,称为普通硅酸盐水泥(简称普通水泥),代号为P·O。

掺活性混合材料时,最大掺量不得超过水泥质量的15%,其中允许用不超过水泥质量5%的窑灰或不超过水泥质量10%的非活性混合材料来代替;掺非活性混合材料时,最大掺量不得超过水泥质量的10%。

3. 矿渣硅酸盐水泥

凡由硅酸盐水泥熟料和粒化高炉矿渣、适量石膏磨细制成的水硬性胶凝材料称为矿渣硅酸盐水泥(简称矿渣水泥),代号为P·S。水泥中粒化高炉矿渣掺量按质量百分比计为20%~70%,允许用石灰石、窑灰、粉煤灰和火山灰质混合材料中的一种材料代替矿渣,代替数量不得超过水泥质量的8%,替代后水泥中粒化高炉矿渣不得少于20%。

4. 火山灰质硅酸盐水泥

凡由硅酸盐水泥熟料和火山灰质混合材料、适量石膏磨细制成的水硬性胶凝材料称为火山灰质硅酸盐水泥(简称火山灰水泥),代号为P·P。水泥中火山灰质混合材料掺量按质量百分比计为20%~50%。

5. 粉煤灰硅酸盐水泥

凡由硅酸盐水泥熟料和粉煤灰、适量石膏磨细制成的水硬性胶凝材料称为粉煤灰硅酸盐水泥(简称粉煤灰水泥),代号为P·F。水泥中粉煤灰掺量按质量百分比计为20%~40%。

6. 复合硅酸盐水泥

凡由硅酸盐水泥熟料、两种或两种以上规定的混合材料、适量的石膏磨细制成的水硬性胶凝材料,称为复合硅酸盐水泥(简称复合水泥),代号为P·C。水泥中混合材料总掺加量按质量百分比计应大于15%,但不超过50%。水泥中允许用不超过8%的窑灰代替部分混合材料;掺矿渣时混合材料掺量不得与矿渣水泥重复。

3.2.2 通用硅酸盐系水泥的生产

通用硅酸盐系水泥的生产原料主要有石灰质原料(如石灰石、白垩等)、黏土质原料(如黏土、黄土等)、少量铁粉及部分混合材料。石灰质原料主要提供氧化钙(CaO);黏土质原料主要提供氧化硅(SiO_2)、氧化铝(Al_2O_3)。将这些水泥原料按一定比例配合、磨细,制成生料粉后,送入水泥窑中,在1 450 ℃左右的高温下煅烧,使之达到部分熔融,冷却后得到以硅酸钙为主要成分的水泥熟料,再与适量石膏、混合材料共同磨细,得到硅酸盐系水泥成品。为了改善水泥煅烧条件,常加入少量的矿化剂,如萤石。

由于通用硅酸盐系水泥的主要生产过程包括:①生料的制备,②煅烧,③熟料与石膏、混合材料共同磨细三个阶段,故水泥的生产过程简称为“两磨一烧”。通用硅酸盐系水泥的生产工艺流程,如图3-1所示。

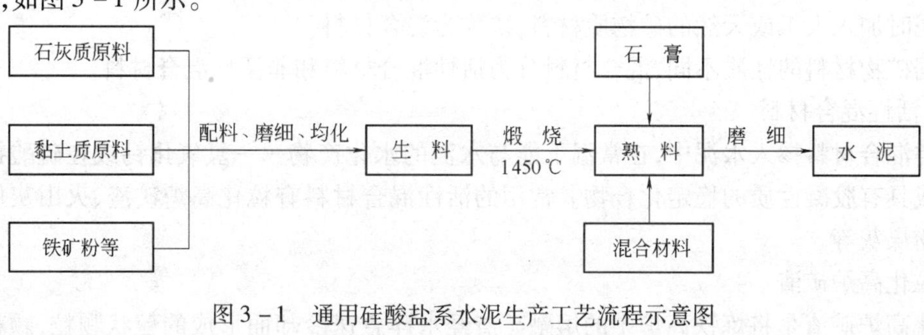

图3-1 通用硅酸盐系水泥生产工艺流程示意图

3.2.3 通用硅酸盐系水泥的成分

1. 硅酸盐水泥熟料

水泥原料在煅烧过程中各种氧化物之间发生一系列化学反应,形成以硅酸钙为主要成分的硅酸盐水泥熟料。硅酸盐水泥熟料的主要矿物成分有硅酸二钙($2CaO \cdot SiO_2$,简写为 C_2S)、硅酸三钙($3CaO \cdot SiO_2$,简写为 C_3S)、铝酸三钙($3CaO \cdot Al_2O_3$,简写为 C_3A)、铁铝酸四钙($4CaO \cdot Al_2O_3 \cdot Fe_2O_3$,简写为 C_4AF)。对于通用硅酸盐系水泥而言,硅酸二钙和硅酸三钙的总含量达75%以上,铝酸三钙和铁铝酸四钙的总含量在25%左右。

试验研究表明,每一种矿物成分单独与水作用时具有不同的水化特性,对水泥的强度、水化速度、水化热、耐腐蚀性、收缩量的影响也不尽相同。每一种矿物成分单独与水作用时所表现的特性见表3-4。

表3-4　硅酸盐水泥熟料矿物组成及其特性表

矿物名称	硅酸二钙	硅酸三钙	铝酸三钙	铁铝酸四钙
化学式	$2CaO \cdot SiO_2$ (简写 C_2S)	$3CaO \cdot SiO_2$ (简写 C_3S)	$3CaO \cdot Al_2O_3$ (简写 C_3A)	$4CaO \cdot Al_2O_3 \cdot Fe_2O_3$ (简写 C_4AF)
含量范围	15%~37%	37%~60%	7%~15%	10%~18%
水化速度	慢	快	最快	快
水化热	低	高	最高	中等
强　度	早期低,后期高	高	低	中等
收缩量	小	中	大	小
耐腐蚀性	好	差	最差	中等

水泥是由具有不同特性的多种熟料矿物组成的混合物,通过改变水泥熟料中各种矿物成分之间的相对含量大小,水泥的性质也会发生相应改变,从而可以生产出具有不同性质的水泥。如提高硅酸三钙的含量,可制成高强度水泥;提高硅酸三钙和铝酸三钙的含量,可制得快硬早强水泥;降低硅酸三钙和铝酸三钙的含量,可制得低水化热水泥。

2. 石膏

磨细的水泥熟料与水相遇后会很快凝结硬化,产生速凝现象,给工程施工造成较大困难。因此在水泥的生产过程中常加入适量的石膏作为缓凝剂,以延长水泥的凝结硬化时间。掺入的石膏主要有天然石膏、建筑石膏、无水硬石膏,石膏的掺入量一般为水泥质量的3%~5%。

3. 混合材料

为了改善水泥的某些性能,调节水泥的强度等级,提高水泥产量,降低水泥的生产成本,在生产水泥时加入人工或天然的矿物质材料,统称为混合材料。

根据矿物材料的性质不同,混合材料分为活性混合材料和非活性混合材料。

(1)活性混合材料

这类混合材料掺入水泥中,在常温下能与水泥的水化产物——氢氧化钙或在硫酸钙的作用下生成具有胶凝性质的稳定化合物。常用的活性混合材料有粒化高炉矿渣、火山灰质混合材料和粉煤灰等。

①粒化高炉矿渣

粒化高炉矿渣是将炼铁高炉中的熔融矿渣经水淬急速冷却而形成的粒状颗粒,颗粒直径一般为0.5～5mm。其主要成分是氧化铝、氧化硅。急速冷却的粒化高炉矿渣为不稳定的玻璃体，具有较高的潜在活性。

②火山灰质混合材料

凡是天然的或人工的以氧化硅、氧化铝为主要成分，具有火山灰活性的矿物质材料，称为火山灰质混合材料。火山灰质混合材料结构上的特点是疏松多孔，内比表面积大，易吸水，易反应。

火山灰质混合材料按其成因不同，可以分为天然和人工两类。天然的火山灰质混合材料有火山灰、凝灰岩、浮石、沸石岩、硅藻土等。人工的火山灰质混合材料有烧黏土、烧页岩、煤渣、煤矸石等。

③粉煤灰

粉煤灰是火力发电厂或煤粉锅炉烟道中吸尘器所吸收的微细粉尘，为富含玻璃体的实心或空心球状颗粒，颗粒直径一般为0.001～0.05 mm，表面结构致密。其主要成分是氧化硅、氧化铝和少量的氧化钙，具有较高的活性。

(2)非活性混合材料

这类混合材料与水泥的矿物成分、水化产物不起化学反应或化学反应很微弱，掺入水泥中主要起调节水泥强度等级、提高水泥产量、降低水化热等作用。常用的非活性混合材料有磨细的石灰石、石英岩、黏土、慢冷高炉矿渣等。

3.2.4 通用硅酸盐系水泥的凝结硬化

1. 水泥熟料的水化

水泥熟料中各种矿物成分与水所发生的水解或水化作用，统称为水泥的水化。在水泥的水化过程中生成一系列新的水化产物，并放出一定热量。

硅酸三钙、硅酸二钙分别与水反应，生成水化硅酸钙($3CaO \cdot 2SiO_2 \cdot 3H_2O$)和氢氧化钙。水化反应式为：

$$2(3CaO \cdot SiO_2) + 6H_2O = 3CaO \cdot 2SiO_2 \cdot 3H_2O + 3Ca(OH)_2$$

$$2(2CaO \cdot SiO_2) + 4H_2O = 3CaO \cdot 2SiO_2 \cdot 3H_2O + Ca(OH)_2$$

铝酸三钙与水反应，生成水化铝酸钙($3CaO \cdot Al_2O_3 \cdot 6H_2O$)。水化反应式为：

$$3CaO \cdot Al_2O_3 + 6H_2O = 3CaO \cdot Al_2O_3 \cdot 6H_2O$$

铁铝酸四钙与水反应，生成水化铝酸钙和水化铁酸钙($CaO \cdot Fe_2O_3 \cdot H_2O$)。水化反应式为：

$$4CaO \cdot Al_2O_3 \cdot Fe_2O_3 + 7H_2O = 3CaO \cdot Al_2O_3 \cdot 6H_2O + CaO \cdot Fe_2O_3 \cdot H_2O$$

水化硅酸钙和水化铁酸钙几乎不溶于水，以胶体微粒析出，并逐渐凝聚成为凝胶；氢氧化钙在溶液中的浓度达到过饱和后，以立方晶体析出；水化铝酸钙为立方晶体。当有石膏存在时，水化铝酸钙还会继续与石膏发生反应，生成难溶于水的高硫型水化硫铝酸钙($3CaO \cdot Al_2O_3 \cdot 3CaSO_4 \cdot 31H_2O$)针状晶体。水化硫铝酸钙沉积在未水化的水泥颗粒表面，形成保护膜，可以阻止水泥颗粒的水化，延缓水泥的凝结硬化时间。水化反应式为：

$$3CaO \cdot Al_2O_3 \cdot 6H_2O + 3(CaSO_4 \cdot 2H_2O) + 19H_2O = 3CaO \cdot Al_2O_3 \cdot 3CaSO_4 \cdot 31H_2O$$

综上所述，如果忽略一些次要成分，硅酸盐水泥熟料与水作用后，生成的主要水化产物是水化硅酸钙、水化铁酸钙胶体及氢氧化钙、水化铝酸钙和水化硫铝酸钙结晶体。

2. 活性混合材料参与的水化

粒化高炉矿渣、火山灰质混合材料和粉煤灰均属于活性混合材料，其矿物成分主要是活性氧化硅和活性氧化铝。它们与水接触后，本身不会硬化或硬化极为缓慢。但在氢氧化钙溶液中，活性成分会与水泥熟料的水化产物——氢氧化钙发生反应，生成水化硅酸钙和水化铝酸钙。该反应又称之为二次水化反应。水化反应式为：

$$x\mathrm{Ca(OH)_2} + \mathrm{SiO_2} + m\mathrm{H_2O} \rightarrow x\mathrm{CaO}\cdot\mathrm{SiO_2}\cdot n\mathrm{H_2O}$$

$$y\mathrm{Ca(OH)_2} + \mathrm{Al_2O_3} + m\mathrm{H_2O} \rightarrow y\mathrm{CaO}\cdot\mathrm{Al_2O_3}\cdot n\mathrm{H_2O}$$

式中 x、y 值取决于混合材料的种类、石灰与活性氧化硅及活性氧化铝的比例、环境温度和作用所持续的时间等。

3. 水泥的凝结与硬化

水泥加水拌和后成为具有可塑性的水泥浆，随着时间的推移，水泥浆体逐渐变稠，可塑性下降，但此时还没有强度，这个过程称为水泥的"凝结"。随后水泥浆体失去可塑性，强度不断提高，并形成坚硬的固体，这个过程称为水泥的"硬化"。这种坚硬的固体被称为水泥石。水泥的凝结与硬化，没有严格的界限，是为了便于研究人为划分的两个时期，实际上它是水泥与水所发生的一系列连续而又复杂的、交错进行的物理化学变化过程。

根据水泥水化产物的形成以及水泥石组织结构的变化，水泥的凝结硬化大致可以分为溶解、凝结和硬化三个阶段：

第一阶段——溶解期。水泥加水拌和后，水泥颗粒分散在水中，形成水泥浆体，如图 3－2(a)所示。

水泥颗粒的水化从水泥颗粒表面开始。位于水泥颗粒表面的矿物成分首先与水作用，生成相应的水化产物，并溶解于水中。在水化反应初期，由于水化反应速度快，各种水化产物在水中的溶解度比较小，水化产物的生成速度大于水化产物向溶液中扩散的速度，因此水泥颗粒周围的溶液很快成为水化产物饱和或过饱和溶液，在水泥颗粒周围先后析出水化硅酸钙、水化铁酸钙胶体和氢氧化钙、水化铝酸钙、水化硫铝酸钙结晶体，并逐渐在水泥颗粒周围形成一层以水化硅酸钙凝胶为主体且具有半渗透性的水化物膜层。由于此时的水化产物数量较少，包有水化物膜层的水泥颗粒尚未相互搭结，是被水隔开且相互独立的，分子间作用力比较小，因此水泥浆体具有一定的可塑性，如图 3－2(b)所示。

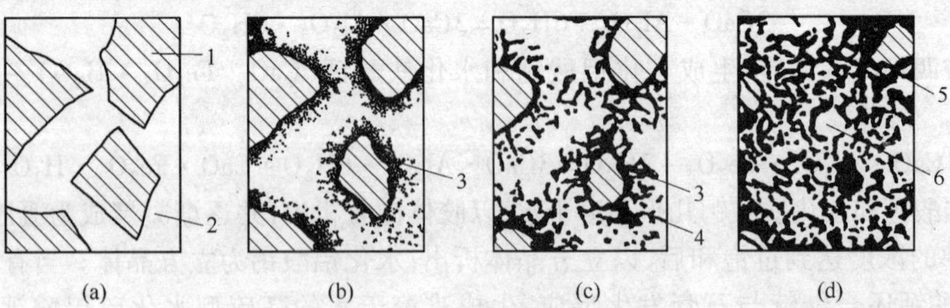

图 3－2　水泥凝结硬化过程示意图

(a)分散在水中未水化的水泥颗粒；(b)在水泥颗粒表面形成水化物膜层；
(c)膜层长大并互相连接(凝结)；(d)水化物进一步发展，填充毛细孔(硬化)。
1—水泥颗粒；2—水分；3—凝胶；4—晶体；5—未水化水泥颗粒内核；6—毛细孔。

第二阶段——凝结期。随着时间的推移，水泥颗粒的水化反应不断进行，水化产物数量不断增多，包裹在水泥颗粒表面的水化物膜层渐渐增厚，导致水泥颗粒之间原来被水所占的空隙逐渐减少,包有水化物膜层的水泥颗粒之间距离不断减小,在分子间力作用下,形成比较疏松的空间网状结构(又称凝聚结构)。空间网状结构的形成和发展,使水泥浆体明显变稠,流动性明显降低,开始失去可塑性,如图3-2(c)所示。

第三阶段——硬化期。水泥水化反应的不断深入,新生成的水化产物不断填充于水泥石的毛细孔中,凝胶体之间的空隙越来越小,空间网状结构的密实度逐渐提高,水泥浆体完全失去可塑性并渐渐产生强度,如图3-2(d)所示。

水泥的凝结硬化过程进入硬化期后,水泥的水化速度会逐渐减慢,水化产物数量会随着水泥水化时间的延长而逐渐增多,并填充于毛细孔内,使得水泥石内部孔隙率变得越来越小,水泥石结构更加致密,强度不断得到提高。

由此可见,水泥的水化、凝结硬化是由表及里、由外向内逐步进行的。在水泥的水化初期,水化速度较快,强度增长迅速,随着堆积在水泥颗粒周围的水化产物数量不断增多,阻碍了水泥颗粒与水之间的进一步反应,使得水泥水化速度变慢,强度增长也逐渐减慢。大量实践与研究表明,无论水泥的水化时间多久,水泥颗粒的内核很难完全水化。硬化后的水泥石结构是由胶体粒子、晶体粒子、孔隙(凝胶孔和毛细孔)及未水化的水泥颗粒组成的。它们在不同时期相对数量的变化,使水泥石的结构和性质也随之改变。当未水化的水泥颗粒含量高时,说明水泥水化程度低;当水化产物含量多,毛细孔含量少时,说明水泥水化充分,水泥石结构致密,硬化后强度高。

4. 影响水泥凝结硬化的因素

影响水泥凝结硬化的因素主要有水泥熟料矿物成分、水泥细度、拌和用水量、混合材料的掺量、养护条件等。

(1)水泥熟料的矿物成分

水泥熟料中矿物成分的相对含量大小,使水泥的凝结硬化速度有所不同。一般来说,铝酸三钙相对含量高的水泥,凝结硬化快,硅酸三钙含量高,凝结速度也快。

(2)水泥细度

水泥颗粒的粗细直接影响到水泥的水化和凝结硬化的速度。水泥颗粒越细,总表面积越大,与水的接触面积大,水泥的水化反应速度加快,凝结硬化快。

(3)拌和用水量

拌和水泥浆时,为使水泥浆体具有一定的塑性和流动性,所加入的水一般要远超过水泥水化的理论需水量。如果拌和用水量过多,加大了水化产物之间的距离,减弱了分子间的作用力,延缓了水泥的凝结硬化。同时多余的水在水泥石中形成较多的毛细孔,降低水泥石的密实度,从而使水泥石的强度和耐久性下降。

(4)养护条件

养护时的温度和湿度,是保障水泥水化和凝结硬化的重要外界条件。提高温度,可以促进水泥水化,加速凝结硬化,有利于水泥强度增长。温度降低时,水化反应减慢,低于0℃时,水化反应基本停止。当水结冰时,由于体积膨胀,还会使水泥石结构遭受破坏。

潮湿环境下的水泥石,能够保持足够的水分进行水化和凝结硬化,水化产物不断填充在毛细孔中,使水泥石结构密实度增大,水泥石强度不断提高。

(5)混合材料掺量

在水泥中掺入混合材料后,使水泥熟料中矿物成分含量相对减少,凝结硬化变慢。

(6)石膏掺量

为了调节水泥的凝结硬化时间,水泥中常掺有适量的石膏。石膏掺量不能太少,否则达不到延长水泥凝结硬化时间的作用。但是石膏掺量也不能太多,否则,不仅会促进水泥的凝结硬化,还会在水泥的硬化后期,过多的石膏继续与水泥石中水化铝酸钙发生反应,生成水化硫铝酸钙,引起水泥石的体积膨胀,导致水泥石开裂,造成水泥体积安定性不良。

3.2.5 通用硅酸盐系水泥的技术性质

依照国家标准《硅酸盐水泥、普通硅酸盐水泥》(GB 175—1999)、《矿渣硅酸盐水泥、火山灰质硅酸盐水泥和粉煤灰硅酸盐水泥》(GB 1344—1999)和《复合硅酸盐水泥》(GB 12958—1999)的规定,硅酸盐系水泥的技术性质主要有:

1. 化学要求

(1)氧化镁含量

在水泥熟料中,存在游离的氧化镁,可以引起水泥体积安定性不良。因此,水泥熟料中游离氧化镁的含量不能太多。国家标准规定:硅酸盐水泥、普通硅酸盐水泥、矿渣硅酸盐水泥、火山灰质硅酸盐水泥、粉煤灰硅酸盐水泥和复合硅酸盐水泥熟料中氧化镁含量不得超过5.0%。

(2)三氧化硫含量

三氧化硫主要是在水泥的生产过程中因掺入过量石膏带入的。如果三氧化硫含量超出一定限度,在水泥石硬化后,还会继续与水化产物反应,产生体积膨胀性物质,引起水泥体积安定性不良,导致结构物破坏。国家标准规定:硅酸盐水泥、普通硅酸盐水泥、火山灰质硅酸盐水泥、粉煤灰硅酸盐水泥和复合硅酸盐水泥熟料中三氧化硫含量不得超过3.5%;矿渣硅酸盐水泥熟料中三氧化硫含量不得超过4.0%。

(3)不溶物

不溶物是指水泥经酸和碱处理后,不能被溶解的残余物。主要由水泥原料、混合材料和石膏中的杂质产生。不溶物的存在会影响水泥的黏结质量。国家标准规定:Ⅰ型硅酸盐水泥中不溶物不得超过0.75%,Ⅱ型不得超过1.5%。

(4)烧失量

烧失量是指水泥在一定的灼烧温度和时间内,经高温灼烧后的质量损失率。水泥煅烧不理想或者受潮后,会导致烧失量增加。国家标准规定:Ⅰ型硅酸盐水泥中烧失量不得大于3.0%,Ⅱ型不得大于3.5%;普通硅酸盐水泥中烧失量不得大于5.0%。

(5)碱含量

硅酸盐系指水泥中除含有主要矿物成分外,还含有少量其他氧化物,如氧化钾(K_2O)、氧化钠(Na_2O)等。水泥的碱含量指水泥中 Na_2O 与 K_2O 的总量,碱含量的大小用 $Na_2O + 0.658\ K_2O$ 的计算值来表示。当水泥中的碱含量较高,骨料又具有一定的活性时,容易产生碱骨料反应,降低结构的耐久性。因此,国家标准规定:若使用活性骨料,用户要求提供低碱水泥时,水泥中碱含量不得大于0.6%或由供需双方商定。

2. 密度与堆积密度

水泥的密度与其熟料矿物组成、储存时间、储存条件以及熟料的煅烧程度有关,一般为3.05~3.2 g/cm^3。在进行混凝土配合比计算时,通常取3.10 g/cm^3。

水泥的堆积密度,除与熟料矿物组成、水泥细度有关外,还与水泥存放时的紧密程度有很大关系。松散状态下的堆积密度约为1 000~1 400 kg/m^3,紧密状态下的堆积密度可达1 600 kg/m^3。

3. 细度

细度是指水泥颗粒的粗细程度。水泥颗粒的粗细对水泥质量有很大影响。水泥颗粒越细,与水反应时接触面积增大,水化速度越快,水化反应完全、充分,早期强度增长越快。但水泥过细,硬化时收缩量较大,在储运过程中易受潮而降低活性,同时水泥的成本也越高。因此,应合理控制水泥细度。

水泥细度按国家标准《水泥细度检测方法(筛析法)》(GB/T 1345—2005)、《水泥比表面积测定方法(勃氏法)》(GB/T 8074—87)测定。筛析法是用边长为 80μm 和 45μm 的方孔筛对水泥进行筛析试验,用筛余百分率来表示水泥的细度。比表面积是指单位质量的水泥粉末所具有的总表面积,以 m^2/kg 表示。比表面积数值的高低与水泥颗粒的粗细大小紧密相关。通常水泥颗粒越细,则比表面积越高。

国家标准《硅酸盐水泥、普通硅酸盐水泥》(GB 175—1999)、《矿渣硅酸盐水泥、火山灰质硅酸盐水泥和粉煤灰硅酸盐水泥》(GB 1344—1999)、《复合硅酸盐水泥》(GB 12958—1999)规定:硅酸盐水泥比表面积应大于 300 m^2/kg;普通硅酸盐水泥、矿渣硅酸盐水泥、火山灰质硅酸盐水泥、粉煤灰硅酸盐水泥和复合硅酸盐水泥 80 μm 方孔筛筛余不得超过 10%。

4. 标准稠度用水量

水泥的许多性质都与新拌制水泥浆的稀稠程度有关,如凝结时间、收缩量、体积安定性测定等。为使测试结果具有可比性,在测定水泥的凝结时间和体积安定性等性能时,应使水泥净浆在一个规定的稠度下进行,这个规定的稠度被称为标准稠度。

水泥标准稠度用水量是指水泥净浆达到标准稠度时所需要的用水量,通常以占水泥质量的百分数来表示。

水泥标准稠度用水量是按国家标准《水泥标准稠度用水量、凝结时间、安定性检验方法》(GB/T 1346—2001)所规定的方法进行测定。即按标准规定的方法所拌制的水泥净浆,在水泥标准稠度维卡仪上,以试杆沉入净浆并距底板 6 mm ± 1 mm 时水泥净浆的稠度为标准稠度,其拌和用水量为该水泥的标准稠度用水量。水泥标准稠度用水量的大小主要与水泥的细度、矿物成分有关。不同品种的水泥,其标准稠度用水量也有所不同,一般在 24% ~33% 之间,如硅酸盐水泥的标准稠度用水量为 23% ~28%。

5. 凝结时间

凝结时间是指水泥从加水开始,到水泥浆失去可塑性所需要的时间。水泥凝结时间分初凝和终凝。初凝时间是指从水泥加水拌和起到水泥浆开始失去可塑性所需要的时间;终凝时间是指从水泥加水拌和时起到水泥浆完全失去可塑性,并开始产生强度所需要的时间。水泥的凝结时间是按国家标准《水泥标准稠度用水量、凝结时间、安定性检验方法》(GB/T 1346—2001)规定的方法进行测定。水泥的凝结时间与水泥熟料的矿物组成、拌和用水量、水泥细度、周围环境的温度与湿度等因素有关。水泥熟料中铝酸三钙含量增加,水泥凝结硬化越快;水泥颗粒越细,水化作用越快,凝结时间越短;拌和用水量少、养护时外界温度和湿度高,水泥的凝结硬化加快。

水泥的凝结时间对工程施工有着非常重要的意义。为使混凝土和砂浆有足够的时间进行搅拌、运输、浇注、振捣或砌筑,水泥的初凝时间不能太短;为加快混凝土的凝结硬化,缩短施工工期,水泥的终凝时间又不能太长。因此,国家标准规定:硅酸盐水泥的初凝时间不得早于 45 min,终凝时间不得迟于 6.5 h;普通硅酸盐水泥、矿渣硅酸盐水泥、火山灰质硅酸盐水泥、粉煤灰硅酸盐水泥和复合硅酸盐水泥的初凝时间不得早于 45 min,终凝时间不得迟于 10 h。

6. 体积安定性

水泥体积安定性是指水泥浆在凝结硬化后，体积变化是否均匀的性质。硅酸盐系水泥在凝结硬化过程中体积略有收缩，一般情况下水泥石的体积变化比较均匀，即体积安定性良好。如果水泥中某些成分的含量超出某一限度，水泥浆在凝结硬化后体积变化不均匀，会导致水泥石出现翘曲变形、开裂等现象，即体积安定性不良。体积安定性不良的水泥，会使结构物产生开裂，降低建筑工程质量，影响结构物的正常使用。

水泥体积安定性不良，一般是由于水泥熟料中游离氧化钙（$f-CaO$）、游离氧化镁（$f-MgO$）含量过多或石膏掺量过大等原因所造成的。

水泥熟料中所含的游离氧化钙和氧化镁均属过烧状态，水化速度很慢，在水泥凝结硬化后才慢慢开始与水反应，生成体积膨胀性物质——氢氧化钙和氢氧化镁，在水泥石中产生膨胀应力，引起水泥石翘曲、开裂和崩溃。如果水泥中石膏掺量过多，在水泥硬化以后，多余的石膏还会继续与水泥石中的水化产物——水化铝酸钙反应，生成水化硫铝酸钙，体积增大1.5倍，从而导致水泥石开裂。

国家标准规定，采用沸煮法检验水泥的体积安定性。测试时可采用试饼法（代用法）或雷氏法（标准法），在有争议时以雷氏法为准。

试饼法是用标准稠度的水泥净浆做成试饼，经恒沸3 h以后，用眼睛观察试饼表面有无裂纹，用直尺检查试饼底部有无弯曲翘曲现象。若试饼表面无裂纹且试饼底部也没有弯曲翘曲现象，则水泥体积安定性合格；反之，为不合格。雷氏法是测定水泥浆在雷氏夹中经沸煮3 h后的膨胀值。当两个试件沸煮后的膨胀值的平均值不大于5.0 mm时，该水泥体积安定性合格，反之，为不合格。

需要指出的是沸煮法能够起到加速游离氧化钙熟化的作用，所以，沸煮法只能检验出游离氧化钙过量所引起的体积安定性不良。游离氧化镁的水化作用比游离氧化钙更加缓慢，因此，游离氧化镁所造成的体积安定性不良，必须用压蒸方法才能检验出来；石膏的危害则需要长时间浸泡在常温水中才能发现。由于游离氧化镁和石膏的危害作用不便于快速检验，所以，国家标准对水泥熟料中氧化镁、三氧化硫的含量作了严格规定，以保证水泥质量。

体积安定性不合格的水泥只能作为废品处理，不得用于任何工程。

7. 强度

水泥强度一般是指水泥胶砂试件单位面积上所能承受的最大外力，是表示水泥力学性质的重要指标，也是划分水泥强度等级的依据。根据外力作用方式的不同，水泥的强度可分为抗压强度、抗折强度、抗拉强度等。这些强度之间既有内在的联系，又有很大的区别，其中水泥的抗压强度最高。

水泥的强度除了与水泥的矿物组成、细度有关外，还与用水量、试件制作方法、养护条件和养护时间等条件有关。水泥熟料中硅酸三钙、硅酸二钙含量越高，水泥强度越高；水泥颗粒越细，水化反应完全充分，水泥强度越高；拌和用水量少，硬化后水泥石密实度增大，可提高水泥强度；保证一定的温度和湿度高，有利于水泥的水化，水泥强度提高。

根据国家标准《水泥胶砂强度检验方法（ISO法）》（GB/T 17671—1999）规定，水泥和标准砂比为1:3、水灰比为0.5，加入一定数量的水，按规定的方法制成标准试件（尺寸为40 mm×40 mm×160 mm），在标准条件下进行养护，测其3 d、28 d的抗压强度和抗折强度。

根据3 d、28 d的抗压强度和抗折强度大小，将硅酸盐水泥、普通硅酸盐水泥、矿渣硅酸盐水泥、火山灰质硅酸盐水泥、粉煤灰硅酸盐水泥和复合硅酸盐水泥划分为若干个强度等级，其中带 R 的为早强型水泥。各强度等级水泥在各龄期的强度值不得低于表 3 -5 中的数值。

表 3 -5 通用硅酸盐系水泥各龄期的强度要求表

<table>
<tr><th rowspan="2">水泥品种</th><th rowspan="2">强度等级</th><th colspan="2">抗压强度(MPa)</th><th colspan="2">抗折强度(MPa)</th></tr>
<tr><th>3d</th><th>28d</th><th>3d</th><th>28d</th></tr>
<tr><td rowspan="6">硅酸盐水泥
(GB 175—1999)</td><td>42.5</td><td>17.0</td><td>42.5</td><td>3.5</td><td>6.5</td></tr>
<tr><td>42.5R</td><td>22.0</td><td>42.5</td><td>4.0</td><td>6.5</td></tr>
<tr><td>52.5</td><td>23.0</td><td>52.5</td><td>4.0</td><td>7.0</td></tr>
<tr><td>52.5R</td><td>27.0</td><td>52.5</td><td>5.0</td><td>7.0</td></tr>
<tr><td>62.5</td><td>28.0</td><td>62.5</td><td>5.0</td><td>8.0</td></tr>
<tr><td>62.5R</td><td>32.0</td><td>62.5</td><td>5.5</td><td>8.0</td></tr>
<tr><td rowspan="6">普通硅酸盐水泥
(GB 175—1999)
复合硅酸盐水泥
(GB 12958—1999)</td><td>32.5</td><td>11.0</td><td>32.5</td><td>2.5</td><td>5.5</td></tr>
<tr><td>32.5R</td><td>16.0</td><td>32.5</td><td>3.5</td><td>5.5</td></tr>
<tr><td>42.5</td><td>16.0</td><td>42.5</td><td>3.5</td><td>6.5</td></tr>
<tr><td>42.5R</td><td>21.0</td><td>42.5</td><td>4.0</td><td>6.5</td></tr>
<tr><td>52.5</td><td>22.0</td><td>52.5</td><td>4.0</td><td>7.0</td></tr>
<tr><td>52.5R</td><td>26.0</td><td>52.5</td><td>5.0</td><td>7.0</td></tr>
<tr><td rowspan="6">矿渣硅酸盐水泥
火山灰质硅酸盐水
泥粉煤灰硅酸盐水泥
(GB 1344—1999)</td><td>32.5</td><td>10.0</td><td>32.5</td><td>2.5</td><td>5.5</td></tr>
<tr><td>32.5R</td><td>15.0</td><td>32.5</td><td>3.5</td><td>5.5</td></tr>
<tr><td>42.5</td><td>15.0</td><td>42.5</td><td>3.5</td><td>6.5</td></tr>
<tr><td>42.5R</td><td>19.0</td><td>42.5</td><td>4.0</td><td>6.5</td></tr>
<tr><td>52.5</td><td>21.0</td><td>52.5</td><td>4.0</td><td>7.0</td></tr>
<tr><td>52.5R</td><td>23.0</td><td>52.5</td><td>4.5</td><td>7.0</td></tr>
</table>

8. 水化热

水泥在水化过程中所放出的热量称为水化热。

水泥水化热的大小和放热速度的快慢与水泥熟料的矿物成分、水泥细度、混合材料掺入量有关。研究表明,水泥熟料中硅酸三钙和铝酸三钙含量越高,水化热越大,放热速度也越快;水泥颗粒越细,水化反应越快,水化热越大;混合材料掺入量越大,水泥的水化热越小,放热速度越慢。

水泥水化热能加速水泥的凝结硬化,对于混凝土的冬季施工非常有利,但对于大型基础、桥梁墩台、大坝等大体积混凝土构筑物极其不利。这是由于水化热易积蓄在混凝土内部且不易散失,使混凝土内部温度急剧上升,内外温差过大而使混凝土产生开裂,影响结构的安全性、完整性和耐久性。

3.2.6 水泥石的腐蚀与防止

1. 水泥石的腐蚀类型

水泥制品在正常的使用条件下,水泥石的强度会不断增长,具有较好的耐久性。但在某些腐蚀性介质的作用下,水泥石结构逐渐遭到破坏,强度降低,甚至引起整个工程结构的破坏,这种现象称为水泥石的腐蚀。常见的腐蚀类型有:

(1)软水侵蚀(溶出性侵蚀)

软水是指重碳酸盐含量较小的水。如雨水、雪水、蒸馏水、工厂冷凝水以及含重碳酸盐很少的河水与湖水等均属于软水。水泥石长期处于软水环境中,水化产物氢氧化钙会不断溶解,引起水泥石中其他水化产物发生分解,导致水泥石结构孔隙增大,强度降低,甚至破坏,故软水侵蚀又称为“溶出性侵蚀”。

(2)酸类腐蚀

当水中含有盐酸、氢氟酸、硫酸、硝酸等无机酸或醋酸、蚁酸和乳酸等有机酸时,这些酸性物质会与水泥石中的氢氧化钙发生中和反应,生成的化合物或者易溶于水,或者在水泥石孔隙内结晶膨胀,产生较大的膨胀压力,导致水泥石结构破坏。

例如,盐酸与水泥石中的氢氧化钙反应,生成的氯化钙易溶于水中,反应式为:

$$2HCl + Ca(OH)_2 = CaCl_2 + 2H_2O$$

硫酸与水泥石中的氢氧化钙发生反应,生成体积膨胀性物质二水石膏,二水石膏再与水泥石中的水化铝酸钙作用,生成高硫型的水化硫铝酸钙,在水泥石内产生较大的膨胀压力,反应式为:

$$H_2SO_4 + Ca(OH)_2 = CaSO_4 \cdot 2H_2O$$

$$3CaO \cdot Al_2O_3 \cdot 6H_2O + 3(CaSO_4 \cdot 2H_2O) + 19H_2O = 3CaO \cdot Al_2O_3 \cdot 3CaSO_4 \cdot 31H_2O$$

在工业污水、地下水中,常溶解有较多的二氧化碳,它对水泥石的腐蚀作用是二氧化碳与水泥石中的氢氧化钙反应生成碳酸钙,碳酸钙再与含碳酸的水进一步作用,生成更易溶于水中的碳酸氢钙,从而导致水泥石中其他水化产物的分解,引起水泥石结构破坏,反应式为:

$$Ca(OH)_2 + CO_2 + H_2O = CaCO_3 + 2H_2O$$

$$CaCO_3 + CO_2 + H_2O = Ca(HCO_3)_2$$

(3)盐类腐蚀

在一些海水、沼泽水以及工业污水中,常含有钠、钾、铵等的硫酸盐。它们能与水泥石中的氢氧化钙发生化学反应,生成硫酸钙。硫酸钙进一步再与水泥石中的水化产物——水化铝酸钙作用,生成具有针状晶体的高硫型水化硫铝酸钙。高硫型水化硫铝酸钙晶体中含有大量的结晶水,体积膨胀可达1.5倍,致使水泥石产生开裂甚至毁坏。以硫酸钠为例,其反应式为:

$$Ca(OH)_2 + Na_2SO_4 \cdot 10H_2O = CaSO_4 \cdot 2H_2O + 2NaOH + 8H_2O$$

$$3CaO \cdot Al_2O_3 \cdot 6H_2O + 3(CaSO_4 \cdot 2H_2O) + 19H_2O = 3CaO \cdot Al_2O_3 \cdot 3CaSO_4 \cdot 31H_2O$$

在海水及地下水中,还常常含有大量的镁盐,主要是硫酸镁和氯化镁。它们与水泥石中的氢氧化钙作用,生成的氢氧化镁松软而无胶凝能力,氯化钙易溶于水,硫酸钙则会引起硫酸盐的破坏作用,反应式为:

$$MgSO_4 + Ca(OH)_2 + 2H_2O = CaSO_4 \cdot 2H_2O + Mg(OH)_2$$

$$MgCl_2 + Ca(OH)_2 = CaCl_2 + Mg(OH)_2$$

(4)强碱腐蚀

在一般情况下水泥石能够抵抗碱的腐蚀。如果水泥石结构长期处于较高浓度的碱溶液(如氢氧化钠溶液)中,也会产生腐蚀破坏。

综上所述,引起水泥石腐蚀的根本原因为:一是水泥石中存在易被腐蚀的化学物质——如氢氧化钙和水化铝酸钙;其次是水泥石本身不密实,有很多毛细孔通道,腐蚀性介质易于通过毛细孔深入到水泥石内部,加速腐蚀的进程。大量实践也可以证明,水泥石的腐蚀是一个极为复杂的物理化学变化过程,水泥石受到腐蚀介质作用时,很少仅有单一的侵蚀作用,往往是几种类型的腐蚀同时存在,相互影响。

2. 水泥石腐蚀的防止措施

为防止或减轻水泥石的腐蚀,可以采取下列措施:

(1)根据工程所处的环境特点,合理选用水泥品种

在有腐蚀性介质存在的工程环境中,应选用水化产物氢氧化钙含量比较低的水泥,以提高水泥石的耐腐蚀性能。

(2)降低水灰比,提高水泥石的密实程度

硅酸盐系水泥水化理论需水量约为水泥质量的23%,而实际用水量往往是水泥质量的40%~70%,多余的水在水泥石结构内部容易形成毛细孔或水囊,降低水泥石结构的密实度,腐蚀性介质容易渗入水泥石内部,加速水泥石的腐蚀。采用降低水灰比、掺入外加剂、改进施工工艺等技术手段,可以提高水泥石的密实度,降低腐蚀性介质的渗入,提高水泥石的抗腐蚀能力。

(3)设保护层

当腐蚀性介质作用较强时,可以在结构表面覆盖耐腐蚀性能好并且不渗水的保护层,如防腐涂料、耐酸陶瓷、塑料、沥青等,以减少腐蚀性介质与水泥石的直接接触,提高水泥石的抗腐蚀性能。

3.2.7 通用硅酸盐系水泥的特性与应用

1. 硅酸盐水泥

由于硅酸盐水泥熟料中硅酸三钙和铝酸三钙的含量较高,因此硅酸盐水泥具有以下特点:

(1)凝结硬化快、强度高,适用于早期强度要求高、重要结构的高强度混凝土和预应力混凝土工程。

(2)抗冻性、耐磨性好,适用于冬季施工以及严寒地区遭受反复冻融作用的混凝土工程。

(3)水化热大,不适用于大体积混凝土工程。

(4)耐腐蚀性能较差,不适用于受软水、海水及其他腐蚀性介质作用的混凝土工程。

(5)耐热性差。硅酸盐水泥受热到250~300 ℃时,水化物开始脱水,体积收缩,强度开始下降。当温度达400~600 ℃时,强度明显下降,700~1 000 ℃时,强度降低更多,甚至完全破坏。因此硅酸盐水泥不适用于有耐热要求的混凝土工程。

2. 普通硅酸盐水泥

由于普通硅酸盐水泥中掺入的混合材料数量不多,因此,它的特性与硅酸盐水泥相近。与硅酸盐水泥相比,早期强度稍低,硬化速度稍慢,抗冻性与耐磨性略差。普通硅酸盐水泥的运用范围与硅酸盐水泥基本相同,广泛用于各种混凝土和钢筋混凝土工程。

3. 矿渣硅酸盐水泥、火山灰质硅酸盐水泥、粉煤灰硅酸盐水泥

矿渣硅酸盐水泥、火山灰质硅酸盐水泥、粉煤灰硅酸盐水泥都是在硅酸盐水泥熟料基础上掺入较多的活性混合材料共同磨细制成。由于活性混合材料的掺量较多,并且活性混合材料的活性成分基本相同,因此它们的特性大同小异。但与硅酸盐水泥、普通硅酸盐水泥相比,确有明显的不同。因不同混合材料结构上的不同,导致它们相互之间又具有一些不同的特性。

(1)矿渣硅酸盐水泥、火山灰质硅酸盐水泥、粉煤灰硅酸盐水泥的共性

①凝结硬化慢,早期强度低,后期强度发展较快

三种水泥中掺加了大量的活性混合材料,相对减少了水泥熟料中矿物成分的含量。另外,

三种水泥的水化反应是分两步进行的，首先是水泥熟料矿物成分的水化，随后是水泥的水化产物氢氧化钙与活性混合材料的活性成分发生二次水化反应，并且二次水化反应速度在常温下较慢。所以，这些水泥的凝结硬化慢，早期强度较低。但在硬化后期，随着水化产物的不断增多，水泥的后期强度发展较快。它们不适用于早期强度要求较高的混凝土工程。

②水化热低

由于三种水泥中掺加了混合材料，水泥熟料含量相对减少，使水泥的水化反应速度放慢，水化热较低，适用于大体积混凝土工程。

③耐腐蚀性能好

由于水泥熟料含量少，水泥水化之后生成的水化产物——氢氧化钙含量较少，而且二次水化还要进一步消耗氢氧化钙，使水泥石结构中氢氧化钙的含量更低。因此，三种水泥抵抗海水、软水及硫酸盐腐蚀的能力较强，适用于有抗软水侵蚀和抗硫酸盐侵蚀要求的混凝土工程。如果火山灰质硅酸盐水泥中掺入的火山灰质混合材料中氧化铝的含量较高，水泥水化后生成的水化铝酸钙数量较多，则抵抗硫酸盐腐蚀的能力明显降低，应用时要合理选择水泥品种。

④抗冻性差

不适用于有抗冻要求的混凝土工程。

⑤抗碳化能力较差

这三种水泥的水化产物——氢氧化钙含量较低，很容易与空气中的二氧化碳发生碳化反应。当碳化深度达到钢筋表面时，容易引起钢筋锈蚀现象，降低结构的耐久性。所以，它们不适用于二氧化碳浓度较高的环境。

⑥温度敏感性强，适合蒸汽养护

水泥的水化温度降低时，水化速度明显减弱，强度发展慢。提高养护温度，不仅可以加快水泥熟料的水化，而且还能促进二次水化反应的进行，提高水泥的早期强度。

(2)矿渣硅酸盐水泥、火山灰质硅酸盐水泥、粉煤灰硅酸盐水泥的个性

①矿渣硅酸盐水泥

由于矿渣经过高温，矿渣硅酸盐水泥硬化后氢氧化钙的含量又比较少，所以，矿渣硅酸盐水泥的耐热性较好，适用于有耐热要求的混凝土结构工程。

粒化高炉矿渣棱角较多，拌和用水量较大，但矿渣保持水分的能力差，泌水性较大，在混凝土施工中由于泌水而形成毛细管通道或粗大孔隙，水分的蒸发又容易引起干缩，致使矿渣硅酸盐水泥的抗渗性、抗冻性较差，收缩量较大。

②火山灰质硅酸盐水泥

火山灰质混合材料的结构特点是疏松并且多孔，在潮湿的条件下养护，可以形成较多的水化产物，水泥石结构比较致密，因而具有较高的抗渗性和耐水性。如处于干燥环境中，所吸收的水分会蒸发，引起体积收缩且收缩量较大，在干热条件表面容易产生起粉现象，耐磨性能差。

火山灰质硅酸盐水泥不适用于长期处于干燥环境和水位变化范围内的混凝土工程以及有耐磨要求的混凝土工程。

③粉煤灰硅酸盐水泥

粉煤灰为球形颗粒，结构比较致密，内比表面积小，对水的吸附能力较弱，拌和时需水量较少，所以粉煤灰硅酸盐水泥干缩性比较小，抗裂性能好。粉煤灰硅酸盐水泥非常适用于有抗裂性能要求的混凝土工程；不适用于有耐磨要求的、长期处于干燥环境和水位变化范围内的混凝土工程。

4. 复合硅酸盐水泥

由于在复合硅酸盐水泥中掺用了两种以上混合材料,可以相互补充、取长补短,克服掺入单一混合材料水泥的一些弊病。如矿渣硅酸盐水泥中掺石灰石不仅能够改善矿渣硅酸盐水泥的泌水性,提高早期强度,而且还能保证水泥后期强度的增长。在需水性大的火山灰质硅酸盐水泥中掺入矿渣等,能有效减少水泥需水量。复合硅酸盐水泥的特性取决于所掺两种混合材料的种类、掺量及其相对比例。

使用复合硅酸盐水泥时,应根据掺入的混合材料种类,参照掺有混合材料的硅酸盐水泥的适用范围和工程经验合理选用。

硅酸盐水泥、普通硅酸盐水泥、矿渣硅酸盐水泥、火山灰质硅酸盐水泥、粉煤灰硅酸盐水泥和复合硅酸盐水泥是建设工程中使用量最大、应用范围最广的通用硅酸盐系水泥。应根据工程所处环境条件、对工程的具体要求等因素,合理选用水泥品种。通用硅酸盐系水泥的使用可以参照表3-6选择。

表3-6 通用硅酸盐系水泥的选用表

混凝土工程特点及所处环境条件		优先使用	可以使用	不宜使用
普通混凝土	在一般气候环境中的混凝土	普通水泥	矿渣水泥、火山灰水泥、粉煤灰水泥、复合水泥	
	在干燥环境中的混凝土	普通水泥	矿渣水泥	火山灰水泥、粉煤灰水泥
	在高温高湿环境中或长期处于水中的混凝土	矿渣水泥、火山灰水泥、粉煤灰水泥、复合水泥	普通水泥	
	厚大体积的混凝土	矿渣水泥、火山灰水泥、粉煤灰水泥、复合水泥	普通水泥	硅酸盐水泥
特殊混凝土	要求快硬、高强(大于C40)的混凝土	硅酸盐水泥	普通水泥	矿渣水泥、火山灰水泥、粉煤灰水泥、复合水泥
	严寒地区的露天混凝土,寒冷地区处于水位升降范围内的混凝土	普通水泥	矿渣水泥	火山灰水泥、粉煤灰水泥
	严寒地区处于水位升降范围内的混凝土	普通水泥		矿渣水泥、火山灰水泥、粉煤灰水泥、复合水泥
	有抗渗要求的混凝土	火山灰水泥、普通水泥		矿渣水泥
	有腐蚀介质存在的混凝土	矿渣水泥、火山灰水泥、粉煤灰水泥、复合水泥		硅酸盐水泥
	有耐磨要求的混凝土	硅酸盐水泥、普通水泥		火山灰水泥、粉煤灰水泥

3.2.8 水泥的质量评定、验收与保管

1. 水泥的质量评定

(1)检验样品的确定

水泥进入施工现场的质量检验,应根据相应产品的技术标准和试验方法进行。试样的采集应按如下规定进行:对于散装水泥,应随机地从不少于3个车罐中,各取等量水泥;对于袋装水泥,应随机地从不少于20袋中,各取等量水泥。将所取水泥混拌均匀后,再从中称取不少于

12 kg 水泥作为检验试样。

(2)检验项目

对于通用硅酸盐系水泥,检验的项目主要有水泥细度、标准稠度用水量、凝结时间、体积安定性、胶砂强度等。

(3)检验结果评定

①不合格水泥的评定

国家标准规定:凡细度、终凝时间、不溶物和烧失量中的任一项不符合标准规定或混合材料掺入量超过最大限量和强度低于商品强度等级(标号)规定的指标时,均为不合格品。水泥包装标志中水泥品种、强度等级(标号)、工厂名称和出厂编号不全的也属于不合格品。不合格品可根据实际情况而决定使用与否。

②废品水泥的评定

国家标准规定:凡氧化镁、三氧化硫、初凝时间、体积安定性中任一项不符合标准规定时,均为废品。废品应严禁出厂,在工程中严禁使用。

2. 水泥的验收

水泥验收的主要内容包括:

(1)检查、核对水泥出厂的质量检验报告

水泥出厂的质量检验报告,不仅是验收水泥的技术保证依据,也是施工单位长期保存的技术资料,还可以作为工程质量验收时工程用料的技术凭证。要核对试验报告的编号与实收水泥的编号是否一致,试验项目是否齐全,试验测值是否达到国家标准要求。

(2)核对包装及标志是否相符

水泥的包装及标志必须符合标准。水泥的包装可以采用袋装,也可以散装。袋装水泥每袋净含量 50 kg,且不得少于标识质量的 98%,随机抽取 20 袋总质量不得少于 1 000 kg。

水泥包装袋上应清楚标明:产品名称、代号、净含量、强度等级、生产许可证编号、生产者名称和地址、出厂编号、执行标准号、包装日期和主要混合材料名称。掺火山灰质混合材料的普通硅酸盐水泥与矿渣硅酸盐水泥还应标上"掺火山灰"的字样。包装袋两侧应印有水泥名称和强度等级。硅酸盐水泥和普通硅酸盐水泥的印刷采用红色;矿渣硅酸盐水泥的印刷采用绿色;火山灰质硅酸盐水泥和粉煤灰硅酸盐水泥采用黑色。散装水泥运输时应提交与袋装标志相同内容的卡片。

通过对水泥包装及标志的核对,不仅可以发现包装的完好程度,盘点和检验数量是否给足,还能核对所购水泥与到货的产品是否完全一致,及时发现和纠正可能出现的产品混杂现象。

3. 水泥保管

(1)防水防潮

水泥在存放过程中很容易吸收空气中的水分产生水化作用,凝结成块,降低水泥强度,影响水泥的正常使用。所以,水泥应在干燥环境条件下存放。袋装水泥在存放时,应用木料垫高出地面 30 cm,四周离墙 30 cm,堆置高度一般不超过 10 袋。存放散装水泥时,应将水泥储存于专用的水泥罐中。对于受潮水泥可以根据受潮程度,按表 3－7 方法做适当处理。

表 3-7 受潮水泥的处理与使用表

受潮情况	处理方法	使用场合
有粉块,用手可以捏成粉末,无硬块	压碎粉块	通过试验后,根据实际强度等级使用
部分结成硬块	筛除硬块压碎粉块	通过试验后,根据实际强度等级使用。用于受力较小的部位,也可配制砂浆
大部分结成硬块	将硬块粉碎磨细	不能作为水泥使用,可作为混合材料掺加到混凝土中

(2)分类储存

不同品种、强度等级、生产厂家、出厂日期的水泥,应分别储存,并加以标识,不得混杂。

(3)储存期不宜过长

水泥储存时间过长,水泥会吸收空气中的水分缓慢水化而降低强度。袋装水泥储存3个月后,强度约降低10% ~20%;6个月后,约降低15% ~30%;1年后约降低25% ~40%。因此,水泥储存期不宜超过3个月,使用时应做到先存先用,不可储存过久。

3.3 特性水泥与专用水泥

3.3.1 特性水泥

特性水泥是指其某种性能比较突出的水泥,如快凝快硬硅酸盐水泥、抗硫酸盐硅酸盐水泥、低水化热水泥等。

1. 快凝快硬硅酸盐水泥

以硅酸三钙、氟铝酸钙为主的水泥熟料,加入适量的硬石膏、粒化高炉矿渣、无水硫酸钠,经磨细制成的一种凝结快、小时强度增长快的水硬性胶凝材料,称为快凝快硬硅酸盐水泥(简称双快水泥)。

快凝快硬硅酸盐水泥与硅酸盐水泥的主要区别,在于提高了水泥熟料中硅酸三钙和铝酸三钙的含量,并适当增加了石膏的掺量,同时还提高了水泥的细度。

国家标准《快凝快硬硅酸盐水泥》(JC 314—82)规定:快凝快硬硅酸盐水泥熟料中氧化镁含量不得超过5.0%;三氧化硫含量不得超过9.5%;水泥比表面积不得低于4 500 cm^2/g;初凝时间不得早于10 min,终凝时间不得迟于60 min;体积安定性用沸煮法检验必须合格。

根据4 h的抗压强度和抗折强度大小,快凝快硬硅酸盐水泥分为双快-150和双快-200两个强度等级。各强度等级水泥在各龄期的强度值不得低于表3-8中的数值。

表 3-8 快凝快硬硅酸盐水泥各龄期的强度要求表(JC 314—82)

强度等级	抗压强度(MPa)			抗折强度(MPa)		
	4 h	1 d	28 d	4 h	1 d	28 d
双快-150	14.7	18.6	31.9	2.75	3.43	5.39
双快-200	19.6	24.5	41.7	3.33	4.51	6.27

快凝快硬硅酸盐水泥具有凝结硬化快、早期强度增长很快的特点,其1 h抗压强度可达到相应的强度等级,后期强度仍有一定增长,适用于早期强度要求高的混凝土工程、军事工程、低温条件下施工和桥梁、隧道、涵洞等紧急抢修工程。由于快凝快硬硅酸盐水泥水化热大、放热

集中迅速、耐腐蚀性能较差，因此，不宜用于大体积混凝土工程和有耐腐蚀要求的混凝土工程。

快凝快硬硅酸盐水泥在存放时易受潮变质，所以在运输和储存时，必须注意防潮，并应及时使用，不宜久存。出厂时间超过 3 个月后，应重新检验，合格后方可使用。快凝快硬硅酸盐水泥也不得与其他品种水泥混合使用。

2. 低水化热水泥

低水化热水泥包括低热硅酸盐水泥、中热硅酸盐水泥和低热矿渣硅酸盐水泥。

以适当成分的硅酸盐水泥熟料，加入适量石膏，磨细制成的具有低水化热的水硬性胶凝材料，称为低热硅酸盐水泥（简称低热水泥），代号为 P · LH。

以适当成分的硅酸盐水泥熟料，加入适量石膏，磨细制成的具有中等水化热的水硬性胶凝材料，称为中热硅酸盐水泥（简称中热水泥），代号为 P · MH。

以适当成分的硅酸盐水泥熟料，加入粒化高炉矿渣、适量石膏，磨细制成的具有低水化热的水硬性胶凝材料，称为低热矿渣硅酸盐水泥（简称低热矿渣水泥），代号为 P · SLH。水泥中矿渣掺量按质量百分比计为 20% ~60%，允许用不超过混合材料总量 50% 的磷渣或粉煤灰代替部分矿渣。

从熟料的矿物成分来看，铝酸三钙和硅酸三钙水化热较大，同时游离氧化钙也会增加水泥的水化热，降低水泥的抗拉强度，所以对其含量应加以限制。水泥熟料中铝酸三钙含量对于低热硅酸盐水泥和中热硅酸盐水泥不得超过 6%，对于低热矿渣硅酸盐水泥不得超过 8%；水泥熟料中硅酸三钙含量对于中热硅酸盐水泥不得超过 55%；水泥熟料中游离氧化钙含量对于低热硅酸盐水泥和中热硅酸盐水泥不得超过 1.0%；对于低热矿渣硅酸盐水泥不得超过 1.2%。

国家标准《低热硅酸盐水泥、中热硅酸盐水泥和低热矿渣硅酸盐水泥》（GB 200—2003）规定：低热硅酸盐水泥、中热硅酸盐水泥和低热矿渣硅酸盐水泥熟料中氧化镁含量不得超过 5.0%；三氧化硫含量不得超过 3.5%；细度用比表面积法测定时，不得低于 250 m^2/kg；初凝时间不得早于 60 min，终凝时间不得迟于 12 h；体积安定性用沸煮法检验必须合格。

按照规定龄期的抗压强度和抗折强度大小，低热硅酸盐水泥和中热硅酸盐水泥的强度等级为 42.5；低热矿渣硅酸盐水泥的强度等级为 32.5。各强度等级水泥在各龄期的强度值不得低于表 3 -9 中的数值。

表 3 -9　低热硅酸盐水泥、中热硅酸盐水泥和低热矿渣硅酸盐水泥各龄期的强度要求表（GB 200—2003）

水泥品种	强度等级	抗压强度（MPa）			抗折强度（MPa）		
		3 d	7 d	28 d	3 d	7 d	28 d
低热水泥	42.5	—	13.0	42.5	—	3.5	6.5
中热水泥	42.5	12.0	22.0	42.5	3.0	4.5	6.5
低热矿渣水泥	32.5	—	12.0	32.5	—	3.0	5.5

低热硅酸盐水泥和中热硅酸盐水泥水化热较低，抗冻性与耐磨性较高，抗硫酸盐侵蚀性能好，适用于水利大坝、大体积水工建筑物，以及其他要求低水化热、高抗冻性、高耐磨、有抗硫酸盐侵蚀要求的混凝土工程。低热矿渣硅酸盐水泥水化热更低，抗硫酸盐侵蚀性能好，适用于大体积构筑物、厚大基础等大体积混凝土工程，还可用于有抗硫酸盐侵蚀要求的混凝土工程。

3. 抗硫酸盐硅酸盐水泥

根据抵抗硫酸盐侵蚀的程度不同，抗硫酸盐硅酸盐水泥分中抗硫酸盐硅酸盐水泥和高抗硫酸盐硅酸盐水泥两种。

凡以特定矿物组成的硅酸盐水泥熟料，加入适量石膏，磨细制成的具有抵抗中等浓度硫酸根离子侵蚀的水硬性胶凝材料，称为中抗硫酸盐硅酸盐水泥（简称中抗硫酸盐水泥），代号为P·MSR。

凡以特定矿物组成的硅酸盐水泥熟料，加入适量石膏，磨细制成的具有抵抗较高浓度硫酸根离子侵蚀的水硬性胶凝材料，称为高抗硫酸盐硅酸盐水泥（简称高抗硫酸盐水泥），代号为P·HSR。

硅酸盐水泥熟料中最容易被硫酸盐腐蚀的成分是铝酸三钙。因此，抗硫酸盐硅酸盐水泥熟料中铝酸三钙的含量比较低。由于在水泥熟料的烧成过程中，铝酸三钙数量与硅酸三钙数量之间存在一定的相关性，如果水泥熟料中铝酸三钙含量较低，则硅酸三钙的含量相应地也较低。但是在抗硫酸盐硅酸盐水泥熟料中硅酸三钙的含量不宜太低，如果水泥熟料中硅酸三钙的含量太低，则不利于水泥强度的增长。硅酸三钙和铝酸三钙含量的限制见表3－10。

表3－10 抗硫酸盐硅酸盐水泥熟料中硅酸三钙和铝酸三钙含量限制表

品 种	中抗硫酸盐硅酸盐水泥	高抗硫酸盐硅酸盐水泥
硅酸三钙含量不大于，(%)	55.0	50.0
铝酸三钙含量不大于，(%)	5.0	3.0

抗硫酸盐硅酸盐水泥的抗侵蚀能力以抗硫酸盐腐蚀系数F来评定。它是指水泥试件在人工配制的硫酸根离子浓度分别为2 500 mg/L（对中抗硫酸盐水泥）和8 000 mg/L（对高抗硫酸盐水泥）的硫酸钠溶液中，浸泡6个月后的强度与同时浸泡在饮用水中试件的强度之比。抗硫酸盐硅酸盐水泥的抗硫酸盐腐蚀系数不得小于0.8。

国家标准《抗硫酸盐硅酸盐水泥》（GB 748—2005）规定：抗硫酸盐硅酸盐水泥熟料中氧化镁含量不得超过5.0%；三氧化硫含量不得超过2.5%；水泥中不溶物不得超过1.5%；烧失量不得超过3.0%；水泥的比表面积不小于280 m^2/kg；初凝时间不得早于45 min，终凝时间不得迟于10 h；体积安定性用沸煮法检验必须合格。

根据3 d、28 d的抗压强度和抗折强度大小，抗硫酸盐硅酸盐水泥分32.5、42.5两个强度等级，各强度等级水泥在各龄期的强度值不得低于表3－11中的数值。

表3－11 抗硫酸盐硅酸盐水泥各龄期的强度要求表（GB 748—2005）

强度等级	抗压强度（MPa）		抗折强度（MPa）	
	3 d	28 d	3 d	28 d
32.5	10.0	32.5	2.5	6.0
42.5	15.0	42.5	3.0	6.5

抗硫酸盐硅酸盐水泥具有较高的抗硫酸盐侵蚀能力，水化热较低，主要用于受硫酸盐侵蚀的海港、水利、地下隧道、引水、道路与桥梁基础等工程。

4. 铝酸盐水泥

凡以铝酸钙为主的铝酸盐水泥熟料，磨细制成的水硬性胶凝材料，称为铝酸盐水泥，代号为CA。

（1）铝酸盐水泥的矿物组成

铝酸盐水泥的矿物成分主要为铝酸一钙（$CaO \cdot Al_2O_3$，简写为CA），其含量约占铝酸盐水泥质量的70%，此外还有少量的硅酸二钙（$2CaO \cdot SiO_2$）与其他铝酸盐，如七铝酸十二钙

($12CaO\cdot 7Al_2O_3$，简写为 $C_{12}A_7$）、二铝酸一钙（$CaO\cdot 2Al_2O_3$，简写为 CA_2）和硅铝酸二钙（$2CaO\cdot Al_2O_3\cdot SiO_2$，简写为 C_2AS）等。

（2）铝酸盐水泥的水化和硬化

铝酸盐水泥的水化和硬化主要是铝酸一钙的水化及其水化产物的结晶。其水化产物会随外界温度的不同而异。当温度低于 20 ℃时，水化产物为水化铝酸一钙（$CaO\cdot Al_2O_3\cdot 10H_2O$，简写为 CAH_{10}），水化反应式为：

$$CaO\cdot Al_2O_3+10H_2O=CaO\cdot Al_2O_3\cdot 10H_2O$$

当温度为 20～30 ℃时，水化产物为水化铝酸二钙（$2CaO\cdot Al_2O_3\cdot 8H_2O$，简写为 C_2AH_8）和氢氧化铝（$Al_2O_3\cdot 3H_2O$，简写为 AH_3），水化反应式为：

$$2(CaO\cdot Al_2O_3)+11H_2O=2CaO\cdot Al_2O_3\cdot 8H_2O+Al_2O_3\cdot 3H_2O$$

当温度高于 30 ℃时，水化产物为水化铝酸钙（$3CaO\cdot Al_2O_3\cdot 6H_2O$，简写为 C_3AH_6）和氢氧化铝，水化反应式为：

$$3(CaO\cdot Al_2O_3)+12H_2O=3CaO\cdot Al_2O_3\cdot 6H_2O+2(Al_2O_3\cdot 3H_2O)$$

水化产物水化铝酸一钙和水化铝酸二钙为针状或板状结晶，能相互交织成坚固的结晶共生体，析出的氢氧化铝难溶于水，填充于晶体骨架的空隙中，形成比较致密的结构，使水泥石具有很高的强度。水化反应集中在早期，5～7 d 后水化产物的数量很少增加。所以，铝酸盐水泥早期强度增长很快。

随硬化时间的延长，不稳定的水化铝酸一钙和水化铝酸二钙会逐渐转化为比较稳定的水化铝酸钙，转化过程会随着外界温度的升高而加快。转化结果使水泥石内部析出游离水，增大了孔隙体积，同时水化铝酸钙晶体本身缺陷较多，强度较低，因而水泥石后期强度明显降低。

（3）铝酸盐水泥的技术要求

铝酸盐水泥呈黄、褐或灰色，其密度和堆积密度与硅酸盐水泥接近，密度为 3.0～3.2 g/cm^3；堆积密度为 1 000～1 300 kg/m^3。

国家标准《铝酸盐水泥》（GB 201—2000）规定：铝酸盐水泥按 Al_2O_3 含量百分数分为 CA－50、CA－60、CA－70、CA－80 四种类型；水泥细度用比表面积法测定时不得低于 300 m^2/kg，或者 45 μm 筛余不得超过 20%；对于 CA－50、CA－70、CA－80 水泥初凝时间不得早于 30 min，终凝时间不得迟于 6 h；对于 CA－60 水泥初凝时间不得早于 60 min，终凝时间不得迟于 18 h；体积安定性检验必须合格。

各类型水泥在各龄期的强度值不得低于表 3－12 中的数值。

表 3－12　铝酸盐水泥的 Al_2O_3 含量和各龄期的强度要求表（GB 201—2000）

水泥类型	Al_2O_3 含量（%）	抗压强度（MPa）				抗折强度（MPa）			
		6 h	1 d	3 d	28 d	6 h	1 d	3 d	28 d
CA－50	$50\leqslant Al_2O_3<60$	20	40	50	—	3.0	5.5	6.5	—
CA－60	$60\leqslant Al_2O_3<68$	—	20	45	85	—	2.5	5.0	10.0
CA－70	$68\leqslant Al_2O_3<77$	—	30	40	—	—	5.0	6.0	—
CA－80	$77\leqslant Al_2O_3$	—	25	30	—	—	4.0	5.0	—

（4）铝酸盐水泥的特点与应用

①凝结硬化快，早期强度增长快，适用于紧急抢修工程和早期强度要求高的混凝土工程。

②硬化后的水泥石在高温下（900 ℃以上）仍能保持较高的强度，具有较高的耐热性能。

如采用耐火的粗细骨料(如铬铁矿等),可制成使用温度达1 300~1 400 ℃的耐热混凝土,也可作为高炉炉衬材料。

③具有较好的抗渗性和抗硫酸盐侵蚀能力。这是因为铝酸盐水泥的水化产物主要为低钙铝酸盐,游离的氧化钙含量极少,硬化后的水泥石中没有氢氧化钙,并且水泥石结构比较致密,因此,铝酸盐水泥具有较高的抗渗性、抗冻性和抗硫酸盐侵蚀能力,适用于有抗渗、抗硫酸盐侵蚀要求的混凝土工程。但铝酸盐水泥不耐碱,不能用于与碱溶液接触的工程。

④水化热大,而且集中在早期放出。铝酸盐水泥的1 d放热量约相当于硅酸盐水泥的7 d放热量。因此,适用于混凝土的冬季施工,但不宜用于大体积混凝土工程。

铝酸盐水泥使用时应注意:

①由于铝酸盐水泥水化产物晶体易发生转换,导致铝酸盐水泥的后期强度会有所降低,尤其是在高于30 ℃的湿热环境下,强度下降更加明显,甚至会引起结构的破坏。因此,铝酸盐水泥不宜用于长期承受荷载作用的结构工程。

②铝酸盐水泥最适宜的硬化温度为15 ℃左右。一般施工时环境温度不宜超过30 ℃,否则会产生晶体转换,水泥石强度降低。所以,铝酸盐水泥拌制的混凝土构件不能进行蒸气养护。

③铝酸盐水泥使用时,严禁与硅酸盐水泥或石灰相混,也不得与尚未硬化的硅酸盐水泥接触,否则将产生瞬凝现象,以至无法施工,且强度很低。

3.3.2 专用水泥

专用水泥是指有专门用途的水泥,如砌筑水泥、道路硅酸盐水泥。

1. 砌筑水泥

凡由一种或一种以上的水泥混合材料,加入适量硅酸盐水泥熟料和石膏,经磨细制成的工作性较好的水硬性胶凝材料,称为砌筑水泥,代号为M。砌筑水泥中混合材料掺量按质量百分比计为不少于50%。

国家标准《砌筑水泥》(GB/T 3183—2003)规定:砌筑水泥熟料中三氧化硫含量不得超过4.0%;细度用80 μm方孔筛,筛余量不得超过10.0%;初凝时间不得早于45 min,终凝时间不得迟于12 h;保水率不低于80%;体积安定性用沸煮法检验必须合格。

根据7 d、28 d的抗压强度和抗折强度大小,砌筑水泥分为12.5、22.5两个强度等级。各强度等级水泥在各龄期的强度值不得低于表3-13中的数值。

表3-13 砌筑水泥各龄期的强度要求表(GB/T 3183—2003)

强度等级	抗压强度(MPa)		抗折强度(MPa)	
	7 d	28 d	7 d	28 d
12.5	7.0	12.5	1.5	3.0
22.5	10.0	22.5	2.0	4.0

砌筑水泥凝结硬化慢,强度较低,在生产过程中以大量的工业废渣作为原材料,水泥的生产成本低,工作性较好。适用于配制砌筑砂浆、抹面砂浆、基础垫层混凝土。

2. 道路硅酸盐水泥

由道路硅酸盐水泥熟料(以硅酸钙和铁铝酸盐为主要成分)、0~10%活性混合材料和适量石膏磨细制成的水硬性胶凝材料,称为道路硅酸盐水泥(简称道路水泥),代号为P·R。

道路硅酸盐水泥是为适应我国水泥混凝土路面的需要而发展起来的。为提高道路混凝土的抗折强度、耐磨性和耐久性，道路硅酸盐水泥熟料中铝酸三钙含量不得大于 5.0%；铁铝酸四钙含量不得小于 16.0%。

国家标准《道路硅酸盐水泥》(GB 13693—2005)规定：道路硅酸盐水泥熟料中三氧化硫含量不得超过 3.5%；氧化镁含量不得超过 5.0%；游离氧化钙含量不得超过 1.0%；烧失量不得大于 3.0%；细度用比表面积法测定时为 300 ~ 450 m^2/kg；初凝时间不得早于 1.5 h，终凝时间不得迟于 10 h；体积安定性用沸煮法检验必须合格；28 d 干缩率不得大于 0.10%；28 d 磨耗量不得大于 3.0 kg/m^2。

根据 3 d、28 d 的抗压强度和抗折强度大小，道路硅酸盐水泥分为 32.5、42.5、52.5 三个强度等级。各强度等级水泥在各龄期的强度值不得低于表 3 – 14 中的数值。

表 3 – 14　道路硅酸盐水泥各龄期的强度要求表(GB 13693—2005)

强度等级	抗压强度(MPa)		抗折强度(MPa)	
	3 d	28 d	3 d	28 d
32.5	16.0	32.5	3.5	6.5
42.5	21.0	42.5	4.0	7.0
52.5	26.0	52.5	5.0	7.5

道路硅酸盐水泥具有早强和抗折强度高、干缩性小、耐磨性好、抗冲击性好、抗冻性和耐久性比较好、裂缝和磨耗病害少的特点，主要用于公路路面、机场跑道、城市广场、停车场等工程。

思考练习题

1. 什么是气硬性胶凝材料？什么是水硬性胶凝材料？

2. 建筑石灰按加工方法的不同可分为哪几种？它们的主要化学成分是什么？

3. 建筑工地上使用石灰为何要进行熟化处理？

4. 简述石灰的主要用途以及使用时应注意的问题。

5. 生产通用硅酸盐系水泥的主要原料有哪些？

6. 生产通用硅酸盐系水泥为什么要掺入适量石膏？

7. 试述通用硅酸盐系水泥的主要矿物成分及其对水泥性能的影响。

8. 水泥细度对水泥性能有何影响？水泥的细度如何检验？

9. 导致水泥体积安定性不良的原因有哪些？如何检验？

10. 影响水泥强度大小的主要因素有哪些？

11. 水泥石腐蚀的类型主要有哪几种？产生腐蚀的主要原因是什么？防止腐蚀的措施有哪些？

12. 水泥检验中，哪些性能不符合要求时，则该水泥属于不合格品？哪些性能不符合要求时，则该水泥属于废品？应怎样处理不合格品和废品？

13. 什么是混合材料？在水泥生产中起什么作用？

14. 为什么说掺有活性混合材的硅酸盐水泥早期强度比较低，后期强度发展比较高？

15. 与硅酸盐水泥相比，普通水泥、矿渣水泥、火山灰水泥和粉煤灰水泥在性能上有哪些不同？

16. 某工程使用一批普通硅酸盐水泥，强度检验结果如下表所示，试评定该批水泥的强度等级。

龄　期	抗折强度(MPa)	抗压破坏荷载(kN)
3d	4.05,4.20,4.10	29.5,28.2,27.1,25.5,26.2,28.1
28d	7.05,7.50,8.40	71.9,72.0,74.1,69.5,68.0,70.0

17. 试述快凝快硬硅酸盐水泥的矿物组成有哪些特点？

18. 铝酸盐水泥有何特点？使用时应注意哪些问题？

4

混 凝 土

【学习目标】通过本章的学习，掌握普通混凝土的组成材料及技术要求，普通混凝土的技术性质和配合比设计，掌握外加剂的作用机理、常用品种和应用，以及混凝土的质量控制与评定方法等。了解其他混凝土的组成、技术性质及其应用。

凡以胶凝材料将大小不等的颗粒材料胶结成为整体，并具有一定形状和强度的人工石材称为混凝土，其中大小不等的颗粒称为骨料。

混凝土从不同角度的考虑，常有以下几种分类方式：

1. 按所用胶凝材料的不同可分为：水泥混凝土、沥青混凝土、水玻璃混凝土、聚合物混凝土等。

2. 按其用途可分为：结构混凝土、道路混凝土、防水混凝土、耐热混凝土、防射线混凝土等。

3. 按其体积密度可分为：重混凝土（$\rho_0 > 2\ 700\ kg/m^3$）、普通混凝土（$\rho_0 = 1\ 950 \sim 2\ 700\ kg/m^3$）、轻混凝土（$\rho_0 = 800 \sim 1\ 950\ kg/m^3$）和特轻混凝土（$\rho_0 < 800\ kg/m^3$）等。

4. 按施工方法不同可分为：现浇混凝土、预制混凝土、泵送混凝土、喷射混凝土等。

混凝土作为一种不可缺少的重要土建工程材料，广泛应用于铁道工程、桥梁隧道、工业与民用建筑、水工结构及道路、海港、军事等土建工程中。混凝土性能优良，主要体现在：

1. 材料来源广泛，混凝土中大部分是天然石材，价格低廉，可就地取材，经济实用。

2. 混凝土拌合物具有良好的可塑性，容易浇筑成不同形状而且整体性很强的构件，使混凝土可适应各种形状复杂的结构构件的施工要求。

3. 具有较高的抗压强度，并且可以根据需要配制成不同强度的混凝土。

4. 具有较好的耐久性，对各种外界破坏因素有较强的抵抗能力，因而很少需要维修。

5. 与钢筋黏结牢固，且二者的线膨胀系数基本相同，复合成钢筋混凝土，适用于各种大中小型构件，拓宽了混凝土的应用范围。

混凝土的不足之处在于其抗拉强度低、受拉时容易开裂、自重较大、硬化养护时间长、破损后不易修复，使其在使用时受到一定的影响。同时，施工中的各种人为因素对混凝土的质量，特别是对混凝土的强度影响甚大，有关工程人员对相应的生产环节应加以严格的控制。

4.1 普通混凝土组成材料

普通混凝土又称为水泥混凝土，一般指由水泥、砂、石子和水按适当比例配合搅拌，浇筑成型，再经过硬化而成的人造石材，简称为混凝土，工程上常用一个字“砼”代表。

在混凝土中，砂石的总含量约占混凝土体积的65% ~75%，其余为水泥浆。由水泥和水组成的水泥浆包裹在砂石的表面，并填满砂石间的空隙，作为砂石间的润滑材料，使混凝土拌合物具有流动性，并通过水泥浆的凝结硬化，将砂石胶结成整体。砂子填充石子的空隙，共同构成坚硬骨架，并可抑制由于水泥浆硬化干燥所产生的收缩。砂子和石子称为混凝土的骨料（或集料）。

4.1.1 水　泥

水泥是混凝土获得强度的保证，也是混凝土能在所处环境中满足使用要求的重要因素之一。因而，水泥品种和强度等级的选择是否恰当，对混凝土的强度、耐久性和经济性有很大的影响。

1. 水泥品种的选择：应根据工程性质、所处环境、施工条件等，合理选择相应的水泥品种。常见水泥的品种按第3章所述原则选择。

2. 水泥强度等级的选择：水泥强度的高低应与混凝土的强度相适应，较高强度的混凝土需选用较高强度的水泥，较低强度的混凝土宜选用较低强度的水泥。《铁路混凝土与砌体工程施工规范》(TB 10210-2001)中经过试验建议：水泥与混凝土强度等级之比，对于C30及以下的混凝土，宜为1.5~2.0；对于C35及以上的混凝土宜为0.9~1.5。

4.1.2 细骨料

粒径在150 μm~4.75 mm之间的骨料称为细骨料，通称为砂。砂按产源不同可分为天然砂、人工砂两类。

天然砂是由自然风化、水流搬运和分选、堆积形成的岩石颗粒（不含软质岩、风化岩石的颗粒）。根据产地不同，天然砂又可分为河砂、湖砂、山砂、淡化海砂。

混凝土用砂的技术性质包括以下几个方面：

1. 表观密度、堆积密度、空隙率

砂表观密度、堆积密度、空隙率应符合如下规定：表观密度大于2 500 kg/m^3；松散堆积密度大于1 350 kg/m^3；空隙率小于47%。

2. 颗粒级配和粗细程度

砂的颗粒级配是指砂中大小颗粒搭配的情况。如果大小颗粒搭配适当，它们相互填充，使砂子的空隙率达到较小值，这样的颗粒级配称为级配良好。在混凝土中，当砂颗粒间大小搭配合理，达到逐级填充，减小空隙率时，不仅用来填空的浆料少，多余的浆料还可形成较厚的包裹层，有利于水泥的润滑与胶结作用，而且可得到较高的密实度，从而强度和耐久性得以加强。

砂的粗细程度是指不同粒径的砂粒混合中，混合在一起的总体粗细程度，若粗颗粒较多，砂就显得粗些，反之，若粗颗粒较少，砂就显得细些。对于数量相同的砂，粗砂和中砂的总表面积较小，而细砂的总表面积较大。水泥浆是通过骨料颗粒表面来实现有效黏结的，骨料的总表面积越小，水泥越节约，所以混凝土用砂颗粒的总表面积要小，即砂尽可能粗。

砂的级配情况和粗细程度是以筛分析方法测定的。筛分析的方法，是用一套孔径为4.75 mm、2.36 mm、1.18 mm、0.6 mm、0.3 mm和0.15 mm的标准方孔筛，将500 g干砂由粗到细依次过筛，称得余留在各筛上砂的质量，叫做“分计筛余量”，各分计筛余质量占砂样总质量的百分率称为“分计筛余百分率”，分别用 a_1、a_2、a_3、a_4、a_5、a_6 表示，各筛上及所有孔径大于该筛的分计筛余百分率之和称为“累计筛余百分率”，分别用 A_1、A_2、A_3、A_4、A_5 和 A_6 表示，见表 4－1 所示。

表 4－1　累计筛余率计算过程

砂的公称粒径	砂筛筛孔的公称直径	方孔筛筛孔边长	分计筛余		累计筛余百分率(%)
			分计筛余量(g)	分计筛余百分率(%)	
5.00 mm	5.00 mm	4.75 mm	m_1	a_1	$A_1=a_1$
2.50 mm	2.50 mm	2.36 mm	m_2	a_2	$A_2=a_2+a_1$
1.25 mm	1.25 mm	1.18 mm	m_3	a_3	$A_3=a_3+a_2+a_1$
630 μm	630 μm	600 μm	m_4	a_4	$A_4=a_4+a_3+a_2+a_1$
315 μm	315 μm	300 μm	m_5	a_5	$A_5=a_5+a_4+a_3+a_2+a_1$
160 μm	160 μm	150 μm	m_6	a_6	$A_6=a_6+a_5+a_4+a_3+a_2+a_1$

①砂的粗细程度以细度模数（M_x）表示，按式(4－1)计算：

$$M_x=\frac{A_2+A_3+A_4+A_5+A_6-5\times A_1}{100-A_1} \tag{4-1}$$

细度模数较大，表示砂较粗。按细度模数值的不同，将砂子分为四种规格：粗砂 $M_x=3.7\sim3.1$，中砂 $M_x=3.0\sim2.3$，细砂 $M_x=2.2\sim1.6$，特细砂 $M_x=1.5\sim0.7$。

②天然砂的颗粒级配情况用级配区来判别：对混凝土用砂，根据其在筛孔公称直径为 0.630 mm 砂筛上的累计筛余率（A_4）划分为三个级配区，$A_4=71\%\sim85\%$ 为Ⅰ区，$A_4=41\%\sim70\%$ 为Ⅱ区，$A_4=16\%\sim40\%$ 为Ⅲ区，各区的标准见表 4－2。混凝土用砂的实际颗粒级配（各 A_i 值）处于表内所属的级配区内时，砂子的级配为良好。但表中所列的累计筛余百分率，除公称粒径为 5.00 mm 和 0.630 mm 筛外，其余公称粒径允许稍有超出分界线，但其总量不应超过 5%，否则为级配不合格。

当天然砂的实际颗粒不符合要求时，宜采取相应的技术措施，并经试验证明能确保混凝土质量后，方允许使用。

表 4－2　砂颗粒级配区（TB 10424—2003）

级配区 / 累计筛余(%) / 公称粒径	Ⅰ区	Ⅱ区	Ⅲ区	级配区 / 累计筛余(%) / 公称粒径	Ⅰ区	Ⅱ区	Ⅲ区
5.00 mm	10～0	10～0	10～0	630 μm	70～41	70～41	40～16
2.50 mm	25～0	25～0	15～0	315 μm	92～70	92～70	85～55
1.25 mm	50～10	50～10	25～0	160 μm	100～90	100～90	100～90

如果砂的级配不好，则应进行调整。例如某砂粗颗粒过多，则可以按一定比例掺入较细的砂子加以调整，使之符合要求。

【例 4—1】500 g 烘干砂做筛分试验，各筛的分计筛余、累计筛余如表 4－3 所示，试判断该砂的粗细级别和级配情况。

表4－3 试验砂筛分试验表

砂筛孔的公称直径	分计筛余		累计筛余	砂筛孔的公称直径	分计筛余		累计筛余
	(g)	(%)	(%)		(g)	(%)	(%)
5.00 mm	30	6.0	6.0	630 μm	90	18.0	62.8
2.50 mm	46	9.2	15.2	315 μm	80	16.0	78.8
1.25 mm	148	29.6	44.8	160 μm	85	17.0	95.8
筛底	21	4.2	100.0				

【解】(1)计算细度模数：

$$M_x=\frac{A_2+A_3+A_4+A_5+A_6-5\times A_1}{100-A_1}=\frac{15.2+44.8+62.8+78.8+95.8-5\times 6.0}{100-6.0}=2.8$$

由于 $M_x=2.8$，在3.0～2.3之间，故该砂为中砂。

(2)该砂在0.63 mm筛上的累计筛余 $A_4=62.8$，在41～70之间，属Ⅱ区，将计算的各 A 值与Ⅱ区标准逐一对照，因各A值均落入Ⅱ区内，故此砂级配良好。

评定砂的颗粒级配，也可采用作图法，即以累计筛余百分率为纵坐标，筛孔尺寸为横坐标，根据表4－2的标准，可画出砂子的三个级配区曲线图（实际画为折线，如图4－1所示），当试验砂的筛分曲线在所属级配区曲线内穿过时，砂的级配为良好。

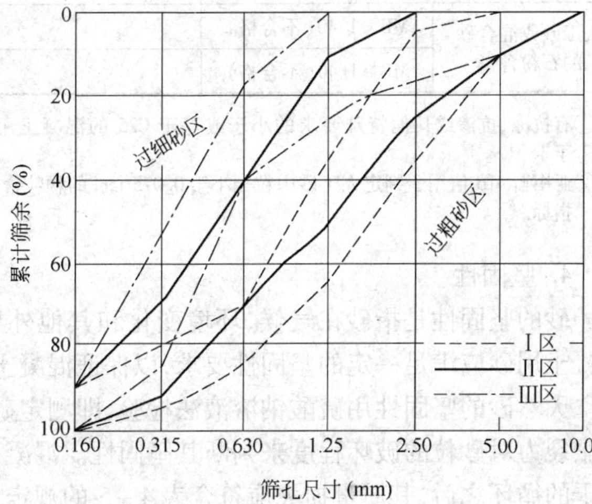

图4－1 砂的级配区图

拌制混凝土时宜优先选用Ⅱ区砂；当采用Ⅰ区砂时，应提高砂率，并保持足够的水泥用量、满足混凝土的和易性；当采用Ⅲ区砂时宜降低砂率，并应保证混凝土强度；当采用特细砂时，应符合相关规范有关规定。

3. 含泥量、石粉含量、泥块含量和有害物质含量

混凝土应采用洁净的砂子。

天然砂中常含有泥、黏土块、云母、轻物质、硫化物、硫酸盐、有机质、氯化物及草根、树叶、树枝、塑料品、煤块、炉渣等有害物质。泥土成浆，包裹在砂粒表面，影响了水泥浆与砂的黏结；云母和轻物质自身低强易碎；硫化物、硫酸盐会造成水泥石的腐蚀；有机质会影响混凝土的凝结硬化。

人工砂中小于75 μm的颗粒称为石粉，人工砂由机械破碎制成，其颗粒尖锐有棱角，这对骨料与水泥的黏结是有利的，但对混凝土的工作性是不利的，而适量的石粉存在可以弥补这一缺陷。此外，石粉主要是由45～75 μm的微粒组成，它在其中可以改善混凝土的级配、提高混凝土的密实性。但过多的石粉含量会妨碍水泥与骨料的黏结，对混凝土无益。

总之，这些有害物质会影响混凝土的强度和耐久性。因此，《铁路混凝土与砌体施工质量验收标准》(TB 10424—2003)中，对混凝土用砂中的含泥量、泥块含量、石粉含量以及有害物质含量做出了限定，如表4－4所示。

若砂中有害物质超标，应用水冲洗后方能使用。

表 4－4　砂中含泥量、泥块含量、有害物质和石粉含量限值（TB 10424—2003）

砂类别		天然砂			机制砂、混合砂
混凝土强度等级		< C30	C30 ~ C50	≥C50	< C30
含泥量（按质量计%）		≤5.0	≤3.0	≤2.0	–
泥块含量（按质量计%）		<1.0	<0.5	<0.5	≤5.0
云母（按质量计，%，）		≤1.0	≤1.0	<0.5	≤1.0
轻物质（按质量计，%）		≤1.0			–
硫化物及硫酸盐（按 SO_3 质量计，%）		<1.0	<1.0	<0.5	≤1.0
有机物（比色法）		颜色不深于标准色。当颜色深于标准色时，应按水泥胶砂强度试验方法进行强度对比试验，抗压强度比不应低于 0.95。			
人工砂或混合砂的石粉含量	MB < 1.40（不合格）				≤10.0
	MB ≥ 1.40（不合格）				≤5.0

注：①有抗冻、抗渗或其他特殊要求的小于或等于 C25 的混凝土用砂，其泥块含量不应大于 1.0%，其云母含量不应大于 1.0%。

②亚甲蓝 MB 值用于判定人工砂中粒径小于 0.075 mm 的颗粒含量，主要是泥土还是与被加工母岩化学成分相同的石粉指标。

4. 坚固性

砂的坚固性是指砂在气候、环境变化和其他外界物理化学因素作用下抵抗破裂的能力。混凝土用砂应满足一定的坚固性要求，以保证混凝土的耐久性。

天然砂的坚固性用硫酸钠溶液法检验，即测定硫酸钠饱和溶液渗入砂粒缝隙后形成结晶的胀裂力对砂粒的破坏程度来判断其坚固性。混凝土用砂在硫酸钠饱和溶液中经 5 次浸渍与烘干的循环之后，其质量损失应符合表 4－5 的规定。

表 4－5　坚固性指标（TB 10210—2001）

项　目	5 次循环后的质量损失（%）
最冷月平均气温低于 0 ℃的地区，并经常处于潮湿或干湿胶体状态下的混凝土	<8
其他条件下使用的混凝土	<10

5. 碱集料反应

经碱集料反应试验后，由砂制备的试件无裂缝、酥裂、胶体外溢等现象，在规定的试验龄期膨胀率应小于 0.10%。

4.1.3　粗 骨 料

粒径大于 5 mm 的骨料称为粗骨料，通称石子。其品种有天然卵石和人工碎石两种。卵石由自然风化、水流搬运和分选、堆积形成的、粒径大于 5 mm 的岩石颗粒，表面圆滑，空隙率和总表面积均较小，所拌制混凝土的水泥浆需用量较少，和易性较好，但与水泥浆的黏结力不如碎石。碎石由天然岩石或卵石经机械破碎、筛分制成的，粒径大于 5 mm 的岩石颗粒，颗粒多棱角，表面粗糙，空隙率和总表面积均较大，用碎石拌制的混凝土，所需的水泥浆较多，但水泥浆与碎石的黏结力较强。因此，拌制较高强度混凝土时，宜用碎石或碎卵石，一般情况下宜就地取材。

1. 石子的物理性质

表观密度、堆积密度、空隙率应符合如下规定：表观密度大于 2 500 kg/m^3；松散堆积密度大于 1 350 kg/m^3；空隙率小于 47%。

2. 最大粒径和颗粒级配

最大粒径 d_0 指石子公称粒级的上限，如 5～40 mm 粒级的石子，最大粒径即为 d_0 = 40 mm。使用最大粒径较大的石子拌制混凝土，由于石子的总表面积较小，水泥浆包裹层较厚，有利于润滑和黏结。因此，在允许条件下，石子的最大粒径宜选大一些。但由于构件尺寸和钢筋疏密程度所限，又不能选得太大。《铁路混凝土与砌体工程施工规范》（TB 10210—2001）中规定：混凝土用的粗骨料应采用坚硬耐久的碎石、卵石或两者的混合物，其最大粒径不得大于板厚的 1/2 或结构截面最小尺寸的 1/4，也不得大于钢筋最小净距的 3/4，且不大于 100 mm。

石子的颗粒级配，其原理和要求与砂基本相同，各粒级的比例要适当，使骨料的空隙率尽可能小。

石子的颗粒级配用筛分析法测定，用一套标准筛（筛孔尺寸见表 4－6）进行筛分。混凝土用碎石和卵石的颗粒级配，应符合表 4－6 的要求。石子按粒径尺寸还可分为单粒粒级和连续粒级。一般的混凝土工程多使用表内连续粒级的石子，表内的单粒级石子，可以用于配制有特殊级配要求的石子，也可以与连续粒级石子混合使用，以改善其级配状况，或组成较大粒度的连续粒级。但由于单粒级石子级配不好，工程上不宜使用单一的单粒级石子拌制混凝土。

表 4－6　粗骨料的颗粒级配（TB 10424—2003）

级配情况	公称粒级（mm）	累计筛余，按质量（%） 方孔筛筛孔尺寸（mm）											
		2.36	4.75	9.5	16.0	19.0	26.5	31.5	37.5	53.0	63.0	75.0	90
连续粒级	5~9.5	95~100	80~100	0~15									
	5~16	95~100	85~100	30~60	0~10								
	5~19	95~100	90~100	40~80		0~10	0						
	5~26.5	95~100	90~100		30~70		0~5	0					
	5~31.5	95~100	90~100	70~90		15~45		0~5	0				
	5~37.5	95~100	95~100	70~90		30~65			0~5	0			
	5~63	95~100	95~100	85~95	60~80	45~70		30~40	15~20		0~5	0	
	5~75	95~100	95~100	80~95		60~80			30~60		15~20	0~5	0
单粒级	9.5~19		95~100	85~100		0~15	0						
	16~31.5		95~100		85~100			0~10	0				
	19~37.5			95~100		80~100			0~10	0			
	31.5~63				95~100			75~100	45~75		0~10	0	
	37.5~75					95~100			70~100		30~60	0~10	0

3. 含泥量、泥块含量及有害物质含量

石子中不宜混有草根、树叶、树枝、塑料品、煤块、炉渣等杂物，其对混凝土性质的影响与细骨料相同。含泥量、黏土块和其他有害物质的含量应符合表4-7的规定。表中的"泥"指粒径小于0.08 mm的岩屑、淤泥与黏土的总和,"泥块"指粒径大于5 mm,经水浸捏洗后变成小于2.5 mm的颗粒。若所含有害物质超标,应用水冲洗后方能使用。

表4-7 粗骨料中含泥量、泥块含量、有害物质含量限值(TB 10424—2003)

强度等级	≥C30	<C30
含泥量(按质量计,%)	≤1.0	≤2.0
泥块含量(按质量计,%)	≤0.25	
氯化物(以NaCl计,%)	≤0.03	–
硫化物及硫酸盐含量(折算成SO_3,按质量计,%)	≤1.0	
卵石中有机物含量(用比色法试验)	颜色不应深于标准色。当深于标准色时,应配制成混凝土进行强度对比试验,抗压强度比不应小于0.95	

4. 针片状颗粒含量

石子颗粒粒型以接近球形为好。但石子中常含有针状颗粒(其长度大于所属粒级平均粒径的2.4倍)和片状颗粒(其厚度小于所属粒级平均粒径的0.4倍),它们阻碍混凝土拌和物的流动,在混凝土受力时又容易折断,影响混凝土的质量。因此,混凝土用石中的针、片状颗粒的含量应符合表4-8的规定。

表4-8 粗骨料中针片状颗粒含量(TB 10424—2003)

强度等级	≥C30	<C30
针、片状颗粒总含量(按质量计,%)	≤12	≤25

5. 坚固性

混凝土用石子亦应满足一定的坚固性要求,以保证混凝土的耐久性。混凝土用石子的坚固性用硫酸钠溶液法检验,应满足表4-9的要求。

6. 强度

石子的强度直接影响混凝土的强度,因此,混凝土中的石子必须具有足够的强度。石子的强度有两种表示方法:抗压强度和压碎指标。

《铁路混凝土与砌体施工质量验收标准》(TB 10424—2003)中规定:粗骨料强度采用岩石抗压强度表示时,岩石试件尺寸为50 mm×50 mm×50 mm的立方体或直径与高度均为50 mm的圆柱体,且岩石抗压强度与混凝土强度等级之比不应小于1.5。

采用压碎指标进行质量控制时,其方法是将10~20 mm的气干状态的石子,按规定方法装入压碎值测定仪的圆模中,放上压头,在3~5 min内均匀加压至200 kN,卸荷后,倒出模中试样,称其总质量G_1,用孔径为2.50 mm的筛子筛出压碎了的细粒(碎片),称出筛余质量G_2,则压碎指标Q_e按式(4-2)计算:

$$Q_e = \frac{G_1 - G_2}{G_1} \times 100 \tag{4-2}$$

压碎指标表示被压出的碎片质量占试样总质量的百分率。对于同一种类的粗骨料,Q_e值越小,表示其抵抗压碎的能力越强,石子的强度就越高。粗骨料的压碎指标见表4-10。

表 4-9 粗骨料的坚固性指标(硫酸钠溶液法)(TB 10424—2003)

项 目	5 次循环后的质量损失(%)	
结构或构件类型	混凝土结构	预应力混凝土结构
最冷月平均气温低于 0 ℃,并经常处于潮湿或干湿交替的混凝土	≤8	≤5
其他条件下使用混凝土	≤12	≤8

表 4-10 粗骨料的压碎指标(TB 10424—2003)

岩石品种		混凝土强度等级	
		≥C30	<C30
碎石压碎指标(%)	沉积岩	≤10	≤16
	变质岩或深成的火成岩	≤12	≤20
	喷出的火成岩	≤13	≤30
卵石压碎指标(%)		≤12	≤16

7. 碱—骨料反应

此外,当粗骨料中含有蛋白石、玉髓、鳞石英、方石英等活性 SiO_2 的矿物(即活性骨料)时,其活性 SiO_2 会与水泥中的碱物质发生碱—骨料反应,引起混凝土开裂破坏,必须进行专门的检验,在确认对混凝土质量无害时方可使用;当认定有潜在危害时,不宜使用;必须使用时,应采用低碱水泥(含碱量小于 0.6%),或采用能抑制碱—骨料反应的掺和料,并不得使用含钠钾离子的外加剂。

此外,粗骨料中严禁混入煅烧过的白云石或石灰石块。

经碱集料反应试验后,由卵石、碎石制备的试件无裂缝、酥裂、胶体外溢等现象,在规定的试验龄期的膨胀率应小于 0.10%。

4.1.4 水

混凝土用的拌和水和养护水均应使用清洁水。《混凝土拌和用水标准》(JGJ 63—2006)中规定:混凝土拌和用水按水源可分为饮用水、地表水、地下水、海水以及经适当处理或处置后的工业废水。符合国家标准的生活饮用水可用于各种混凝土。地表水(江河、淡水湖的水)和地下水(含井水)首次使用前,应进行检验。处理后的工业废水经检验合格后方能使用。海水含有较多的氯盐,会锈蚀钢筋,且会引起混凝土表面潮湿和盐霜,因此海水可用于拌制素混凝土,但不得用于拌制和养护钢筋混凝土、预应力混凝土和有饰面要求的混凝土。

混凝土用水中所含物质不应对混凝土的和易性、凝结、强度、耐久性和钢筋产生不利影响,因此,混凝土用水所含物质的含量应符合表 4-11 的要求。

表 4-11 混凝土拌和用水水质标准

项 目	预应力混凝土	钢筋混凝土	素混凝土	项 目	预应力混凝土	钢筋混凝土	素混凝土
pH 值	≥5.0	≥4.5	≥4.5	Cl^-(mg/L)	≤500	≤1 000	≤3 500
不溶物(mg/L)	≤2 000	≤2 000	≤5 000	SO_4^{2-}(mg/L)	≤600	≤2 000	≤2 700
可溶物(mg/L)	≤2 000	≤5 000	≤10 000	碱含量(mg/L)	≤1 500	≤1 500	≤1 500

注:①对于设计年限为 100 年的结构混凝土,氯离子含量不得超过 500 mg/L。

②使用钢丝或热处理钢筋的预应力混凝土,其拌和水中氯化物含量不得超过 350 mg/L。

4.2 普通混凝土拌和物的性能

4.2.1 工作性的概念

1. 工作性的概念

工作性又称为和易性。经加水拌和、浇筑成型、凝结以前的混凝土称为混凝土拌和物。混凝土拌和物的工作性,是指新拌和的混凝土在保证质地均匀、各组分不离析的条件下,适合于施工操作要求的综合性能。工作好的混凝土拌和物,应该具有符合施工要求的流动性,良好的黏聚性和保水性。也就是说,工作性包含有流动性、黏聚性和保水性三方面含义。

(1)流动性是指混凝土拌和物在自重或机械振动作用下能产生流动,并均匀密实地充满模板的性能。流动性的大小,反映拌和物的稀稠情况,故亦称稠度。

(2)黏聚性是指混凝土拌和物在施工过程中,各组成材料之间有一定的黏聚力,不致产生分层离析的性能。

(3)保水性是指混凝土拌和物在施工过程中,具有一定的保水能力,不致产生严重的泌水现象。发生泌水的混凝土,由于水分上浮泌出,在混凝土内形成容易渗水的孔隙和通道,在混凝土表面形成疏松的表层;上浮的水分还会聚积在石子或钢筋的下方形成较大孔隙(水囊),削弱了水泥浆与石子、钢筋间的黏结力,影响混凝土的质量。

由此可见,混凝土拌和物的工作性是关系到是否既方便于施工,又能获得均匀密实混凝土的一个重要性质。

2. 工作性的评定

混凝土拌和物工作性的好与差,是用测定其流动性(稠度),同时观察其黏聚性和保水性加以综合评定的。

根据《普通混凝土拌和物性能试验方法标准》(GB/T 50080—2002)的规定:混凝土拌和物的稠度是以坍落度与坍落度扩展度和维勃稠度表示的。

(1)坍落度与坍落度扩展度

坍落度与坍落度扩展度适用骨料最大粒径不大于40 mm、坍落度不小于10 mm的混凝土拌和物稠度测定。

坍落度的测定,是将混凝土拌和物按规定方法分三层装入标准的坍落度筒内,每层均匀插捣25次,装满刮平后,竖直向上将筒提起放至近旁,混凝土拌和物试样失去筒壁支护后在自重作用下产生坍落,用尺子量出筒顶与坍落后拌和物锥体最高点的高差,即为坍落度(S),如图4-2所示。

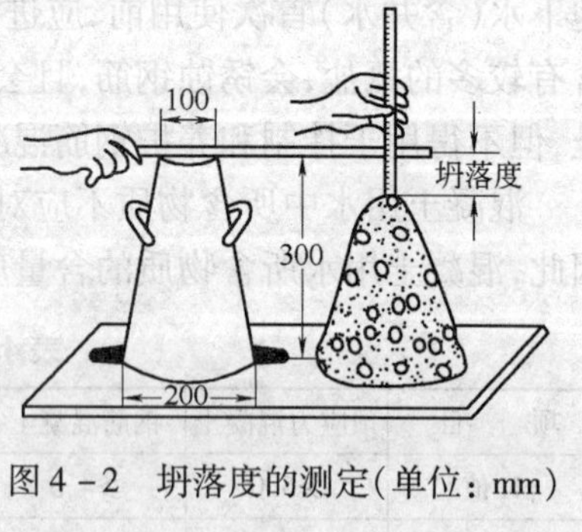

图4-2 坍落度的测定(单位: mm)

坍落度的大小即表示拌和物流动性的大小。《普通混凝土配合比设计规程》(JGJ 55—2000)中按坍落度的大小将混凝土拌和物分为干硬性混凝土($S<10$ mm)、塑性混凝土($S=10\sim90$ mm)、流动性混凝土($S=100\sim150$ mm)和大流动性混凝土($S\geq160$ mm)4类。同时观察拌和物的黏聚性、保水性和含砂情况:将测完坍落度的拌和物锥体,用捣棒轻敲其一侧,若锥体逐渐下沉,则拌和物黏聚性良好;若锥体散塌、部分崩裂或出现离析现象,则黏聚性不好。在坍落度筒提起后无稀浆或仅有少量稀浆自底部析出,则保水性良好;如有较多的稀浆自底部析出,锥体上部

的拌和物也因失浆而骨料外露,则保水性不好。

当混凝土拌和物的坍落度大于 220 mm 时,用钢尺测量混凝土扩展后最终的最大直径和最小直径,在这两个直径之差小于 50 mm 的条件下,用其算术平均值作为坍落扩展度值。

(2)维勃稠度(工作度)

维勃稠度适用于骨料最大粒径不大于 40 mm,维勃稠度在 5 ~ 30 s 之间的混凝土拌和物稠度测定。

维勃稠度测定方法如图 4 - 3 所示:在标准的振动台上放置坍落度筒,按测坍落度的方法装入拌和物,提起坍落度筒。由于拌和物较为干稠,需要借助振动才能下坍。启动振动台,测出从启振到振平(上置的透明圆盘底面完全为水泥浆布满时)所需的时间(秒数)即为维勃稠度(又称工作度)。

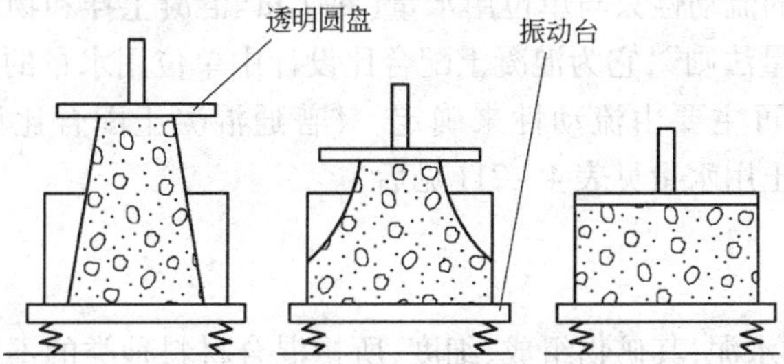

图 4 - 3 维勃稠度测定

根据拌和物的维勃稠度大小不同,将混凝土分为半干硬性混凝土、干硬性混凝土、特干硬性混凝土、超干硬性混凝土四级。

(3)坍落度的选择

工作性好的混凝土拌和物,应该是黏聚性好、保水性好、流动性符合施工要求的拌和物。混凝土浇筑时坍落度的大小应根据不同的构件尺寸、钢筋疏密和捣固方法选用,以保证混凝土拌和物能均匀密实地充满模板。若坍落度选得过小,将不易捣实,增加施工难度,不易保证施工质量;若坍落度选得过大,则需增加水泥浆用量,既不经济,又会使混凝土容易分层泌水,影响混凝土质量。《铁路混凝土与砌体工程施工规范》(TB 10210—2001)规定可以按表 4 - 12 选用。

表 4 - 12 混凝土坍落度(TB 10210—2001)

结构类型	坍落度(mm)
无配筋或配筋稀疏的混凝土结构(基础、墩台、隧道衬砌、挡土墙等)	30 ~ 50
普通配筋率的钢筋混凝土结构(板、梁、柱等)	50 ~ 70
配筋较密的钢筋混凝土结构(墙、梁、柱等)	70 ~ 90
配筋特密不便捣实的钢筋混凝土结构	100 ~ 140

4.2.2 影响工作性的因素

1. 水泥浆的稠度——水灰比

水灰比是在混凝土拌和物中的用水量与水泥用量之比(W/C)。水灰比较大时,水泥浆较稀,拌和物的流动性较大,但水灰比过大时,黏聚性和保水性变差。反之,水灰比较小时,水泥浆较稠，拌和物的流动性较小，黏聚性和保水性好，但水灰比过小时，浇捣成型比较困难。根据经验，水灰比一般宜选在0.4～0.8这个合理范围内，以便使混凝土拌和物既方便施工，又能保证浇筑成型的质量。但水灰比是由混凝土强度确定的，一旦由强度选定了水灰比，在施工中是不能随便改变的。

2. 水泥浆的数量——拌和用水量

在相同水灰比的情况下，单位体积混凝土拌和物中的拌和用水量多，水泥浆也多，拌和物的流动性就大，反之就小。这是因为水泥浆多时，水泥浆充满骨料空隙后，剩余较多的浆料，使骨料表面的水泥浆包裹层较厚，润滑性增加，流动性加大。但若水泥浆过多，将容易出现流浆，使拌和物的黏聚性变差，且水泥用量过多也不经济。因此，应以达到施工要求为宜。

大量试验证明，当水灰比在一定范围(0.40～0.80)内而拌制混凝土所用石子的品种规格确定后，混凝土拌和物的流动性只与单位用水量(每1 m^3 混凝土拌和物的拌和水量)有关，这一现象称为"恒定用水量法则"，它为混凝土配合比设计中单位用水量的确定提供了一种简单的方法，即单位用水量可主要由流动性来确定。《普通混凝土配合比设计规程》(JGJ 55—2000)提供的塑性混凝土用水量见表4-21(见后)。

3. 原材料的影响

(1)水泥的特性

不同品种和质量的水泥，其矿物组成、细度、所掺混合材料种类的不同都会影响到拌和用水量。即使拌和水量相同，所得水泥浆的性质也会直接影响混凝土拌和物的工作性，如矿渣硅酸盐水泥拌和的混凝土流动性较小而保水性较差；粉煤灰硅酸盐水泥拌和的混凝土则流动性、黏聚性、保水性都较好。水泥的细度越细，在相同用水量情况下其混凝土拌和物流动性小，但黏聚性及保水性较好。

(2)骨料的粒形与级配

卵石表面光滑，流动阻力小，所拌制的混凝土拌和物流动性较大；而碎石表面粗糙，流动阻力大，拌和物的流动性较小。使用级配良好的砂石时，由于填空所需浆量少，余浆包裹厚，拌和物的流动性较大。

(3)外加剂

在混凝土拌和物中加入少量的外加剂，如减水剂、引气剂，可以在不增加水泥浆的情况下增大拌和物的流动性。

4. 砂率

混凝土中所用砂的质量占砂石总质量的百分率称为砂率，即

$$\beta_s = \frac{m_s}{m_s + m_g} \times 100\%$$

在水泥浆量一定的情况下，若砂率过大，则骨料的总表面积也过大，使水泥浆包裹层过薄，拌和物显得干涩，流动性小；若砂率过小，砂浆量不足，就不能在粗骨料的周围形成足够的砂浆层而起不到润滑作用，也将降低拌和物的流动性，而且由于砂浆量较少，对水泥浆的吸附不足，将影响拌和物的黏聚性和保水性。

因此，砂率不能过大，也不能过小，最好的砂率应该是使砂浆的数量能填满石子的空隙并稍有多余，以便将石子拨开。这样，在水泥浆一定的情况下，混凝土拌和物能获得最大的流动性，这样的砂率叫合理砂率。也可以说，当采用合理砂率时，能在混凝土拌和物获得所要求的流动性及良好的黏聚性与保水性的条件下，能使水泥用量最少，如图4-4所示。

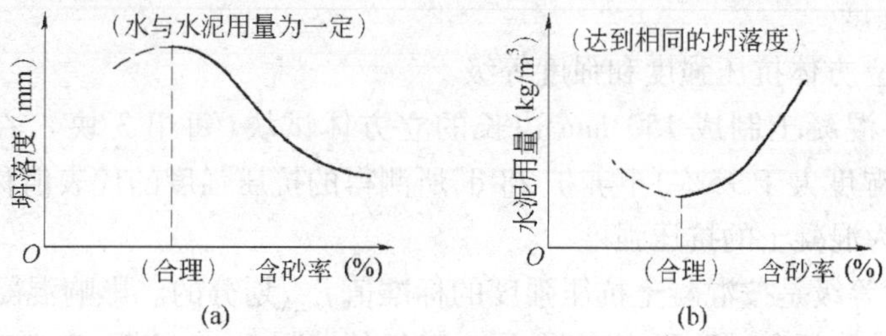

图4-4 砂率对混凝土拌和物流动性和水泥用量影响

在工程上可以通过试验找出合理砂率,也可通过石子空隙率计算所需砂率,还可根据所用的水灰比、粗骨料的种类和最大粒径查表4-22选定(见后)。

5. 施工方法和环境

用机械搅拌和捣实时,水泥浆在振动中变稀,可使混凝土拌和物容易流动。

若施工温度较高,由于水泥吸水加快和水分蒸发较多,将使混凝土拌和物的流动性很快变小。搅拌好的混凝土在长距离运输或放置较长时间以后,其流动性也明显变小。施工时应考虑这些因素,使混凝土拌和物在浇筑时的坍落度满足施工要求。

4.2.3 改善工作性的措施

改善和易性的措施:综上所述,为保证混凝土拌和物具有良好的和易性,可使用下列措施加以改善:

(1)采用级配良好的骨料。

(2)采用合理的砂率。

(3)在水灰比不变的情况下调整水泥浆量(可以小幅度调整拌和物的流动性)。

(4)掺入减水剂(可以大幅度增大拌和物的流动性)。

4.3 硬化后普通混凝土的性能

4.3.1 强度与强度等级

混凝土的强度包括抗压强度、抗拉强度和弯曲抗压强度等。由于立方体抗压强度最容易测定,其他强度与立方体抗压强度之间又有一定的相互关系可以换算,所以选定以立方体抗压强度作为混凝土强度设计和施工质量控制的基准。

1. 普通混凝土受压破坏的特点

混凝土受压一般有三种破坏形式:一是骨料先破坏;二是水泥石先破坏;三是水泥石与粗骨料的黏结面发生破坏。在普通混凝土中第一种破坏形式不可能发生,因拌制普通混凝土的骨料强度一般都大于水泥石。第二种仅会发生在骨料少而水泥石过多的情况下,在一般配合比正常时也不会发生。最可能发生的受压破坏形式是第三种,即最早的破坏发生在水泥石与粗骨料的黏结面上。水泥石与粗骨料的黏结面由于水泥浆的泌水及水泥石的干缩存在着早期微裂缝,随着所加外荷载的逐渐加大,这些微裂缝逐渐加大、发展,并迅速进入水泥石,最终造成混凝土的整体贯通开裂。由于普通混凝土这种受压破坏特点,水泥石与粗骨料结合面的黏结强度就成为普通混凝土抗压强度的主要决定因素。

2. 混凝土的强度

(1)混凝土的立方体抗压强度和强度等级

用标准方法将混凝土制成 150 mm 边长的立方体试块(每组 3 块),在标准条件(温度 20 ℃ ±2 ℃,相对湿度大于95%)下养护 28 d,所测得的抗压强度的代表值称为混凝土的立方体抗压强度,简称为混凝土的抗压强度。

混凝土的强度等级是按混凝土抗压强度的标准值 $f_{cu,k}$ 划分的。影响混凝土强度的因素非常复杂,大量的统计分析和试验研究表明,同一等级的混凝土,在龄期、生产工艺和配合比基本一致的条件下,其强度的分布(即在等间隔的不同的强度范围内,某一强度范围的试件的数量占试件总数量的比例)成正态分布,如图 4-5 所示。图中平均强度指该批混凝土的立方体抗压强度的平均值,若以此值作为混凝土的试配强度,则只有 50% 的混凝土的强度大于或等于试配强度。这样的保证率显然太低了,满足不了工程实际的要求。为提高强度的保证率,平均强度(即试配强度)必须要提高,如图 4-6 所示,图中为均方差,为正态分布曲线拐点处的相对强度范围,代表强度分布的不均匀性。

我国规定,混凝土抗压强度标准值 $f_{cu,k}$ 是采用具有 95% 以上保证率的立方体抗压强度值,即是在混凝土立方体抗压强度测定值的总体分布中,低于该值的百分率不超过 5% 。

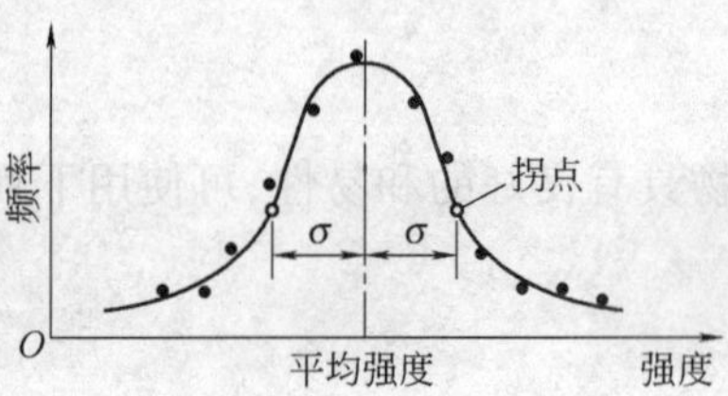

图 4-5　混凝土强度分布

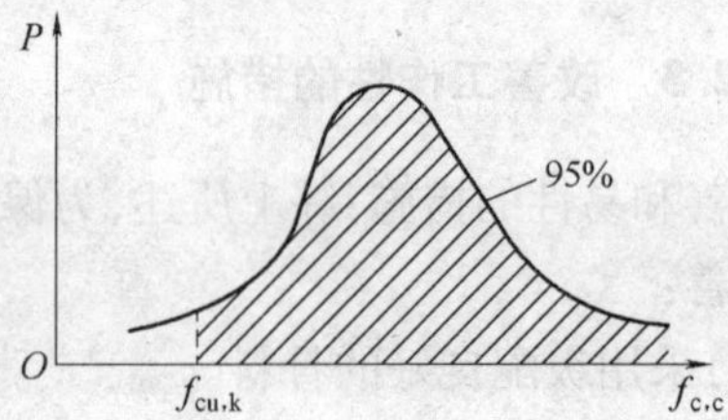

图 4-6　混凝土的立方体抗压强度标准值

混凝土的强度等级采用符号 C 与立方体抗压强度标准值(MPa)表示,划分为 C15、C20、C25、C30、C35、C40、C45、C50、C55、C60、C65、C70、C75、C80 共十四个等级。如 C20 表示混凝土立方体抗压强度标准值 $f_{cu,k}=20$MPa。

(2)混凝土的其他强度

①混凝土的轴心抗压强度(棱柱体抗压强度):实际工程结构的形状和受压状态极少有立方体的,绝大部分是棱柱体的。为了使所测混凝土强度接近于结构实际情况,应采用棱柱体抗压强度作为结构设计的依据。规范规定采用 150 mm × 150 mm × 300 mm 棱柱体试块,在标准条件下养护 28 d,测其抗压强度值,即为轴心抗压强度,亦称棱柱体抗压强度,用 f_c 表示。

根据大量试验比较,混凝土的轴心抗压强度 f_c 小于同条件混凝土的立方体抗压强度 f_{cu},其关系为:$f_c=(0.7\sim0.8)f_{cu}$。

②混凝土的抗拉强度:混凝土在受拉时,变形很小就会开裂,并很快发生脆断。混凝土的抗拉强度很低,一般只有其立方体抗压强度的 1/20 ~ 1/10,因此,在结构中不依靠混凝土的抗拉强度,而只是作为确定混凝土抗裂能力的指标。

测定混凝土抗拉强度的试验方法可用轴心抗拉试验或劈裂抗拉试验。轴心抗拉试验难度很大,一般都用劈裂试验,间接取得其抗拉强度。经大量试验比较,混凝土的抗拉强度 f_{ts} 与立方体抗压强度 f_{cu} 的关系为 $f_{ts}=0.35f_{cu}^{3/4}$。

3. 影响混凝土强度的主要因素

(1)水泥强度和水灰比

混凝土的强度主要取决于水泥石与粗集料界面的黏结强度，而黏结强度主要是由水泥浆凝结硬化而产生的。试验证明，在其他条件相同时，水泥强度越高，混凝土的强度也越高。

此外，在一定范围内，水灰比越小(灰水比越大)，混凝土的强度就越高。由于水泥水化时所需的结合水一般只占水泥质量的23%左右，但在拌制混凝土时，为了获得必要的流动性，需要掺入较多的水，约占水泥质量的40% ~80%，即水灰比为0.4~0.8。水灰比增大，用水量增多，水泥浆较稀，与砂石的黏结力变差，且多余的水占有较多的体积，使硬化后的混凝土内留有较多微细孔隙，这都会使混凝土强度变低。

经研究，普通混凝土的抗压强度与灰水比间存在线性关系，具体表达式(鲍罗米公式)见式(4-3)：

$$f_{cu}=\alpha_a f_{ce}\left(\frac{C}{W}-\alpha_b\right) \qquad (4-3)$$

式中 f_{cu}——混凝土28d的立方体抗压强度，MPa；

C/W——灰水比(水灰比的倒数)；

α_a、α_b——回归系数；

f_{ce}——水泥28 d的实际抗压强度(应为ISO强度)，MPa。

当无水泥28 d抗压强度实测值时，公式中的f_{ce}值可按$f_{ce}=\gamma_c\cdot f_{ce,g}$确定，其中$\gamma_c$为水泥强度等级值的富余系数，可按实际统计资料确定；此外f_{ce}值也可根据3 d强度或快测强度推定28 d强度关系式推定得出。

表4-13 回归系数α_a、α_b选用表(JGJ 55—2000)

系数 \ 石子品种	碎 石	卵 石
α_a	0.46	0.48
α_b	0.07	0.33

回归系数应根据工程所使用的水泥、骨料，通过试验由建立的水灰比与混凝土强度关系式确定；当不具备上述试验统计资料时，其回归系数可按表4-13采用。

应用混凝土的强度公式，可以初步解决两个问题：①可根据所用的水泥强度等级和水灰比估计混凝土的强度；②可以根据水泥强度等级和所需混凝土强度计算应采用的水灰比。

由配合比设计确定水灰比后，施工中不得随意变动。拌制混凝土时要严格控制用水量，如果多加了水，混凝土的强度就会达不到预定的要求。若因水灰比过小，拌和物过于干稠，而使施工困难，应通过提高水泥强度等级的办法来调整水灰比，使之满足施工要求。亦可掺入减水剂，改善混凝土的工作性。

(2)骨料质量和施工质量

在鲍罗米混凝土强度公式中，系数α_a、α_b考虑了碎石表面粗糙与水泥石的黏结力较强，在相同条件下，碎石混凝土的强度比卵石混凝土稍高一些。使用级配良好、质地坚硬、杂质含量少的砂石，才能保证混凝土的密实度和强度。

(3)养护的温度和湿度

凝结后的混凝土，要经过一定时间的温湿养护，使水泥充分水化，才能使混凝土达到预期的强度。在养护期间，温度和湿度影响着水泥的水化过程，也影响混凝土强度的发展。

在湿度充足的条件下，温度较高时，水泥水化速度加快，因而混凝土强度发展也就加快；反之,温度较低时,混凝土强度发展较为迟缓;当温度在冰点以下时,不但水泥水化基本停止,而且水分结冰,会使早期强度还不太高的混凝土发生冻胀破坏。因此,养护期温度的高低,将影响对混凝土的拆模、搬运、预应力放张(切断预应力钢筋)等施工的安排,当室外的日平均气温在5 ℃以下时,应采取冬期施工措施。

混凝土的表面潮湿时,混凝土内的水分充足,水泥水化能正常进行,混凝土的强度能正常发展。如果表面干燥,混凝土内的水蒸发,影响水化,混凝土的强度将受到损失,达不到预定要求。特别是高温干燥条件下,严重的失水干燥,将使混凝土形成疏松结构,出现干缩裂纹,不仅强度严重损失(达40% ~50%),耐久性也很差,整个混凝土将会报废。混凝土的强度与保湿日期的关系如图4－7所示。

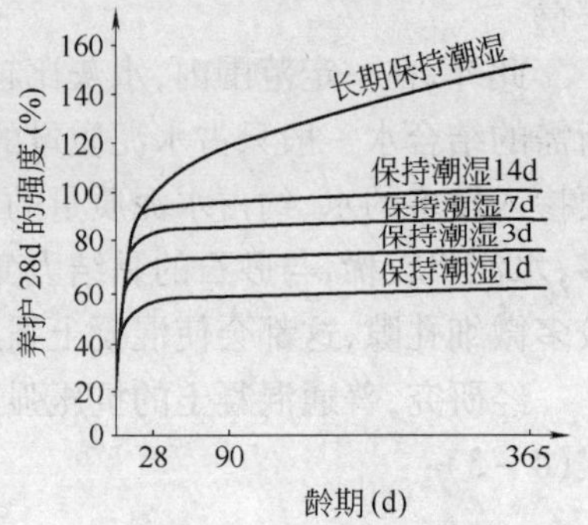

图4－7 养护温度条件对混凝土强度的影响

因此,为了保证混凝土的正常硬化,按《铁路混凝土与砌体施工质量验收标准》(TB 10424－2003)规定,混凝土浇筑完毕后,应按施工技术方案及时采取有效的养护措施,并应符合下列规定:①应在浇筑完毕后的12 h以内对混凝土加以覆盖并保湿养护;②混凝土浇水养护的时间:对采用硅酸盐水泥、普通硅酸盐水泥或矿渣硅酸盐水泥拌制的混凝土,不得少于7 d;对掺用缓凝型外加剂或有抗渗要求的混凝土,不得少于14 d;③浇水次数应能保持混凝土处于湿润状态,混凝土养护用水应与拌制用水相同;④采用塑料布覆盖养护的混凝土,其敞露的全部表面应覆盖严密,并应保持塑料布内有凝结水;⑤混凝土强度达到1.2 N/mm^{2}前,不得在其上踩踏或安装模板及支架。

此外,当日平均气温低于5 ℃时,不得浇水。当采用其他品种水泥时,混凝土的养护时间应根据所采用水泥的技术性能确定;如果混凝土表面不便浇水或使用塑料布时,宜涂刷养护剂;对大体积混凝土的养护,应根据气候条件按施工技术方案采取控温措施。

(4)龄期

浇筑后的混凝土在正常养护下,其强度随龄期的增加而不断增长,早期(3～7 d)发展较快,以后渐慢,在标准养护下28 d可达到设计的强度,以后显著缓慢,但只要有水供给,强度仍有所增长,且延续很长时间。

用硅酸盐水泥拌制的混凝土,在标准养护下,其强度发展大致与龄期的对数成正比,即有如下关系:

$$f_n = f_a \frac{\lg n}{\lg a} \tag{4-4}$$

式中 f_n——需推算龄期nd时混凝土抗压强度,MPa;

f_a——混凝土28 d龄期的抗压强度,MPa;

n——养护龄期,d;

a——28 d龄期,d。

若以28 d强度为1,则7 d的强度可达0.70～0.75,半年后强度达1.5,两年后强度为2,20年后强度为3。但实际上,影响混凝土强度的因素很多,混凝土强度的发展不可能完全照此规律。据一些单位实测表明,若混凝土在养护期满后就处于自然干燥状态下,两年后的强度只比28 d的强度增加了20% ～50%,其强度增长的数量与所用水泥品种、水灰比等因素有关。

混凝土的强度随龄期和温度变化的关系如图 4－8 所示。利用此图，可对所示范围内各温度、各龄期的混凝土强度，换算为标准温度、龄期混凝土的强度。

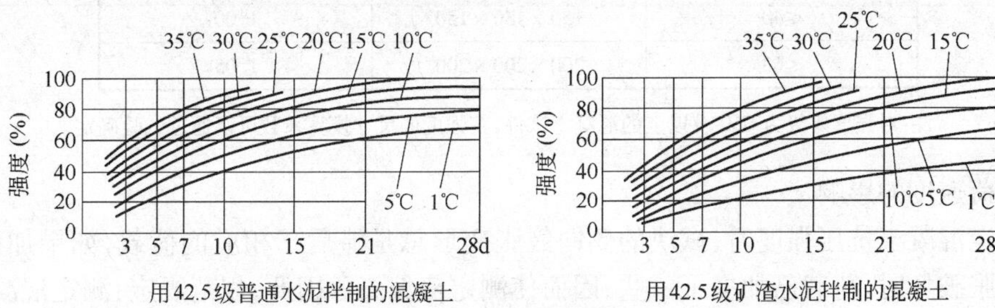

图 4－8　温度、龄期对混凝土强度影响的参考曲线

(5)施工质量

混凝土的搅拌、运输、浇筑、振捣、现场养护是一复杂的施工过程，受到各种不确定性随机因素的影响。配料的准确、振捣密实程度、拌和物的离析、现场养护条件的控制、以至施工单位的技术和管理水平都会造成混凝土强度的变化。因此，必须采取严格有效的控制措施和手段，以保证混凝土的施工质量。

(6)测试条件对混凝土强度测值的影响

规范规定，测定混凝土立方体抗压强度时，是以每组 3 个试块所测抗压强度确定的。在 3 个测值中，若大值和小值与中值之差均未超出中值的 ±15%，则取 3 值平均作为混凝土强度的代表值；若有一值超出，则只取中值作为强度的代表值；若两个都超出，则本试验无效。但如何使所测强度能真实地代表混凝土的强度呢？有诸多因素值得注意。

①试件的形状和大小

测定混凝土的抗压强度，可按石子的最大粒径的大小选用不同的试块尺寸。但相同混凝土而形状大小不同的试块，所测强度值是不同的。这是因为试块在压力机上受压时，由于内部裂纹的产生和发展，其横向将发生鼓胀破裂而破坏，而上下夹板与试块上下端面之间产生的摩阻力，对试块的横向鼓胀起着约束作用，越接近试块的端面，这种约束作用就越大，试块破坏时，其上下部分各成一个较完整的棱锥体，就是这种约束的结果，如图 4－9 所示，这种作用称为环箍效应。对于较小试块，环箍效应的相对作用较大，故测得的强度值偏高；反之，使较大试件的测值偏低。另外，随试件尺寸增大，内部存在缺陷的几率也增大，也使较大试件的测值偏低。因此，当采用非标准尺寸的立方体试块测定强度时，对所测强度要乘以一个换算系数，换算为标准试块的强度。换算系数的值见表 4－14。

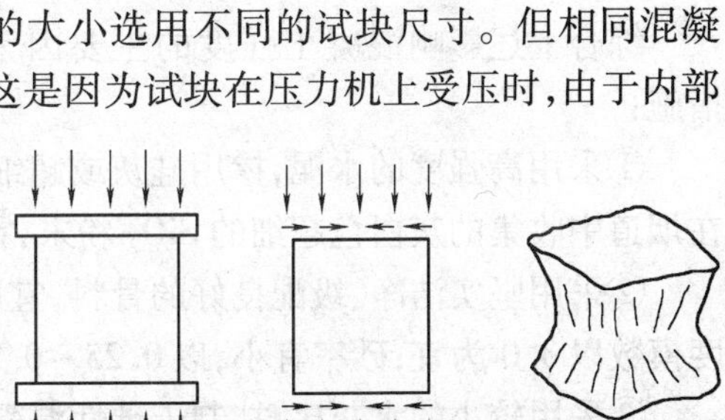

图 4－9　压力机夹板对试块测强的影响(环箍效应)

环箍效应作用的范围，大约是试件端面边长的$\sqrt{3}/2$ 倍，因此，在测定棱柱体抗压强度时，环箍效应作用大大减弱，因而所测的强度比起相同截面的立方体抗压强度低许多。

表4-14 混凝土试块尺寸的选择及其抗压强度的尺寸换算系数(GB 50204—2001)

骨料最大粒径(mm)	试件边长(mm)	换算系数
≤31.5	100×100×100	0.95
≤40	150×150×150	1.00
≤63	200×200×200	1.05

注:对强度等级为C60及以上的混凝土试件,其强度的尺寸换算系数可以通过试验确定。

②加荷速度的影响

在测定混凝土抗压强度时,试块的侧向鼓胀变形总是滞后于相应的荷载,如果加荷过快,到试件鼓胀破坏时,荷载已加多了一些,因而使测定值偏高。因此,规范规定:测定混凝土抗压强度时,在试验的过程中应连续均匀地加荷,混凝土强度等级<C30时,加荷速度取每秒0.3~0.5 MPa;混凝土强度等级≥C30且<C60时,加荷速度取每秒0.5~0.8 MPa;当混凝土强度等级≥C60时,加荷速度取每秒0.8~1 MPa。

③其他

试件平整度如何,试件与夹板的接触面有无碎片砂粒,荷载是否施加于轴线上,都对强度测定值产生影响,这在测试时均应注意。

4. 提高混凝土强度的措施

提高混凝土强度或促进混凝土强度发展的措施:

(1)提高混凝土强度的措施

在铁道工程中,常需采用较高强度的混凝土,如预应力混凝土桥梁和屋架、轨枕、电杆,电气化铁路的接触网支柱,管柱、管桩,特别是现代高层建筑的钢筋混凝土结构等,已广泛采用较高强度(C30~C50)的混凝土,并取得了较为显著的技术经济效果。在结构中采用较高强度的混凝土,将可减小结构的断面,减轻结构的自重。

综合上述影响混凝土强度的主要因素可知,要获得较高强度的混凝土,可以采用下列措施:

①采用高强度的水泥,掺用硅灰或超细矿渣等以增加强度。硅灰是冶炼硅铁和硅金属时,在烟道中收集的灰白色超细的SiO_2粉末,在混凝土中掺入硅灰,可显著地提高混凝土的强度。

②采用坚实洁净、级配良好的骨料,宜用最大粒径为20~31.5 mm的高强碎石;砂子的细度模数以3.0为宜;砂率宜小,以0.25~0.32为好,但若用泵送施工,则砂率宜用0.32~0.36。

③采用较小的水灰比,拌制干硬性混凝土,配以强力机械进行搅拌和振捣。

④掺入高效减水剂,降低水灰比,减少用水量,以提高水泥石的密实度,增大混凝土强度。

⑤保证成型均匀密实,加强养护,可以采用加压成型、压蒸养护等增强措施。

(2)提高混凝土早期强度的措施

①采用高强度水泥、早强型水泥或快硬水泥。

②掺入早强剂,促使混凝土快硬早强。

③采用蒸汽养护:将浇筑完毕的混凝土构件静置或预养1~3 h,用60~90 ℃的蒸汽养护13~16 h,混凝土强度即可达到正常养护28 d强度的70%。因此,蒸汽养护是提高混凝土早期强度的重要措施。而且由于可以加快模板和场地的周转,大大提高生产率,有很好的经济价值。

经过蒸汽养护的混凝土,还应经常洒水,在自然条件下继续养护至28 d,其强度还继续发展。但不同品种水泥拌制的混凝土,其蒸养效果是不同的:用硅酸盐水泥和普通水泥拌制的混凝土蒸养后,水泥颗粒过早形成凝胶膜层,阻止水分进入供水泥继续水化,因而28 d强度与正常养护混凝土相比,大约要低10% ~15% 。因此,蒸养的温度宜低些,以60~80 ℃为宜。而用矿渣水泥、火山灰水泥、粉煤灰水泥和复合水泥拌制的混凝土则相反,活性混合材料与氢氧化钙的反应,使混凝土的28 d强度比正常养护的混凝土提高10% ~14% ,因此,其蒸养温度可用90 ℃及以上。

4.3.2 变形性能

1. 干缩变形

混凝土随着环境湿度的变化而发生的变形叫干湿变形,表现为湿胀干缩。在水中硬化的混凝土,体积不变或有微小膨胀。在空气中硬化的混凝土,随着水分的蒸发,凝胶体紧缩而发生收缩,其收缩量可达0.3~0.5 mm/m。

混凝土的干缩量与水泥品种、水泥用量和单位用水量有关。采用矿渣水泥或复合水泥比普通水泥的收缩大;采用高强度水泥时,由于颗粒较细,混凝土的收缩较大;水泥用量较多或单位用水量较多时,收缩也较大。相反,砂石在混凝土中形成骨架,对收缩有一定的抑制作用。在水中或潮湿条件下养护,可以大大减小混凝土的收缩。蒸汽养护的混凝土收缩很少。

混凝土的干燥收缩对工程结构有不利影响,如:由于干缩使混凝土产生干缩裂纹;若收缩受阻将使钢筋混凝土构件产生收缩应力;混凝土的收缩会使预应力混凝土中的预加应力受到损失等。因此,应当设法减少混凝土的收缩,以减少其有害影响。

2. 弹塑性变形

混凝土是一种由水泥石、砂、石组成的不均匀的复合材料,它既不是完全的弹性体,也不是完全的塑性体,而是一个弹塑性体。混凝土在外力作用下,既会产生可以恢复的弹性变形,又会产生不可恢复的塑性变形,这就是随荷载发生的弹塑性变形。

在混凝土硬化过程中,由于水泥石的干缩受到骨料的限制,在水泥石与骨料的界面上就存在一些细微的裂缝。在混凝土受压时,其内部应力在裂缝端部形成应力集中,而使裂缝不断扩展,以致延伸汇合成较大的裂缝。当荷载增大到一定程度之后,这些裂缝不断扩大并形成贯通裂缝,混凝土就会发生横向鼓胀而导致破坏。

3. 徐变

混凝土在荷载作用下,除了会发生随荷载而产生的“瞬时变形”外,还会发生随时间变化的徐变。徐变是在长期荷载作用下,混凝土在沿作用力方向随时间不断增加的塑性变形,开始时较快,延续2~3年才会逐渐稳定。徐变的数量可达0.3~1.5 mm/m。徐变发生的原因,一般认为是由于水泥凝胶体发生缓慢的黏性流动并沿毛细孔迁移的结果。

混凝土的徐变能缓和钢筋混凝土内的应力集中,使应力较为均匀地重新分布,这是有利的。但在预应力混凝土中,混凝土的徐变,将使预加应力受到部分损失,这在预应力混凝土的设计和施工中应予以考虑。

4.3.3 耐久性

土建工程的混凝土结构物,经常受到各种物理和化学因素的破坏作用,如温度湿度变化、冻融循环、压力水或其他液体的渗透、环境水和土壤中有害介质以及有害气体的侵蚀等。混凝土在上述各种破坏因素作用下能否经久耐用的性质,称为混凝土的耐久性。

1. 混凝土耐久性的主要表现

混凝土的耐久性,主要表现在抗蚀、抗渗、抗冻、抗碳化和碱—骨料反应等几个方面。

(1)抗蚀性:混凝土抵抗化学腐蚀的性能,主要取决于水泥石的抗蚀性能和孔隙状况。合理选用水泥品种,提高混凝土的密实度或改善孔隙构造,均可增强混凝土的抗蚀性。

(2)抗渗性:混凝土的抗渗性主要取决于混凝土的密实程度和孔隙构造。若密实性差,且开口连通孔隙多,则混凝土的抗渗性就差;但如果孔隙均为封闭,则混凝土的抗渗性较强。普通混凝土的抗渗性用抗渗等级表示:以 28 d 龄期的 6 个标准试件,按标准方法作单面水压试验,当有 2 个试件出现渗水时(还有 4 个试件不出现渗水)的水压力(MPa)值,分为 P4、P6、P8、P10 和 P12 等五个抗渗等级,如 P8 表示能承受 0.8 MPa 的水压而不渗透。

(3)抗冻性:混凝土的抗冻性也是取决于混凝土的密实程度和孔隙构造。在寒冷地区和严寒地区与水接触又容易受冻的环境下的混凝土,要求具有较强的抗冻性能。混凝土的抗冻性用抗冻等级来表示,以 28 d 龄期的标准试块,按标准方法进行冻融循环试验,以同时满足强度损失不超过 25%、质量损失不超过 5% 时的最大循环次数,分为 F10、F15、F25、F50、F100、F150、F200、F250 和 F300 等 9 个抗冻等级。

(4)抗碳化:硬化后的混凝土中含有水泥水化产生的 $Ca(OH)_2$,能使钢筋表面形成一种阻锈的钝化膜,对钢筋提供了碱性保护。

长期处于潮湿状态,又受到空气中 CO_2 作用的混凝土,其所含 $Ca(OH)_2$ 与 CO_2 反应生成 $CaCO_3$,这就是碳化。严重的碳化不仅会使混凝土发生收缩裂纹,而且当碳化深度超过混凝土保护层时,钢筋便在 CO_2 和水的作用下发生锈蚀,不但失去了和混凝土的黏结,而且铁锈的膨胀会使已有裂纹的混凝土保护层发生剥落,这种剥落又将引起更严重的锈蚀和崩裂,最后导致结构破坏。因此,对于长期潮湿并且有较浓 CO_2 环境中的混凝土要重视碳化的危害。

长期处于水中的混凝土不会与 CO_2 接触,干燥环境中的混凝土没有支持碳化的水,均不存在碳化问题。

(5)碱—骨料反应:如果混凝土的骨料中含有蛋白石、玉髓、鳞石英、方石英、凝灰岩等活性骨料,其所含的活性 SiO_2 会与水泥中的 Na_2O、K_2O 等碱性物质发生化学反应,称为碱—骨料反应。

当水泥中的碱含量(按 $Na_2O + 0.658K_2O$ 计)大于 0.6% 时,就很容易与活性骨料反应生成碱的硅酸盐凝胶,吸水膨胀,引起混凝土的膨胀开裂。这种反应进行很慢,它所引起的膨胀破坏往往在几年之后才会发现,但它所引起的后果却不能忽视。因此,凡在潮湿环境中和水中使用的混凝土,应注意水泥中的碱含量和骨料中的活性成分,当骨料中有活性成分时,就应采用含碱量小于 0.6% 的低碱水泥。

2. 提高混凝土耐久性的措施

(1)根据工程所处环境及要求,合理选用水泥品种,以适应抗蚀、抗渗或抗冻的要求。

(2)改善骨料级配,从严控制骨料中的有害杂质含量,注意是否含有活性骨料,保证水泥石和骨料不被腐蚀。

(3)控制水泥的最大水灰比和最小水泥用量。水灰比的大小直接影响混凝土的密实性,而保证水泥的用量,也是提高混凝土密实性的前提条件。大量实践证明,耐久性控制的两个有效指标是最大水灰比和最小水泥用量,这两项指标在国家相关规范中都有规定,见表 4-15。

表 4-15 混凝土最大水灰比和最小水泥用量的限值(TB 10210—2001)

混凝土所处的环境条件	所在地区最冷月平均气温					
	低于-15℃(严寒地区)		-15℃~-5℃(寒冷地区)		高于-5℃(温和地区)	
	最大水灰比	最小水泥用量(kg/m³)	最大水灰比	最小水泥用量(kg/m³)	最大水灰比	最小水泥用量(kg/m³)
受水流冲刷、冰冻作用的混凝土、最低冲刷线以下的地下部分	0.55	300	0.60	275	0.65	250
不受水流作用的地上部分、不致遭受冰冻作用的混凝土	0.60	275	0.65	250	0.70	230

注:①在最冷月平均气温低于-5℃的地区,对有抗冻要求的混凝土应掺用引气剂或引气减水剂;

②本表中最小水泥用量(含掺和料)是指混凝土而言。钢筋混凝土的最小水泥用量应增加25 kg/m³。预应力混凝土的最小水泥用量应为300 kg/m³。人工捣实混凝土时,最小水泥用量应增加25 kg/m³。内部填充或C10的混凝土,可不受本表限制。

4.4 混凝土外加剂

4.4.1 外加剂概述

在混凝土拌和过程中掺入的能按要求改善混凝土性能,且一般情况下掺量不超过水泥质量5%的材料,称为混凝土外加剂。混凝土外加剂的应用,是水泥应用技术上的又一次重大发展,它是提高混凝土强度、改善混凝土各种性能的有效手段之一,在有的国家,外加剂已成为混凝土的第五种组成成分。

混凝土外加剂种类繁多。国家已对混凝土外加剂的分类、质量标准和应用技术作了详细规定,如《混凝土外加剂定义、分类、命名与术语》(GB 8075—2005)、《混凝土外加剂应用技术规范》(GB 50119—2003)。

混凝土外加剂按其主要功能分为四类:

1. 改善混凝土拌和物流动性的外加剂。包括各种减水剂和泵送剂等。
2. 调节混凝土凝结时间、硬化性能的外加剂。包括缓凝剂、速凝剂和早强剂等。
3. 改善混凝土耐久性的外加剂。包括引气剂、防水剂和阻锈剂等。
4. 改善混凝土其他性能的外加剂。包括膨胀剂、防冻剂、着色剂等。

4.4.2 减 水 剂

在混凝土坍落度基本相同的条件下,能减少拌和用水量的外加剂称为减水剂。

1. 减水剂的作用机理

水泥加水拌和时,由于水泥颗粒很细小,对水的吸附力很强,有许多小水珠被吸附在其上的水泥颗粒所包围,形成一种絮凝结构,如图4-10(b)所示,这部分水未能发挥作用,使混凝土达不到预期的流动性。若事先在水中掺入减水剂,情况就不同了,减水剂是一种表面活性剂,其分子由亲水基团和憎水基团两部分组成,如图4-10(a)所示,亲水基团在水中由于离解出离子而带有某种电荷。在混凝土拌和过程中,憎水基团定向吸附在水泥颗粒表面,而亲水基团指入水中。这样,吸附了减水剂分子的水泥颗粒表面均带上同性电荷,在颗粒间产生静电斥力，致使水泥颗粒相互分离，如图 4－10（c）所示，不能形成絮凝结构，没有被水泥颗粒包围的水珠，其所有的水能被充分利用，从而有效地发挥拌和水的作用，显著地增大混凝土的流动性，如图 4－10（d）所示。同时亲水基团吸附了大量的极性水分子，增加了水泥颗粒表面水膜厚度，润滑性能增强，水泥颗粒间更宜于滑动。综上所述，减水剂在不增加用水量的前提下，可提高混凝土拌和物的流动性，或在不影响拌和物流动性的情况下，可减少拌和用水量。

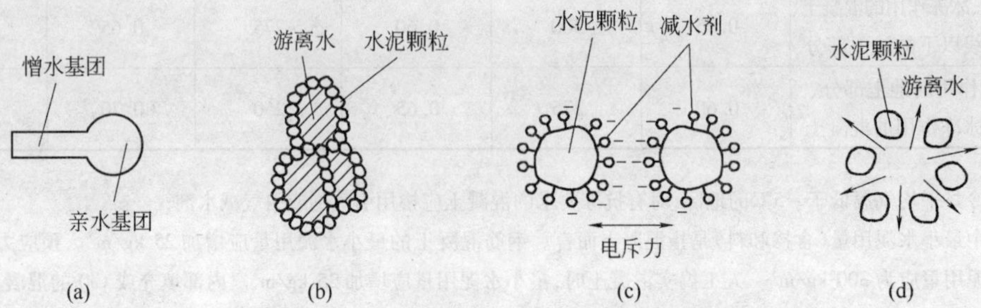

图 4－10　减水剂的分子模型和作用原理
（a）碱水剂的分子模型；（b）未掺减水剂时的絮凝结构；
（c）、（d）掺入减水剂后水泥颗粒被分散。

2. 减水剂的技术经济效果

在混凝土中掺入减水剂，一般可取得以下效果：

（1）增大流动性：在水泥量和用水量不变时，坍落度可增大，且不影响混凝土强度。因此，减水剂适用于大流动性混凝土。

（2）提高强度：在保持流动性和水泥用量不变时，可减少拌和水量，从而降低水灰比，使混凝土强度提高，早期强度提高更为显著。因此，减水剂适用于高强混凝土。

（3）改善耐久性：由于水泥颗粒被充分分散，与水的接触面增大，水化较完全，混凝土的密实性增强，从而可提高抗渗、抗冻性能。

（4）节约水泥：当保持流动性和强度不变时，可在减水的同时节约水泥。

3. 常用减水剂

减水剂按其效能分为普通减水剂、高效减水剂、早强减水剂、缓凝高效减水剂、缓凝减水剂、引气减水剂等。按其化学成分分为木质素系、萘系、树脂系、糖蜜系和腐殖酸等几类。

（1）普通减水剂

混凝土工程中可采用的普通减水剂有木质素磺酸盐类：木质素磺酸钙、木质素磺酸钠、木质素磺酸镁等。

（2）高效减水剂

混凝土工程中可采用下列高效减水剂：

①多环芳香族磺酸盐类：萘和萘的同系磺化物与甲醛缩合的盐类、氨基磺酸盐等；

②水溶性树脂磺酸盐类：磺化三聚氰胺树脂、磺化古码隆树脂等；

③脂肪族类：聚羧酸盐类、聚丙烯酸盐类、脂肪族羟甲基磺酸盐高缩聚物等；

④其他：改性木质素磺酸钙、改性丹宁等。

高效减水剂中的聚羧酸盐类在目前客运专线、桥梁、隧道、涵洞、轨道等主体结构施工中得到了广泛应用，其掺入后混凝土性能指标如表 4－16 所示。

表 4-16 掺聚羧酸盐高效减水剂混凝土性能指标

<table>
<tr><td rowspan="3">序号</td><td rowspan="3" colspan="2">试验项目</td><td colspan="4">性能指标</td></tr>
<tr><td colspan="2">非缓凝型</td><td colspan="2">缓凝型</td></tr>
<tr><td>一等品</td><td>合格品</td><td>一等品</td><td>合格品</td></tr>
<tr><td>1</td><td colspan="2">减水率(%),不小于</td><td>25</td><td>18</td><td>25</td><td>18</td></tr>
<tr><td>2</td><td colspan="2">泌水率(%),不大于</td><td>60</td><td>70</td><td>60</td><td>70</td></tr>
<tr><td>3</td><td colspan="2">含气量(%),不大于</td><td colspan="4">6.0</td></tr>
<tr><td>4</td><td colspan="2">1 h 坍落度保留值(mm),不小于</td><td colspan="2">—</td><td colspan="2">150</td></tr>
<tr><td rowspan="4">5</td><td rowspan="4">抗压强度比(%),不小于</td><td>1d</td><td>170</td><td>150</td><td></td><td></td></tr>
<tr><td>3d</td><td>160</td><td>140</td><td>155</td><td>135</td></tr>
<tr><td>7d</td><td>150</td><td>130</td><td>145</td><td>125</td></tr>
<tr><td>28d</td><td>130</td><td>120</td><td>130</td><td>120</td></tr>
<tr><td>6</td><td colspan="2">28d 收缩率(%),不大于</td><td>100</td><td>120</td><td>100</td><td>120</td></tr>
<tr><td>7</td><td colspan="2">对钢筋的锈蚀作用</td><td colspan="4">对钢筋无锈蚀作用</td></tr>
</table>

普通减水剂、高效减水剂进入工地(或混凝土搅拌站)时的检验项目包括 pH 值、密度(或细度)、混凝土减水率,符合要求方可入库、使用。

4.4.3 早强剂

能加速混凝土早期强度发展的外加剂称为早强剂。早强剂多用在需要早强的、冬期施工的或抢修抢建的工程中。目前使用的早强剂有三类:

1. 强电解质无机盐类早强剂:硫酸盐、硫酸复盐、硝酸盐、亚硝酸盐、氯盐等;
2. 水溶性有机化合物:三乙醇胺,甲酸盐、乙酸盐、丙盐等;
3. 其他:有机化合物、无机盐复合物。

混凝土工程中还常采用由早强剂与减水剂复合而成的早强减水剂。

1. 早强剂作用机理

强电解质无机盐类早强剂中硫酸盐的早强作用是基于与 C_3A 反应生成水化硫铝酸钙晶体,如硫酸钠掺入混凝土中后,会迅速与水泥水化产生的氢氧化钙反应生成高分散性的二水石膏($CaSO_4 \cdot 2H_2O$),它比直接掺入二水石膏更易与 C_3A 迅速反应生成水化硫铝酸钙的晶体,有效提高了混凝土的早期强度。氯盐早强机理则是与水泥中的 C_3A 作用生成水化氯铝酸钙,同时还与水泥的水化产物 $Ca(OH)_2$ 反应生成氧氯化钙。以上产物都是不溶性复盐,可从水泥浆中析出,增加水泥浆中固相的比例,形成骨架,从而提高混凝土的早期强度。同时,降低了水泥的碱度,从而使 C_3S 水化反应更易于进行,相应地也提高了水泥的早期强度。硝酸盐早强剂在促进水泥水化的同时,还可以改善混凝土的孔隙结构,使混凝土趋于密实。

水溶性有机化合物中三乙醇胺为浅黄色透明的油状液体,对钢筋无腐蚀作用。三乙醇胺加入混凝土拌和物后,吸附在水泥表面,使水泥表面形成一层亲水膜,加快水对水泥的润湿、渗透和水化,因而能使混凝土强度迅速提高。

2. 早强剂的早强性能

工程上常用的早强剂,其早强性能如表 4-17 所示。

表 4－17　早强剂的早强性能

名　称	掺量(C×%)	强度(MPa)			
		1 d	3 d	7 d	28 d
硫酸钠	2	4.7	13.2	17.8	21.7
氯化钙	2	5.1	12.1	17.2	23.2
三乙醇胺	0.04	5.0	12.6	18.2	27.1
硫代硫酸钠	2	5.0	11.8	14.4	22.6
乙酸钠	2	3.6	10.8	17.5	28.0
硝酸钠	2	3.7	11.7	14.9	22.8

3. 早强剂的应用

早强剂及早强减水剂适用于蒸养混凝土及常温、低温和最低温度不低于－5 ℃环境中施工的有早强要求的混凝土工程。炎热环境条件下不宜使用早强剂、早强减水剂。掺入混凝土后对人体产生危害或对环境产生污染的化学物质严禁用作早强剂。含有六价铬盐、亚硝酸盐等有害成分的早强剂严禁用于饮水工程及与食品相接触的工程。硝铵类严禁用于办公、居住等建筑工程。工程上常用早强剂掺量限制见表 4－18。

表 4－18　常用早强剂掺量限制

混凝土种类	使用环境	早强剂名称	掺量限值(C×%)不大于
预应力混凝土	干燥环境	三乙醇胺,硫酸钠	0.05 1.0
钢筋混凝土	干燥环境	氯离子(Cl^-) 硫酸钠	0.6 2.0
钢筋混凝土	干燥环境	与缓凝减水剂复合的硫酸钠三乙醇胺	3.0 0.05
	潮湿环境	硫酸钠 三乙醇胺	1.5 0.05
有饰面要求的混凝土		硫酸钠	0.8
素混凝土		氯离子(Cl^-)	1.8

注:预应力混凝土及潮湿环境中使用的钢筋混凝土中不得掺氯盐早强剂。

含钾、钠离子的早强剂用于骨料具有碱活性的混凝土结构时,由外加剂带入的碱含量不得超过 1 kg/m^3。

4.4.4　引 气 剂

能使混凝土在搅拌过程中引入大量均匀分布、稳定而封闭微小气泡的外加剂称为引气剂。

1. 引气剂的作用

在拌制混凝土时,必然会混入一些空气,若掺入了引气剂,即被吸附在气泡的表面,形成大量封闭的微小气泡,均匀地分布在混凝土中。

引气剂的掺量甚微,一般只为水泥质量的 0.005% ～0.012%,能使混凝土的含气量为混凝土体积的 3% ～5%。掺入引气剂的混凝土,其性能将发生变化:

(1)改善和易性。这些气泡在搅拌、浇捣时起润滑作用,它如同滚珠,使拌和物颗粒间摩阻力减小,流动性明显提高,且具有较好的黏聚性和保水性。若保持流动性不变,可减少水量。

(2)增强抗渗性和抗冻性。这些封闭气泡不仅自身不透水,还能切断混凝土中的渗水通道,显著提高混凝土的抗渗性。这些气泡使硬化后的混凝土具有较大的弹性,对胀缩变形所产生的力具有一定的缓冲作用,因而对抗冻、抗温度变形十分有利。

(3)降低强度。由于气泡的存在,使混凝土的强度有所降低,含气量越大,强度下降越多。

一般孔隙每增加1%,混凝土强度下降3% ~5%,虽然由于减水可使强度损失得到一些补偿,但引气量绝不能过大,即引气剂掺量必须严格控制。

2. 工程中常用的引气剂

混凝土工程中可采用下列引气剂:

(1)松香树脂类:松香热聚物、松香皂类等;

(2)烷基和烷基芳烃磺酸盐类:十二烷基磺酸盐、烷基苯磺酸盐、烷基苯酚聚氧乙烯醚等;

(3)脂肪醇磺酸盐类:脂肪醇聚氧乙烯醚、脂肪醇聚氧乙烯磺酸钠、脂肪醇硫酸钠等;

(4)皂甙类:三萜皂甙等;

(5)其他:蛋白质盐、石油磺酸盐等。

混凝土工程中可采用由引气剂与减水剂复合而成的引气减水剂。

3. 引气剂的应用

引气剂及引气减水剂,可用于抗冻混凝土、抗渗混凝土、抗硫酸盐混凝土、泌水严重的混凝土、贫混凝土、轻骨料混凝土、人工骨料配制的普通混凝土、高性能混凝土以及有饰面要求的混凝土。引气剂、引气减水剂不宜用于蒸养混凝土及预应力混凝土,必要时,应经试验确定。

引气剂及引气减水剂进入工地(或混凝土搅拌站)前的检验项目应包括pH值、密度(或细度)、含气量、引气减水剂应增测减水率,符合要求方可入库、使用。抗冻性要求高的混凝土,必须掺引气剂或引气减水剂,其掺量应根据混凝土的含气量要求,通过试验确定。

掺引气剂及引气减水剂混凝土的含气量,不宜超过表4-19规定的含气量;对抗冻性要求高的混凝土,宜采用表4-19规定的含气量数值。

表4-19 掺引气剂及引气减水剂混凝土的含气量

粗骨料最大粒径(mm)	20(19)	25(22.4)	40(37.5)	50(45)	80(75)
混凝土含气量(%)	5.5	5.0	4.5	4.0	3.5

注:括号内数值为《建筑用卵石、碎石》(GB/T 14685)种标准筛的尺寸。

4.4.5 速凝剂

能使混凝土迅速凝结硬化的外加剂称为速凝剂。速凝剂与水泥加水拌和后,立即与水泥中的石膏发生反应,使水泥中的石膏变成硫酸钠,失去其缓凝作用,从而让C_3A迅速水化并很快析出其水化物,导致水泥浆迅速凝固。

在喷射混凝土工程中,常采用的粉状速凝剂和液体速凝剂:其中前者是以铝酸盐、碳酸盐等为主要成分的无机盐混合物等;而后者是指以铝酸盐、水玻璃等为主要成分,与其他无机盐复合而成的复合物。

速凝剂进入工地(或混凝土搅拌站)前应检验的项目包括密度(或细度)、凝结时间、1 d抗压强度等,符合要求方可入库、使用。

喷射混凝土施工应选用与水泥适应性好、凝结硬化快、回弹小、28 d强度损失少、低掺量的速凝剂品种。速凝剂掺量一般为水泥质量2% ~8%，掺量可随速凝剂品种、施工温度和工程要求适当增减。喷射混凝土施工时，应采用新鲜的硅酸盐水泥、普通硅酸盐水泥、矿渣硅酸盐水泥，不得使用过期或受潮结块的水泥。喷射混凝土宜采用最大粒径不大于20 mm的卵石或碎石，细度模数为2.8 ~3.5的中砂或粗砂。喷射混凝土的经验配合比为：水泥用量约400 kg/m^3，砂率45% ~60%，水灰比约为0.4。

速凝剂是混凝土喷锚支护中必不可少的一种外加剂，在矿山井巷、铁路隧道、引水涵洞等工程中应用极为普遍。

4.4.6 缓凝剂、缓凝减水剂及缓凝高效减水剂

能延长混凝土凝结时间的外加剂称为缓凝剂。混凝土工程中可采用下列缓凝剂及缓凝减水剂：

1. 糖类：糖钙、葡萄糖酸盐等；
2. 木质素磺酸盐类：木质素磺酸钙、木质素磺酸钠等；
3. 羟基羧酸及其盐类：柠檬酸、酒石酸钾钠等；
4. 无机盐类：锌盐、磷酸盐等；
5. 其他：胺盐及其衍生物、纤维素醚等。

混凝土工程中可采用由缓凝剂与高效减水剂复合而成的缓凝高效减水剂。

缓凝剂、缓凝减水剂及缓凝高效减水剂可用于大体积混凝土、碾压混凝土、炎热气候条件下施工的混凝土、大面积浇筑的混凝土、避免冷缝产生的混凝土、需较长时间停放或长距离运输的混凝土、自流平免振混凝土、滑模施工或拉模施工的混凝土及其他需要延缓凝结时间的混凝土。缓凝高效减水剂可制备高强高性能混凝土。

缓凝剂、缓凝减水剂及缓凝高效减水剂进入工地（或混凝土搅拌站）前应检验其pH值、密度（或细度）、混凝土凝结时间，缓凝减水剂及缓凝高效减水剂应增测减水率，合格后方可入库、使用。

4.4.7 膨胀剂

能使混凝土产生补偿收缩或微膨胀的外加剂称为膨胀剂。

常用品种如硫铝酸钙类、硫铝酸钙—氧化钙类、氧化钙类。水化硫铝酸钙（钙矾石）在80 ℃以上会分解，导致强度下降，故硫铝酸钙类、硫铝酸钙—氧化钙类膨胀剂，不得用于长期处于环境温度为80 ℃以上的工程。氧化钙膨胀剂水化生成的$Ca(OH)_2$，其化学稳定性和胶凝性较差，它与Cl^-、SO^-、Na^+、Mg^{++}等离子进行置换反应，形成膨胀结晶体或被溶析出来，因而从耐久性角度考虑，该膨胀剂不得用于海水和有侵蚀性水的工程。

膨胀剂主要用于防水混凝土，补偿收缩混凝土，接缝、地脚螺栓灌浆及自应力混凝土等。

4.4.8 防冻剂

能使混凝土在负温下硬化并在规定时间内达到足够的防冻强度的外加剂称为防冻剂。

防冻剂能降低水的冰点，使水泥在负温条件下仍能继续水化，提高混凝土的早期强度，防止混凝土早期受冻破坏。这在我国北方地区冬期施工是非常需要的。

常用的防冻剂有亚硝酸钠、亚硝酸钙、氯化钙、氯化钠、碳酸钾和尿素等。目前工程上使用

的都是复合防冻剂。

4.4.9 泵送剂

混凝土工程中可采用由减水剂、缓凝剂、引气剂等复合而成的泵送剂。

混凝土原材料中掺入泵送剂，可以配制出不离析泌水，和易性、可泵性好，具有一定含气量和缓凝性能的大坍落度混凝土，硬化后混凝土有足够的强度和满足多项物理力学性能要求。

泵送剂适用于工业与民用建筑及其他构筑物的泵送施工的混凝土；特别适用于大体积混凝土、高层建筑和超高层建筑；适用于滑模施工等；也适用于水下灌注桩混凝土。

泵送剂运到工地（或混凝土搅拌站）前的检验项目应包括 pH 值、密度（或细度）、坍落度增加值及坍落度损失，符合要求方可入库、使用。

4.4.10 防水剂

防水剂是在混凝土拌和物中能改善砂浆和混凝土的耐久性，降低其在静水压力下透水性的外加剂。防水剂品种众多，防水的作用机理也不一样，所以应根据工程要求选择防水剂的品种。

工程上常用的防水剂有以下四类：

（1）无机化合物类：氯化铁、硅灰粉末、锆化合物等。

（2）有机化合物类：脂肪酸及其盐类、有机硅表面活性剂（甲基硅醇钠、乙基硅醇钠、聚乙基羟基硅氧烷）、石蜡、地沥青、橡胶及水溶性树脂乳液等。

（3）混合物类：无机类混合物、有机类混合物、无机类与有机类混合物。

（4）复合类：上述各类与引气剂、减水剂、调凝剂等外加剂复合的复合型防水剂。

无机化合物类中的氯盐类能促进水泥的水化硬化，在早期具有较好的防水效果，适合于要求早期必须具有防水性的情况。但因为氯盐类会使钢筋锈蚀，收缩率大，后期防水效果不大。

有机化合物类的防水剂主要是一些憎水性表面活性剂、聚合物乳液或水溶性树脂等，其防水性能较好，但使用时应注意对强度的影响。

在防水剂与引气剂组成的复合防水剂中，由于引气剂能引入大量的微细气泡，隔断毛细管通道，减少泌水，减少混凝土的渗水通路，从而提高了混凝土的防水性。在防水剂与减水剂组成的复合防水剂中，由于减水剂的减水作用和对和易性的改善，使混凝土更致密，从而能达到更好的防水效果。

防水剂可用于工业与民用建筑的屋面、地下室、隧道、巷道、给排水池等有防水抗渗要求的混凝土工程。含氯盐的防水剂可用于素混凝土、钢筋混凝土工程，严禁用于预应力混凝土工程。

4.4.11 外加剂的质量控制

外加剂的品种应根据工程设计和施工要求选择，通过试验及技术经济比较确定。工程上严禁使用对人体产生危害、对环境产生污染的外加剂。

选用的外加剂应有供货单位提供的产品说明书（应标明产品主要成分）、出厂检验报告及合格证、掺外加剂混凝土性能检验报告。

外加剂运到工地（或混凝土搅拌站）时应立即取代表性样品进行检验，进货检验与工程试配时一致时，方可入库、使用。若发现不一致时，应停止使用。

外加剂应按不同供货单位、不同品种、不同牌号分别存放，标识应清楚。粉状外加剂应防止受潮结块，如有结块，经性能检验合格后应粉碎至全部通过 0.63 mm 筛后方可使用。液体外加剂应放置阴凉干燥处，防止日晒、受冻、污染、进水或蒸发，如有沉淀等现象，经性能检验合格后方可使用。

外加剂配料控制系统标识应清楚，计量应准确，计量误差不应大于外加剂用量的 2%。

4.5 混凝土的质量控制及配合比设计

4.5.1 配合比设计概述

1. 配合比设计的任务和要求

(1)配合比的概念及设计任务

混凝土配合比是指混凝土中各组成材料的数量及其比例关系。混凝土配合比的表示方法有两种：一种是以 1 m^3 混凝土中各种材料的用量表示，如“1 m^3 混凝土需用水泥 300 kg、砂子 660 kg、卵石 1260 kg、水 180 kg”；另一种是以各种材料相互间的质量比表示（以水泥质量为 1），写成“水泥∶砂∶卵石∶水 = 1∶2.20∶4.20∶0.60”。

混凝土配合比设计的任务，是根据所选原材料的技术性能和施工条件，设计出能满足所需混凝土技术要求的各组成材料的用料及其质量比。

(2)配合比设计要求

混凝土配合比设计的基本要求是：

①要使混凝土拌和物具有良好的、适应施工要求的和易性。

②保证达到结构所要求的强度。

③符合结构所需的抗渗、抗冻、耐蚀等耐久性要求。

④在满足上述三项要求的前提下节省水泥、降低成本，达到经济的目的。

2. 三个重要参数

在混凝土配合比设计中，要掌握好下列三个重要参数（三个比例）：

(1)水与水泥的比例，即水灰比，它决定混凝土的强度，对和易性、耐久性、经济性有明显影响。

(2)砂与石的比例，用砂率可以表达，它主要影响混凝土的和易性。

(3)浆量与骨料量的比例，用单位用水量表达，它决定混凝土的和易性和经济性。

混凝土配合比中三个参数的关系如图 4-11 所示。正确掌握好这三个参数，就能配制出符合要求的混凝土。

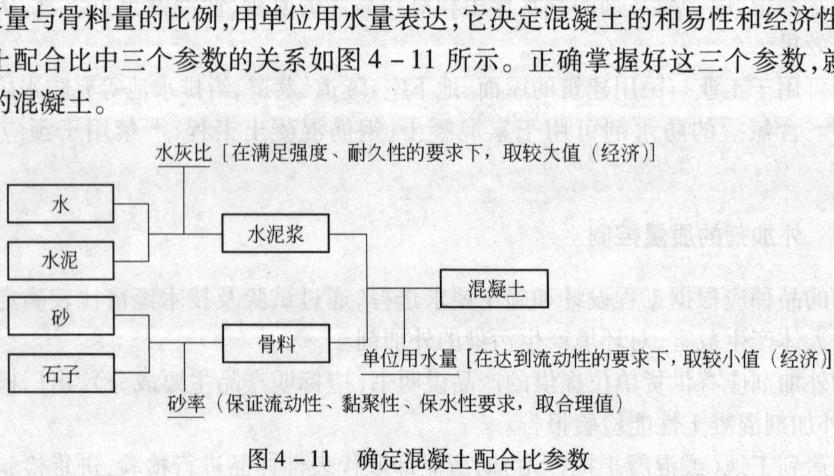

图 4-11 确定混凝土配合比参数

3. 设计过程

根据《普通混凝土配合比设计规程》(JGJ 55—2000)和其他有关规定,混凝土的配合比设计应包括配合比的计算、试配和调整等过程:

(1)按混凝土的技术要求和所选用的原材料,进行初步配合比计算,得到供试配用的"初步计算配合比"。

(2)按"初步计算配合比"进行试配、检验并调整,得到能满足技术要求的"试验室配合比"。

(3)施工时,再根据现场砂石含水情况随时进行调整,计算出施工称料量,即"施工配合比"。

4.5.2 配合比设计的步骤

1. 初步计算配合比

(1)确定配制强度$f_{cu,0}$

由于混凝土在施工过程中其原材料性能和生产工艺等因素的差异,会出现混凝土质量的不稳定,使混凝土强度发生波动,这种波动呈正态分布,如图4-5所示。前节已述,如果按标准强度(即强度等级$f_{cu,k}$)配制混凝土,则混凝土强度的平均值只达到$f_{cu,0}$,换言之,就是将有一半的混凝土达不到设计要求,即保证率只有50%,如图4-5所示。为了使混凝土强度能达到规范规定的95%的保证率,必须使混凝土的配制强度($f_{cu,0}$)比混凝土的标准强度($f_{cu,k}$)高出一定的数量,如图4-6所示。

因此,《普通混凝土配合比设计规程》(JGJ 55—2000)规定:混凝土的配制强度,可依据各生产单位的混凝土质量水平按式(4-5)确定:

$$f_{cu,0}=f_{cu,k}+1.645\sigma \tag{4-5}$$

式中 $f_{cu,0}$——混凝土的配制强度,MPa;

$f_{cu,k}$——混凝土的强度等级,即混凝土抗压强度标准值,MPa;

σ——混凝土强度的标准差,MPa。

混凝土强度的标准差可按下列方法确定:

①当施工单位具有近期同类混凝土(强度等级、配合比、生产工艺条件相同的混凝土)28d抗压强度的统计资料不少于25组时,按式(4-6)计算:

$$\sigma=\sqrt{\frac{\sum_{i=1}^{N}f_{cu,i}^{2}-N\mu_{cu}^{2}}{N-1}} \tag{4-6}$$

式中 $f_{cu,i}$——统计周期内同类混凝土第i组试件强度代表值,MPa;

μ_{cu}——统计周期内同类混凝土N组试件强度平均值,MPa;

N——统计周期内同类混凝土试件组数,$N\geqslant25$。

对于C20、C25的混凝土,当计算的$\sigma<2.5$ MPa时,应取$\sigma=2.5$ MPa;

对于高于C30的混凝土,当计算的$\sigma<3.0$ MPa时,应取$\sigma=3.0$ MPa。

在现场条件与试验室条件有显著差异时,或C30及以上混凝土采用非统计方法评定时,应提高混凝土配制强度。

关于统计周期:对预拌混凝土厂和预制混凝土的构件厂,统计周期可取1个月;对现场拌制的混凝土施工单位,统计周期可根据实际情况确定,但不宜超过3个月。

②铁路 TB 10210 中规定当施工单位无近期同一品种混凝土的强度资料时，混凝土强度标准差可以按表 4 – 20 取用。

表 4 – 20　混凝土强度标准差 α 值(TB 10210—2001)

混凝土 / α 值 / 生产	< C20	C20 ~ C40	> C40
预制混凝土构件厂	3.0	4.0	5.0
现场集中搅拌混凝土施工单位	3.5	4.5	5.5

(2)确定水灰比(W/C)

根据所要求的混凝土配制强度$f_{cu,k}$和水泥的实际强度f_{ce}、粗骨料种类，用式(4 – 7)计算水灰比(此公式适用于 C60 以下的混凝土)：

$$\frac{W}{C}=\frac{\alpha_a \cdot f_{ce}}{f_{cu,0}+\alpha_a \cdot \alpha_b \cdot f_{ce}} \tag{4-7}$$

式中　f_{ce}——水泥的实际强度，即实测强度值。在无法实测时，可用下式估算：

$$f_{ce}=\gamma_c \cdot f_{ce,g}$$

其中　$f_{ce,g}$——水泥强度的等级值(如 42.5 级水泥的$f_{ce,g}$ = 42.5 MPa)，f_{ce}值也可根据 3 d 的强度或快测强度推定得出，

γ_c——水泥强度富余系数，应按实际统计资料确定。

对于出厂超过 3 个月或存放条件不良已变质的水泥，应当实测其强度，按实测强度采用。

为了保证混凝土有必要的耐久性，所采用的水灰比不得超过表 4 – 15 规定的最大水灰比限值，如果计算的水灰比超过规定的最大水灰比，应按规定的最大水灰比值采用。

(3)确定用水量 m_{w0}

1 m^3 混凝土的用水量，应按下列方法选取：

①塑性混凝土和干硬性混凝土的用水量：当水灰比在 0.4 ~ 0.8 范围内时，应根据骨料的品种、粒径及施工要求混凝土拌和物的稠度，按表 4 – 21 选取；水灰比 W/C < 0.4 的混凝土及采用特殊成型工艺的混凝土用水量，应通过试验确定。

②流动性、大流动性混凝土的用水量，以坍落度 90 mm 时的混凝土用水量为基础，坍落度每增大 20 mm，用水量增加 5 kg，可计算出未掺外加剂时的混凝土用水量；掺外加剂时的混凝土用水量，当外加剂的减水率为 β 时，需将未掺外加剂时的混凝土用水量乘以($1-\beta$)。外加剂的减水率 β(%)应经试验确定。

表 4 – 21　塑性混凝土和干硬性混凝土的用水量(kg/m^3)(JGJ 55—2000)

拌和物的稠度			卵石最大粒径(mm)				碎石最大粒径(mm)			
项　目		指标	10	20	31.5	40	16	20	31.5	40
塑性混凝土	坍落度(mm)	10 ~ 30	190	170	160	150	200	185	175	165
		35 ~ 50	200	180	170	160	210	195	185	175
		55 ~ 70	210	190	180	170	220	205	195	185
		75 ~ 90	215	195	185	175	230	215	205	195

续上表

拌和物的稠度			卵石最大粒径(mm)				碎石最大粒径(mm)			
项　目		指标	10	20	31.5	40	16	20	31.5	40
干硬性混凝土	维勃稠度(s)	16~20	175	160		145	180	170		155
		11~15	180	165		150	185	175		160
		5~10	185	170		155	190	180		165

注:①本表用水量是采用中砂时的平均值。采用细砂时,混凝土用水量可增加 5~10 kg/m^3;采用粗砂时,则可减少 5~10 kg/m^3。

②掺用各种外加剂或掺和料时,用水量应相应调整。

(4)确定水泥用量 m_{c0}

由已选定的用水量和水灰比,按式(4-8)计算水泥用量:

$$m_{c0}=\frac{m_{w0}}{W/C} \tag{4-8}$$

同时,为保证混凝土的耐久性,水泥用量还要满足表4-15所规定的最小水泥用量的要求。如果算得的水泥用量小于规定的最小水泥用量,则应按规定的最小水泥用量值采用。

(5)选取合理的砂率值 β_s

合理的砂率值应使砂浆的数量能填满石子的空隙,并稍有多余,将石子拨开。混凝土的砂率应按下列方法选定:

①坍落度为10~60 mm的混凝土的砂率,可根据骨料的品种、粒径和混凝土的水灰比,按表4-22选用。

②坍落度大于60 mm的混凝土的砂率,可经试验确定,也可在表4-22的基础上,按坍落度每增大20 mm,砂率增大1%的幅度予以调整。

③坍落度小于10 mm的混凝土及掺用外加剂和掺和料的混凝土,其砂率应经试验确定。

表4-22　混凝土的砂率(%)(JGJ 55—2000)

水灰比(W/C)	卵石最大粒径(mm)			碎石最大粒径(mm)		
	10	20	40	16	20	40
0.40	26~32	25~31	24~30	30~35	29~34	27~32
0.50	30~35	29~34	28~33	33~38	32~37	30~35
0.60	33~38	32~37	31~36	36~41	35~40	33~38
0.70	36~41	35~40	34~39	39~44	38~43	36~41

注:①本表数值系中砂的选用砂率,对细砂或粗砂,可相应地减小或增大砂率。

②只用一个单粒级粗骨粒配制混凝土时,砂率值应适当增加。

③对薄壁构件,砂率取偏大值。

(6)计算砂石用量 m_{s0} 和 m_{g0}

在混凝土中除水泥浆外,其余的体积或质量均为砂石所占有,因此砂石量计算有体积法和质量法两种计算方法,可使用其中任一种方法计算。

①体积法:体积法认为混凝土拌和物的体积等于各组成材料密实体积及所含空气体积之总和。如果材料用量以kg计,体积以 m^3 计,含气量为 α,选定的砂率为 β_s,可根据式(4-9),

解出 m_{s0} 和 m_{g0}：

$$\begin{cases}\dfrac{m_{c0}}{\rho_c}+\dfrac{m_{s0}}{\rho_s}+\dfrac{m_{g0}}{\rho_g}+\dfrac{m_{w0}}{\rho_w}+10\alpha=1\ 000\\ \beta_s=\dfrac{m_{s0}}{m_{s0}+m_{g0}}\times100\%\end{cases}\tag{4-9}$$

式中 m_{c0}、m_{s0}、m_{g0}、m_{w0}——1 m^3 混凝土中水泥、砂、石、水的用量，kg；

ρ_c、ρ_s、ρ_g、ρ_w——水泥的密度，砂、石的表观密度，水的密度，kg/m^3；

α——混凝土含气的百分数。当含气量为 α 时，在 1 m^3 混凝土中含气体积为 10α。在不使用引气型外加剂时，α 可取 1，在使用引气型外加剂时，可按实际要求采用。

②质量法：质量法认为混凝土的质量等于各组成材料质量之和。而经捣实的每 1 m^3 混凝土拌和物的质量 m_{cp} 一般在 2 360 ~ 2 450 kg/m^3 之间，因此可由经验先假定 m_{cp} 的值，于是由式(4－10)可解出 m_{s0} 和 m_{g0}。

$$\begin{cases}m_{c0}+m_{s0}+m_{g0}+m_{w0}=m_{cp}\\ \beta_s=\dfrac{m_{s0}}{m_{s0}+m_{g0}}\times100\%\end{cases}\tag{4-10}$$

m_{cp} 的值可按下列数值估计（或按已有经验）：

C7.5 ~ C15 时，m_{cp} = 2 360 kg/m^3；

C20 ~ C35 时，m_{cp} = 2 400 kg/m^3；

C40 ~ C50 时，m_{cp} = 2 450 kg/m^3。

(7)归纳初步配合比

将以上计算进行归纳，并计算出质量比，便可得到混凝土的初步配合。

2. 试验配合比

初步计算配合比是借助一些综合经验计算而得，由于各地材料的差异，不一定都符合实际情况，必须经过试配检验，如有不符，应予调整，最后得到和易性和强度都符合要求的配合比——试验室配合比。

混凝土试配时，应采用工程中实际使用的材料，混凝土的搅拌方法，应与生产时使用的方法相同。

(1)和易性的检验和调整

按初步配合比取料试拌，试拌数量（包含制作强度试件的用量）为：石子最大粒径不大于 31.5 mm 时，试拌 15 L；石子最大粒径为 40 mm 时，试拌 25 L，采用机械搅拌时，搅拌量不应小于搅拌机额定搅拌量的 1/4。

测出拌和物的坍落度，同时观察黏聚性、保水性及砂量是否合适。如果都符合要求，则此拌和料可进行下一步检验。

如果坍落度小于要求，应保持水灰比不变，增加水泥和水的数量。按一般经验，水泥浆每增加 2% ~3%，可增大坍落度 10 mm。如果坍落度大于要求，则可增加砂石的数量（或减少用水量，同时保持水灰比不变，但需重新称料）。同时根据黏聚性、保水性和含砂量的情况，决定是否要增大或减小砂率，直到和易性符合要求为止。这样便可得到符合和易性要求的实拌用量 m_{c1}、m_{s1}、m_{g1}、m_{w1}。

(2)按拌和物的湿体积密度调整计算

试拌完成后,测出拌和物的湿体积密度 ρ_{oh}(kg/m^3)。由于理论计算的各料用量之和与实测湿体积密度不一定相同,试拌中又可能改变了用料量,因此,应对上述实拌用料结合实测湿体积密度进行调整计算。

前面已测得混凝土拌和用料按式(4-11)计算:

$$m_{c1} + m_{s1} + m_{g1} + m_{w1} = m_{t1} \tag{4-11}$$

则 1m^3 混凝土用料按式(4-12)调整:

$$\begin{cases} m_{cj} = \dfrac{m_{c1}}{m_{t1}}\rho_{oh} \quad (\text{kg}) \\ m_{sj} = \dfrac{m_{s1}}{m_{t1}}\rho_{oh} \quad (\text{kg}) \\ m_{gj} = \dfrac{m_{g1}}{m_{t1}}\rho_{oh} \quad (\text{kg}) \\ m_{wj} = \dfrac{m_{w1}}{m_{t1}}\rho_{oh} \quad (\text{kg}) \end{cases} \tag{4-12}$$

可见,由 m_{cj}、m_{sj}、m_{gj}、m_{wj} 组成的配合比保持了 m_{c1}、m_{s1}、m_{g1}、m_{w1} 的比例,能满足和易性要求,且四种材料质量之和是 1 m^3 混凝土的质量。这个已满足和易性要求的配合比可作为强度检验用的基准配合比。

(3)强度的检验和调整

经调整后的基准配合比虽工作性已满足要求,但还要检验强度,混凝土的强度是由水灰比决定的,检验混凝土的强度就是检验水灰比是否恰当。《普通混凝土配合比设计规程》(JGJ 55—2000)要求至少要用三个不同的水灰比进行强度检验,其中一个为基准配合比中的水灰比,另外两个较基准配合比的水灰比分别增加和减少 0.05,其用水量应与基准配合比的用水量相同,砂率可分别增加和减少 1% 。通过三个不同的配合比做强度试验,才能一次性得出最好的方案。

制作混凝土强度试验试件时,应检验混凝土拌和物的坍落度或维勃稠度、黏聚性、保水性及拌和物的体积密度,并以此结果作为代表相应配合比的混凝土拌和物的性能。进行混凝土强度试验时,每种配合比至少应制作一组(三块)试件,标准养护 28 d 时试压。需要时可同时制作几组试件,供快速检验或早龄试压,以便提前定出混凝土配合比供施工使用,但应以标准养护 28 d 强度的检验结果为依据调整配合比。

根据试验得出的混凝土强度与其相对应的灰水比(C/W)关系,用作图法或计算法求出与混凝土配制强度($f_{cu,0}$)相对应的灰水比,并应按下列原则确定每 1 m^3 混凝土的材料用量:

(1)用水量(m_w)应在基准配合比用水量的基础上,根据制作强度试件时测得的坍落度或维勃稠度进行调整确定。

(2)水泥用量(m_c)应以用水量乘以选定出来的灰水比计算确定。

(3)粗骨料和细骨料用量(m_s 和 m_g)应在基准配合比的粗骨料和细骨料用量的基础上,按选定的灰水比进行调整后确定。

经试配确定配合比后,尚应按下列步骤进行验证。根据前述已确定的材料用量按下式计算混凝土的表观密度计算值 $\rho_{c,c}$:

$$\rho_{c,c} = m_c + m_g + m_s + m_w \tag{4-13}$$

再按式(4－14)计算混凝土配合比校正系数δ：

$$\delta=\frac{\rho_{c,t}}{\rho_{c,c}} \tag{4-14}$$

式中 $\rho_{c,t}$——混凝土表观密度实测值，kg/m^3；

$\rho_{c,c}$——混凝土表观密度计算值，kg/m^3。

当混凝土体积密度实测值与计算值之差的绝对值不超过计算值的2%时，可以先前的配合比做为试验室配合比；当二者之差超过2%时，应将先前配合比中的每项材料用量均乘以校正系数δ，即为最终确定的试验室配合比。

根据本单位常用的材料，可设计出常用的混凝土配合比备用，在使用过程中，应根据原材料情况及混凝土质量检验的结果予以调整。但遇有下列情况之一时，应重新进行配合比设计：

①对混凝土性能指标有特殊要求时。

②水泥、外加剂或矿物掺和料品种、质量有显著变化时。

③该配合比的混凝土生产间断半年以上时

3. 施工配合比——现场施工称料量

试验室配合比是以干燥材料为基准的，而工地使用的砂石都含有一定的水分，且随着环境气候而变化。所以，现场材料的实际称量应按砂石含水情况进行修正——水泥不变，补充砂石，扣除水量。

设工地测出砂子的含水率为w_s，石子的含水率为w_g，则施工配合为：

$$\begin{aligned} m'_c&=m_c\\ m'_s&=m_s(1+w_s)\\ m'_g&=m_g(1+w_g)\\ m'_w&=m_w-m_s\cdot w_s-m_g\cdot w_g \end{aligned} \tag{4-15}$$

有了施工配合比，便可进一步计算1包水泥(50 kg)或2包水泥(100 kg)的相应称料量。

4.5.3 配合比设计例题

寒冷地区铁路工程某钢筋混凝土涵洞盖板，钢筋疏密一般，混凝土的强度等级为C20。材料为32.5级普通水泥，密度3.1 g/cm^3；粗砂，表观密度2.65 g/cm^3；碎石，表观密度2.70 g/cm^3，最大粒径40 mm；机械搅拌和振捣。施工时，现场砂子含水率4.0%，石子含水率1.5%。试计算配合比。

1. 配合比计算

方法一：体积法

(1)确定配制强度$f_{cu,0}$：由于施工单位没有近期混凝土强度统计资料，查表4－20，C20混凝土采用$\sigma=4.5$ MPa，于是：

$$f_{cu,0}=f_{cu,k}+1.645\sigma=20+1.645\times4.5=27.4\ \text{MPa}$$

(2)确定水灰比W/C：考虑到水泥质量一般，水泥强度富余系数选$\gamma_{ce}=1.07$(即水泥强度$f_{ce}=\gamma_c f_{ce,g}=1.07\times32.5=34.78$MPa)。由于使用碎石，$\alpha_a=0.46$，$\alpha_b=0.07$，根据鲍罗米公式(4－3)：

$$\alpha_a f_{ce}\left(\frac{C}{W}-\alpha_b\right)=f_{cu,0}$$

$$0.46\times(1.07\times32.5)\left(\frac{C}{W}-0.07\right)=27.4$$

$$\frac{C}{W}=1.78 \quad 或 \quad \frac{W}{C}=0.56$$

查表 4-15,不受流水冲刷的地上混凝土,最大水灰比为 0.65,故取$\frac{W}{C}=0.56$ 能满足耐久性要求。

(3)确定用水量 m_{w0}:考虑此盖板为铁路工程普通配筋率的钢筋混凝土结构,查表 4-12 取坍落度为 55~70 mm。再根据采用碎石最大粒径为 40 mm,查表 4-21,用水量为 185 kg/m^3,考虑使用粗砂,试减少用水量 10kg(见该表注①),得

$$m_{w0}=185-10=175\ \text{kg}$$

(4)确定水泥用量 m_{c0}:

$$m_{c0}=\frac{m_{w0}}{\frac{W}{C}}=\frac{175}{0.56}=313\ \text{kg}$$

查表 4-15,钢筋混凝土的最小水泥用量为 250+25=275 kg/m^3(见注②)因此取 m_{c0} = 313 kg/m^3,符合耐久性要求。

(5)确定砂率 β_s:查表 4-22,当 $W/C=0.56$ 时,可在 0.50~0.60 之间内插,砂率在 0.32~0.37 之间,考虑到用粗砂要相应增大砂率(该表注①),因此取较大值 $\beta_s=0.36$。

(6)计算砂石用量 m_{s0} 和 m_{g0}:因未掺入外加剂,故取 $\alpha=1$,代入公式(4-9):

$$\frac{m_{s0}}{2.65}+\frac{m_{g0}}{2.70}=1\ 000-\frac{175}{1}-\frac{313}{3.1}-10\times1=714$$

$$m_{s0}=0.36(m_{s0}+m_{g0})$$

联立解方程求得: $m_{s0}=689\ \text{kg},\quad m_{g0}=1\ 226\ \text{kg}$

方法二:质量法

(1)~(5)步与体积法完全相同,不再重复。

(6)计算砂石用量 m_{s0} 和 m_{g0}:由于该混凝土为 C20,假设拌和物的质量 $m_{cp}=2\ 400$ kg/m^3。代入公式(4-10),有

$$m_{s0}+m_{g0}=m_{cp}-m_{c0}-m_{w0}=2\ 400-313-175=1\ 912\ \text{kg/m}^3$$

$$m_{s0}=0.36(m_{s0}+m_{g0})$$

联立解方程求得: $m_{s0}=688\ \text{kg},\quad m_{g0}=1\ 224\ \text{kg}$

2. 试配检验和调整

(1)和易性和体积密度的检验和调整

按初步配合比试拌 25 L,称取水泥 313×0.025=7.83 kg,干砂 689×0.025=17.23 kg,干石子 1 226×0.025=30.65 kg,水 175×0.025=4.38 kg,拌和后测得坍落度为 38 mm,小于所要求的坍落度 50~70 mm,黏聚性、保水性均好,砂率亦适宜,因而试增加水泥和水各 5%,即加入水泥 7.85×5% =0.39 kg,水 4.38×5% =0.22 kg,迅速拌和,再测坍落度为 58 mm,符合要求。接着测出经捣实的混凝土拌和物的湿体积密度 $\rho_{oh}=2\ 398$ kg/m^3,调整计算如下:

$$m_{c1}=7.83+0.39=8.22\ \text{kg},\quad m_{s1}=17.23\ \text{kg}$$

$$m_{g1}=30.65\ \text{kg},\quad m_{w1}=4.38+0.22=4.60\ \text{kg}$$

$$m_t=8.22+17.23+30.65+4.60=60.70\ \text{kg}$$

则各料用量为:

$$\left.\begin{aligned} m_{cj} &= \frac{8.22}{60.70}\times 2\ 398 = 325\ \text{kg} \\ m_{sj} &= \frac{17.23}{60.70}\times 2\ 398 = 681\ \text{kg} \\ m_{gj} &= \frac{30.65}{60.70}\times 2\ 398 = 1\ 210\ \text{kg} \\ m_{wj} &= \frac{4.60}{60.70}\times 2\ 398 = 182\ \text{kg} \end{aligned}\right\}\text{总量 } 2\ 398\ \text{kg}$$

上面调整的混凝土拌和物已符合和易性要求，且四料总量为2 398 kg，正好为1 m^3 混凝土的用量。所得配合比可作为强度检验的基准配合比。

(2)强度的检验与调整

以 m_{cj}、m_{sj}、m_{gj}、m_{wj}组成的配合比作为基准，水灰比为0.56。另外增加两个水灰比分别为0.51和0.61的配合比进行强度检验。设三组拌和物的湿体积密度相同(均为2 398 kg/m^3)，用水量也相同(均为182 kg)，但水灰比分别增减0.05时，砂率要相应增减0.01，计算如下：

①组：$W/C=0.51$，$\beta_s=0.35$，配合比357∶651∶1208∶182

②组：$W/C=0.56$，$\beta_s=0.36$，配合比为：325∶681∶1210∶182

③组：$W/C=0.61$，$\beta_s=0.37$，配合比为：298∶710∶1208∶182

对上述三组配合比各制试件一组，标准养护，测28d抗压强度为：

$W/C=0.51$，$C/W=1.96$，测得：$f_{cu}=32.1$ MPa

$W/C=0.56$，$C/W=1.79$，测得：$f_{cu}=28.1$ MPa

$W/C=0.61$，$C/W=1.64$，测得：$f_{cu}=24.5$ MPa

由于采用的$f_{cu,0}=27.4$ MPa，在②、③两组之间，由内插(图4-12)计算得：当$f_{cu,0}=27.4$ MPa时，$C/W=1.76$，$W/C=0.57$。即当$W/C=0.57$时，可得$f_{cu,0}=27.4$ MPa，符合$f_{cu,0}=27.4$ MPa的要求。即得($\beta_s=0.36$)：

$$m_c=\frac{182}{0.57}=319\ \text{kg}$$

$$m_s=(2\ 398-182-319)\times 0.36=683\ \text{kg}$$

$$m_g=2\ 398-182-319-683=1\ 214\ \text{kg}$$

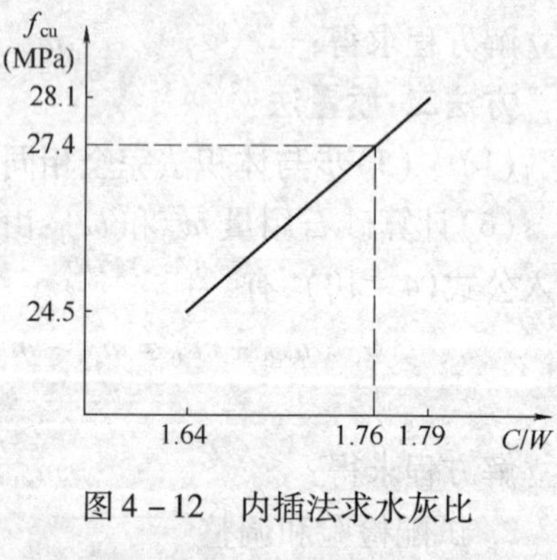

图4-12　内插法求水灰比

按以上材料的比例试拌，再一次测定工作性，坍落度为59 mm，满足55~70 mm的要求，且黏聚性和保水性也合格，并测定试拌混凝土的表观密度实测值$\rho_{c,t}=2\ 400$ kg/m^3，而混凝土的表观密度计算值为$\rho_{c,c}=182+319+683+1\ 214=2\ 398$kg/$cm^3$，因$\dfrac{(\rho_{c,t}-\rho_{c,c})}{\rho_{c,c}}=0.08\%<2\%$，故可不进行调整，以前的配合比即为确定的实验室配合比。

3. 施工配合比

因现场测得砂子的含水率为4.0%，石子的含水率为1.5%，故应作如下调整：

$$m'_c=319\ \text{kg}$$

$$m'_s=683\times(1+0.04)=710\ \text{kg}$$

$$m'_g=1\ 214\times(1+0.015)=1\ 232\ \text{kg}$$

$$m'_w = 182 - 683 \times 0.04 - 1\,214 \times 0.015 = 137 \text{ kg}$$

4.6 混凝土强度的评定

混凝土强度的评定可分为统计方法评定和非统计方法评定。

4.6.1 统计方法评定

该种方法适用于预拌混凝土厂、预制混凝土构件厂或采用现场集中搅拌的混凝土施工单位。根据混凝土强度的稳定性,混凝土强度评定的统计方法分为两种:一种是方差已知的统计法,另一种是方差未知的统计法。

1. 方差已知的统计法

该种方法适用于同一品种的混凝土的生产有可能在较长时期内通过质量管理维持基本相同的生产条件,即维持原材料、设备、工艺以及人员配备的稳定性,即使有所变化,也能很快予以调整而恢复正常的情况。这类生产状况可使每批混凝土强度的变异性基本稳定,每批的强度标准差 s_0 可按常数考虑,而且其数值可根据前一时期生产条件的强度数据加以确定。应用该种统计法评定混凝土的强度,应由连续的 3 组试件组成一验收批,其强度同时满足下式要求:

$$\begin{cases} m_{f_{cu}} \geqslant f_{cu,k} + 0.7s_0 \\ f_{cu,min} \geqslant f_{cu,k} - 0.7s_0 \end{cases} \tag{4-16}$$

当混凝土强度等级不高于 C20 时,其强度的最小值尚应满足式(4-17)要求:

$$f_{cu,min} \geqslant 0.85s_0 \tag{4-17}$$

当混凝土强度等级高于 C20 时,其强度的最小值尚应满足式(4-18)要求:

$$f_{cu,min} \geqslant 0.90s_0 \tag{4-18}$$

式中 $m_{f_{cu}}$——同一验收批混凝土立方体抗压强度的平均值,N/mm²;

$f_{cu,k}$——混凝土立方体抗压强度标准值,N/mm²;

s_0——验收批混凝土立方体抗压强度的标准差,N/mm²;

$f_{cu,min}$——同一验收批混凝土立方体抗压强度的最小值,N/mm²。

验收批混凝土立方体抗压强度的标准差,应根据前一个检验期内同一品种混凝土试件的强度数据,按式(4-19)确定:

$$s_0 = \frac{0.59}{m}\sum_{i=1}^{m}\Delta f_{cu,i} \tag{4-19}$$

式中 $\Delta f_{cu,i}$——第 i 批试件立方体抗压强度中最大值与最小值之差;

m——用以确定验收批混凝土立方体抗压强度标准差的数据总批数。

方差已知方案的 s_0 由近期同类混凝土在生产周期不大于 3 个月,且不少于 15 个连续批的强度数据计算确定。此外假定其值延续在一个检验期(3 个月)内保持不变。3 个月后重新按上一个检验期的强度数据计算各值。

2. 方差未知的统计法

该种方法是指生产连续性较差,即在生产中无法维持基本相同的生产条件,或生产期较短,无法积累强度数据以计算可靠的标准差数据的情况。此时,强度的检验评定只能直接根据每一验收批抽样的强度数据确定。为了提高检验效率,要求每一验收批抽样不少于 10 组,其强度应同时满足式(4-20)要求：

$$\begin{aligned} m_{f_{cu}} - \lambda_1 S_{f_{cu}} &\geqslant 0.9 f_{cu,k} \\ f_{cu,min} &\geqslant \lambda_2 f_{cu,k} \end{aligned} \tag{4-20}$$

式中 $S_{f_{cu}}$——同一验收批混凝土立方体抗压强度的标准差，N/ mm²，当 $s_{f_{cu}}$ 的计算值小于 $0.06f_{cu,k}$ 时，取 $s_{f_{cu}}=0.06f_{cu,k}$；

λ_1、λ_2——合格判定系数，按表4-23取用。

表4-23 合格判定系数

试件组数	10~14	15~24	≥25
λ_1	1.70	1.65	1.60
λ_2	0.90	0.85	

混凝土立方体抗压强度的标准差 $s_{f_{cu}}$ 可按式(4-21)计算：

$$s_{f_{cu}} = \sqrt{\frac{\sum_{i=1}^{n} f_{cu,i}^2 - n m_{f_{cu}}^2}{n-1}} \tag{4-21}$$

式中 $f_{cu,i}$——第 i 组混凝土试件的立方体抗压强度值(N/ mm²)；

n——一个验收批混凝土试件的组数。

4.6.2 非统计方法评定

该种方法适用于零星生产的预制构件混凝土或现场搅拌批量不大的混凝土，这种情况下因试件数量有限，不具备按统计方法评定混凝土强度的条件。

按非统计方法评定混凝土强度时，其所保留强度应同时满足下式要求：

$$\begin{cases} m_{f_{cu}} \geqslant 1.15 f_{cu,k} \\ f_{cu,min} \geqslant 0.95 s_0 \end{cases} \tag{4-22}$$

4.6.3 混凝土强度的合格性判断

混凝土强度应分批进行检验评定，当检验结果能满足以上评定强度规定时，则该批混凝土判为合格；当不能满足上述规定时，该批混凝土强度判为不合格。对不合格批混凝土制成的结构或构件，应进行鉴定，对不合格的结构或构件必须及时处理。当对混凝土试件强度的代表性有怀疑时，可采用从结构或构件中钻取试件的方法或采用非破损检验方法，按有关标准对结构或构件中混凝土的强度进行推定。对结构或构件拆模、出池、出厂、吊装、预应力筋张拉或放张，以及施工期间需短暂负荷的混凝土强度，应满足设计要求或现行国家标准的有关规定。

4.7 铁路客运专线用混凝土材料的技术要求

根据国务院批准的《中长期铁路网规划》，我国规划到2020年，中国铁路网总里程达到10万公里，这对促进国民经济持续快速增长，全面建设小康社会，是十分必要的。在规划中最主要的内容，就是建设客运专线，其到2020年的目标是：建成客运专线1万km，形成“四纵四横”客运专线骨架，建成环渤海圈、长江三角洲、珠江三角洲地区快速客运系统铁路2 000 km。通过建设客运专线和推进既有线提速，建成铁路快速客运网，实现2 000 km左右范围内夕发朝至,4 000 km 左右范围内一日到达。

依据客运专线建设理念,主体结构设计使用年限为100年,其结构用混凝土必须是和易性好、早强、高强、高体积稳定性和高耐久性的高性能混凝土,因此桥梁的基础、承台、墩身、墩帽和梁体,涵洞的基础、侧墙和盖梁,各种有砟和无砟道床、轨枕、电杆、路基支挡、隧道衬砌等客运专线主体结构都应使用高性能混凝土。为此,铁道部在《铁路混凝土施工质量验收补充标准》(铁建设[2005]160)中,对混凝土结构的抗碳化锈蚀、抗氯盐锈蚀、抗冻融破坏、抗裂性、抗碱—骨料反应、抗化学侵蚀、抗磨蚀等长期性能的指标和控制、检测要求提出了较高的要求。

4.7.1 原材料要求

混凝土工程应采用质量密度为 2 200 ~2 550 kg/m^3 的混凝土。

1. 水泥

水泥宜选用硅酸盐水泥、普通硅酸盐水泥,水泥的混合材宜为矿渣或粉煤灰,有耐硫酸盐侵蚀要求的混凝土也可选用中抗硫酸盐硅酸盐水泥或高抗硫酸盐硅酸盐水泥,不宜使用早强水泥。水泥到场后不得露天堆放,不同种类的水泥应存储于不同库房。水泥由于受潮或其他原因而变质时,应及时运出场外。水泥的质量应符合国家现行标准和表 4 -24 的规定。

表 4 -24 水泥的技术要求

序 号	项 目	技术要求
1	比表面积	≤350m^2/kg(对硅酸盐水泥、抗硫酸盐水泥)
2	80 μm 方孔筛筛余	≤10.0%(对普通硅酸盐水泥)
3	游离 CaO 含量	≤1.0%
4	碱含量	≤0.80%
5	熟料中的 C_3A 含量	非氯盐环境下不应超过 8%
		氯盐环境下不应超过 10%
6	氯离子含量	不宜大于 0.10%(钢筋混凝土)
		≤0.06%(预应力混凝土)

注:①当骨料具有碱—硅酸反应活性时,水泥的碱含量不应超过 0.60%;

②C40 及以上混凝土用水泥的碱含量不宜超过 0.60%。

2. 细骨料

细骨料应选用级配合理、质地均匀坚固、吸水率低、空隙率小的洁净天然中粗河砂,也可选用专门机组生产的人工砂,不宜使用山砂,不得使用海砂。

配制混凝土时宜优先选用中级细骨料。当采用粗级细骨料时,应提高砂率,并保持足够的水泥或胶凝材料用量,以满足混凝土的和易性;当采用细级细骨料时,宜适当降低砂率。泵送混凝土、抗渗混凝土宜选用中级细骨料。

当所用细骨料的颗粒级配不符合要求时,应采取经试验证明能确保工程质量的技术措施后,方可允许使用。

细骨料的坚固性用硫酸钠溶液循环浸泡法检验,试样经 5 次循环后其质量损失不应大于8%。细骨料的吸水率不应大于 2%。

采用天然河砂配制混凝土时，砂中含泥量、泥块含量、云母、轻物质、有机物、硫化物及硫酸盐等有害物质的含量应符合表 4－25 的规定。

表 4－25　砂中有害物质含量限定

项　目	质量指标		
	< C30	C30 ~ C45	≥C50
含泥量(%)	≤3.0	≤2.5	≤2.0
泥块含量(%)	≤0.5		
云母含量(%)	≤0.5		
轻物质含量(%)	≤0.5		
Cl^- 含量(%)	≤0.02		
硫化物及硫酸盐含量(折算成 SO_3)(%)	≤0.5		
有机物含量(用比色法试验)	颜色不应深于标准色。如深于标准色，则应按水泥胶砂强度试验方法进行强度对比试验，抗压强度比不应低于 0.95		

当砂中含有颗粒状的硫酸盐或硫化物杂质时，应进行专门检验，确认能满足混凝土耐久性要求时，方能采用。

细骨料应采用砂浆棒法检验其碱活性，且砂浆棒的膨胀率应小于 0.10%，否则应按要求采取技术措施。

当采用以专门机组生产的人工砂或混合砂配制混凝土时，人工砂及混合砂经亚甲蓝试验判定后，石粉含量应符合表 4－26 的规定，压碎指标值应小于 25%。

表 4－26　人工砂及混合砂中石粉含量限值

混凝土强度等级		< C30	C30 ~ C45	≥C50
石粉含量(%)	MB < 1.40	≤10.0	≤7.0	≤5.0
	MB≥1.40	≤5.0	≤3.0	≤2.0

3. 粗骨料

粗骨料应选用级配合理、粒形良好、质地均匀坚固、线胀系数小的洁净碎石，也可采用碎卵石，不宜采用砂岩碎石。混凝土应采用二级或三级级配粗骨料。粗骨料应分级采购、分级运输、分级堆放、分级计量。其松散堆积密度应大于 1 500 kg/m^3，紧密空隙率宜小于 40%，吸水率应小于 2%（用于干湿交替或冻融环境条件下的混凝土应小于 1%）。

粗骨料应选用级配合理、粒形良好、质地均匀坚固、线胀系数小的洁净碎石，也可采用碎卵石，不宜采用砂岩碎石。

粗骨料的最大公称粒径不宜超过钢筋的混凝土保护层厚度的 2/3，在严重腐蚀环境条件下不宜超过钢筋的混凝土保护层厚度的 1/2 且不得超过钢筋最小间距的 3/4。配制强度等级 C50 及以上预应力混凝土时，粗骨料最大公称粒径（圆孔筛）不应大于 25 mm。

当粗骨料为碎石时，碎石的强度可用岩石抗压强度表示，且岩石抗压强度与混凝土强度等级之比不应小于 1.5。施工过程中碎石的强度可用压碎指标值进行控制，且应符合表 4－27 的规定。若粗骨料为碎卵石，碎卵石的强度应用压碎指标值表示，且应符合表 4－27 规定。

表 4－27 粗骨料的压碎指标

混凝土强度等级	<C30			≥C30		
岩石种类	沉积岩(水成岩)	变质岩或深成的火成岩	火成岩	沉积岩(水成岩)	变质岩或深成的火成岩	火成岩
碎 石	≤16	≤20	≤30	≤10	≤12	≤13
碎卵石	≤16			≤12		

注:沉积岩(水成岩)包括石灰岩、砂岩等,变质岩包括片麻岩、石英岩等,深成的火成岩包括花岗岩、正长岩、闪长岩和橄榄岩等,喷出的火成岩包括玄武岩和辉绿岩等。

粗骨料的坚固性可用硫酸钠溶液循环浸泡法进行检验,试样经 5 次循环后,其质量损失率应符合表 4－28 的规定。

表 4－28 粗骨料的坚固性指标

结构类型	混凝土结构	预应力混凝土结构
重量损失率(%)	≤8	≤5

粗骨料中的有害物质含量应符合表 4－29 的规定。

表 4－29 粗骨料的有害物质含量(%)

项 目 \ 强度等级	<C30	C30～C45	>C50
含泥量(%)	≤1.0	≤1.0	≤0.5
泥块含量(%)	≤0.25		
针、片状颗粒总含量(%)	≤10	≤10	≤8
硫化物及硫酸盐含量(折算成 SO_3)(%)	≤0.5		
Cl^- 含量(%)	≤0.02		
碎卵石中有机质含量(用比色法试验)	颜色不应深于标准色。当深于标准色时,应配制成混凝土进行强度对比试验,抗压强度比不应小于 0.95		

4. 水

混凝土养护用水除不溶物、可溶物可不作要求外,其他质量要求应与拌和用水一致。养护用水不得采用海水。详细规定见表 4－30。

表 4－30 混凝土用水要求

项 目	预应力混凝土	钢筋混凝土	素混凝土
pH 值	>4.5	>4.5	>4.5
不溶物(mg/L)	<2 000	<2 000	<5 000
可溶物(mg/L)	<2 000	<5 000	<10 000
氯化物(以 Cl^- 计)(mg/L)	<500	<1 000	<3 500
硫酸盐(以 SO_4^{2-} 计)(mg/L)	<600	<2 000	<2 700
碱含量(以当量 Na_2O 计)(mg/L)	<1 500	<1 500	<1 500

5. 外加剂

外加剂应采用减水率高、坍落度损失小、适量引气、质量稳定、能满足混凝土耐久性能的产品。当将不同功能的多种外加剂复合使用时，外加剂之间以及外加剂与水泥之间应有良好的适应性。宜选用多功能复合外加剂。

6. 矿物掺和料

混凝土中宜适量掺加符合技术要求的粉煤灰、磨细矿渣粉或硅灰等矿物掺和料。矿物掺和料应选用品质稳定的产品。在运输和存储过程中应有明显标志，严禁与水泥等其他粉状材料混淆。不同矿物掺和料的掺量应根据混凝土的施工环境条件特点、拌和物性能、力学性能以及耐久性要求通过试验确定。

混凝土所用的原材料应按品种、规格和检验状态分别标识存放。

4.7.2　配 合 比

混凝土应根据强度等级、耐久性等设计要求和原材料品质以及施工工艺、可能的环境条件变化等进行多组配合比设计。配合比选定试验应提前进行，留出足够的时间进行配合比调整。当混凝土所用的原材料、施工工艺及环境条件等发生变化时，必须重新选定配合比。选定配合比时对于混凝土的抗裂性应进行对比试验。混凝土拌制前，应测定砂、石含水率，并根据测试结果和理论配合比，提出施工配合比。对首盘混凝土的坍落度、含气量、泌水率、水胶比和拌和物温度等应进行测试鉴定。

混凝土的强度等级必须符合设计要求。预应力混凝土、喷射混凝土、蒸汽养护混凝土的抗压强度标准条件养护试件的试验龄期为 28 d，其他混凝土抗压强度标准条件养护试件的试验龄期为 56 d。

混凝土的最大水胶比和单方混凝土胶凝材料的最低用量应满足设计要求。当设计无具体要求时，应符合表 4－31 的规定。当化学侵蚀介质为硫酸盐时，混凝土的胶凝材料还应符合表 4－32 的规定。

表 4－31　最大水胶比和最小胶凝材料用量限定

环境类别	环境作用等级	普通混凝土和预应力混凝土						素混凝土					
		设计使用年限级别											
		一(100年)		二(60年)		三(30年)		一(100年)		二(60年)			三(30年)
		最大水胶比	最小胶凝材料用量	最大水胶比	最小胶凝材料用量	最大水胶比	最小胶凝材料用量	最大水胶比	最小胶凝材料用量	最大水胶比	最小胶凝材料用量	最大水胶比	最小胶凝材料用量
碳化环境	T1	0.55	280	0.60	260	0.65	260	0.60	280	0.65	260	0.65	260
	T2	0.50	300	0.55	280	0.60	260	0.60	280	0.65	260	0.65	260
	T3	0.45	320	0.50	300	0.50	300	0.50	300	0.55	280	0.60	260
氯盐环境	L1	0.45	320	0.50	300	0.50	300	*	*	0.50	300	0.50	300
	L2	0.40	340	0.45	320	0.45	320	*	*	*	*	*	*
	L3	0.36	360	0.40	340	0.40	340	*	*	*	*	*	*
化学侵蚀环境	H1	0.50	300	0.55	280	0.60	260	0.50	300	0.55	280	0.60	260
	H2	0.45	320	0.50	300	0.50	300	*	*	0.50	300	0.50	300
	H3	0.40	340	0.45	320	0.45	320	*	*	*	*	*	*
	H4	0.36	360	0.40	340	0.40	340	*	*	*	*	*	*

续上表

环境类别	环境作用等级	普通混凝土和预应力混凝土						素混凝土					
		设计使用年限级别											
		一(100年)		二(60年)		三(30年)		一(100年)		二(60年)		三(30年)	
		最大水胶比	最小胶凝材料用量	最大水胶比	最小胶凝材料用量	最大水胶比	最小胶凝材料用量	最大水胶比	最小胶凝材料用量	最大水胶比	最小胶凝材料用量	最大水胶比	最小胶凝材料用量
冻融破坏环境	D1	0.50	300	0.55	280	0.60	260	0.55	280	0.60	260	0.65	260
	D2	0.45	320	0.50	300	0.50	300	0.50	300	0.55	280	0.60	260
	D3	0.40	340	0.45	320	0.45	320	*	*	0.50	300	0.50	300
	134	0.36	360	0.40	340	0.40	340	*	*	*	*	*	*
磨蚀	M1	0.50	300	0.55	280	0.60	260	*	*	*	*	*	*
磨蚀环境	M2	0.45	320	0.50	300	0.50	300	*	*	*	*	*	*
	M3	0.40	340	0.45	320	0.45	320	*	*	*	*	*	*

表4-32 硫酸盐侵蚀环境下混凝土胶凝材料的要求

环境作用等级	水泥品种	水泥熟料中的 C_3A 含量(%)	粉煤灰或磨细矿渣粉的掺量(%)	最小胶凝材料用量(kg/m^3)
H1	普通硅酸盐水泥	≤8	>120	300
	中抗硫酸盐硅酸盐水泥	≤5		300
H2	普通硅酸盐水泥	≤8	>125	330
	中抗硫酸盐硅酸盐水泥	≤5	>120	300
	高抗硫酸盐硅酸盐水泥	≤3		300
H3、H4	普通硅酸盐水泥	≤6	>130	360
	中抗硫酸盐硅酸盐水泥	≤5	>125	360
	高抗硫酸盐硅酸盐水泥	≤3	>120	360

4.7.3 耐久性要求

混凝土的耐久性可由电通量测试。混凝土的电通量是通过测定混凝土在直流电压作用下通过的电量值来评价不同原材料和配合比的混凝土氯离子渗透性能，也可用来间接评价混凝土的密实性。对所有有耐久性要求的混凝土应满足表4-33的规定。

表4-33 混凝土的电通量

设计使用年限级别		一(100年)	二(60年)、三(30年)
56 d电通量(C)	<C30	<2 000	<2 500
	C30~C45	<1 500	<2 000
	≥C50	<1 000	<1 500

当混凝土处于氯盐环境、化学侵蚀环境或冻融破坏环境时，混凝土的耐久性指标还应分别满足表4-34~表4-36的规定。

表 4－34 处于氯盐环境下混凝土的电通量

设计使用年限级别	一(100 年)		二(60 年)、三(30 年)	
环境作用等级	L1	L2、L3	L1	L2、L3
56 d 电通量(C)	<1 000	<800	<1 500	<1 000

表 4－35 处于化学侵蚀环境下混凝土的电通量

设计使用年限级别	一(100 年)		二(60 年)、三(30 年)	
环境作用等级	H1、H2	H3、H4	H1、H2	H3、H4
56d 电通量(C)	<1 200	<1 000	<1 500	<1 000

表 4－36 冻融破坏环境下混凝土的抗冻性

设计使用年限级别	一(100 年)	二(60 年)	三(30 年)
环境作用等级	D1、D2、D3、D4	D1. D2、D3、D4	D1、D2、D3、D4
抗冻等级(56d)	≥F300	≥F250	≥F200

4.8 其他混凝土

4.8.1 轻混凝土

普通混凝土的体积密度大(1 950～2 700 kg/m^3)是其一大弊病，自混凝土用于建筑近 200 多年来，人们一直不懈地探求降低混凝土自重的途径。随着混凝土技术的发展，强度高、密度小的轻混凝土已成为现代混凝土技术一大亮点。轻混凝土是指干体积密度不大于 1 950 kg/m^3 的混凝土。根据原料和制造工艺的不同特点，可分为轻骨料混凝土、加气混凝土和大孔混凝土，其中轻骨料混凝土是应用范围大、技术较为成熟的一种新型混凝土。

1. 轻骨料混凝土

轻骨料混凝土是指用轻粗骨料、轻砂(或普通砂)、水泥和水配制而成的干体积密度不大于 1 950 kg/m^3 的混凝土。为进一步改善轻骨料混凝土的各项技术性能，轻骨科混凝土中还常掺入各种化学外加剂和掺和料(如粉煤灰等)。

轻骨料混凝土是一种轻质、多功能的新型建筑材料，用于建筑工程，有利于减轻结构重量，改善保温隔热和吸声性能。

轻骨料混凝土中轻骨料的种类按其来源分为三类：工业废料轻骨料、天然轻骨料和人造轻骨料。其技术性质包括轻骨料的颗粒级配、粒型、堆积密度、筒压强度、吸水率及有害物质含量等。

轻骨料混凝土按细骨料品种分：有全轻混凝土和砂轻混凝土两类。全轻混凝土的全部粗细骨料均为轻骨料；砂轻混凝土的粗骨料为轻骨料，细骨料则为部分轻骨料加部分普通砂或全部为普通砂。按粗骨料品种分：有浮石混凝土、粉煤灰陶粒混凝土、黏土陶粒混凝土、页岩陶粒混凝土、膨胀矿渣珠混凝土等。按用途分：有保温轻骨料混凝土、结构保温轻骨料混凝土和结构轻骨料混凝土三类，见表 4－37。

表 4-37 轻骨料混凝土按用途分类

类别名称	混凝土强度等级的合理范围	混凝土密度等级的合理范围(kg/m^3)	用 途
保温轻骨料混凝土	LC5.0	≤800	主要用于保温的围护结构或热工构筑物
结构保温轻骨料混凝土	LC5.0、LC7.5、LC10、LC15	800~1400	主要用于既承重又保温的围护结构
结构轻骨料混凝土	LC15、LC20、LC25、LC30、LC35、LC40、LC45、LC50、LC60	1 400~1 900	主要用于承重构件或构筑物

轻骨料混凝土的技术性质包括和易性、抗压强度、强度等级、密度等级、弹性模量、收缩和徐变、导热性、抗冻性等。

2. 加气混凝土

加气混凝土是以含钙材料(水泥、石灰)、含硅材料(石英砂、粉煤灰、粒化高炉矿渣、页岩等)和发气剂为基本原料,经磨细、配料、搅拌、浇注、发泡、凝结、切割、压蒸养护而成的硅酸盐混凝土。

发气剂一般采用铝粉,在加入混凝土浆料中后,它与氢氧化钙发生反应产生氢气,形成许多分布均匀的微小气泡,使混凝土形成多孔结构。除用铝粉作发气剂外,还可以用双氧水、漂白粉等。

加气混凝土的品种主要有水泥矿渣砂加气混凝土、水泥石灰砂加气混凝土、水泥石灰粉煤灰加气混凝土。

加气混凝土的主要技术性质包括体积密度、孔隙率、抗压强度、导热系数等。

加气混凝土是多孔轻质材料,具有保温隔热、吸声、耐火等多种功能和易于加工、施工方便等优点。适用于墙体砌块、配筋隔墙板、配筋屋面板、屋面保温块和管道保温瓦等。

由于加气混凝土强度较低、耐水性差等缺点,若用于横墙承重墙体时,房屋的层数不得超过3层,总高度不超过10 m。当用于墙体时,应做饰面防护措施。不得用于建筑物基础以及处于浸水、高湿、化学侵蚀环境和表面温度高于80 ℃等部位。

3. 无砂大孔混凝土

无砂大孔混凝土是由粒径相近的粗骨料、水泥和水配制而成的一种轻混凝土。这种混凝土由于没有细骨料,水泥浆只是包裹在粗骨料表面,将它们胶结在一起,但不起填充空隙的作用,因而形成一种具有大孔结构的混凝土。

无砂大孔混凝土的体积密度为1 500~1 800 kg/m^3,抗压强度为3.5~10 MPa,导热系数小,保温性能好,吸湿性较小,透水性大,由于不存在毛细孔,故抗冻性好。

无砂大孔混凝土由于无砂,故水泥用量较少,一般1 m^3 混凝土只需150~250 kg水泥。水灰比宜小,一般为0.4~0.5,且应严格控制用水量,以免因浆稀导致水泥浆流淌沉入底部,造成上层骨料缺浆,使混凝土强度不匀,质量下降。

无砂大孔混凝土可用于现浇基础、勒脚和墙体,或制作空心砌块和墙板;可用作地坪材料和滤水材料,如排水暗管、井壁滤管等。

4.8.2 泵送混凝土

用泵输送施工的混凝土称为泵送混凝土。泵送混凝土是大流动性混凝土,坍落度应为100~180 mm。它适用于隧道混凝土、高层建筑的混凝土、大面积或大体积浇注的混凝土和其他混凝土的输送和浇灌。

泵送混凝土施工必须采用保水性好、泌水性小的水泥品种，其品质指标应符合《硅酸盐水泥、普通硅酸盐水泥》(GB175)等现行国家标准的规定。

泵送混凝土施工用细骨料除应符合本标准普通混凝土用砂的规定外，宜采用中砂，通过0.315 mm筛孔的砂应不小于15%。

泵送混凝土施工用粗骨料除应符合普通混凝土用石的规定外，还宜采用连续级配，其最大粒径与输送管道内径之比尚应符合下列规定：泵送高度在50 m以下时，碎石不宜大于1:3，卵石不宜大于1:2.5；泵送高度在50 m～100 m时，碎石不宜大于1:4，卵石不宜大于1:3；泵送高度在100 m以上时，碎石不宜大于1:5，卵石不宜大于1:4。

泵送混凝土配合比设计除应符合普通混凝土规定外，还应符合下列规定：

1. 泵送混凝土的压力泌水率S_{10}不宜大于40%。
2. 泵送混凝土的坍落度选用应考虑坍落度损失值。泵送混凝土入泵坍落度不宜小于80 mm；当泵送高度大于100 m时，不宜小于180 mm。
3. 泵送混凝土的水灰比宜为0.38～0.50。
4. 泵送混凝土的砂率宜为38%～45%。
5. 泵送混凝土的水泥用量(含掺和料)不宜小于300 kg/m^3。

4.8.3 水下混凝土

在地面上拌制，在水下灌注和硬化的混凝土称为水下灌注混凝土，简称水下混凝土。在桥墩、基础、钻孔桩等施工中采用水下混凝土，可以省去加筑围堰、基底防渗、基坑排水等辅助工程，从而可以缩短工期，降低成本。

水下混凝土的浇筑应在静水中进行，防止流水冲刷，并且需要采用特殊的竖向导管施工法，连续不间断地进行浇筑。导管使用前应进行充水加压检查。

水下混凝土施工用水泥除应符合规定外，其初凝时间不应早于2 h。水下混凝土施工用粗骨料除应符合普通混凝土规定外，宜采用连续级配，其最大粒径不应大于导管内径的1/4或钢筋净距的1/4(仅有单层钢筋时，则最大粒径不应大于钢筋净距的1/3)，且不宜大于60 mm。

水下混凝土配合比设计除应符合普通混凝土的规定外，其配制强度应较普通混凝土的配制强度提高10%～20%；水泥用量不宜小于350 kg/m^3；当掺用外加剂、掺和料时，水泥用量可减少，但不得小于300 kg/m^3。

水下混凝土的坍落度宜为180～220 mm，在可能与水接触的最初浇筑阶段，坍落度可适当减少。

4.8.4 抗渗混凝土

混凝土抗渗等级为P6以上的混凝土施工应采用普通抗渗混凝土、外加剂抗渗混凝土。当设计有要求时，可采用掺膨胀剂的抗渗混凝土或膨胀水泥抗渗混凝土。

抗渗混凝土应采用泌水少、水化热低的水泥。其品质指标应符合《硅酸盐水泥、普通硅酸盐水泥》(GB 175)等现行国家标准的规定。

抗渗混凝土施工用细骨料和粗骨料应符合普通混凝土规定。此外细骨料宜采用中砂，其含泥量不应大于3%，粗骨料宜采用连续粒级，其最大粒径不应大于40 mm；含泥量不应大于1%；泥块含量不应大于0.25%。

抗渗混凝土的配合比设计除应符合普通混凝土规定外,抗渗试验时,其抗渗压力应比设计要求提高0.2 MPa,水胶比不应大于0.60。

抗渗混凝土终凝后,应立即进行湿润养护,养护时间不得少于14 d。

4.8.5 喷射混凝土

喷射混凝土是用压缩空气喷射施工的混凝土。它是将水泥、砂、细石子和速凝剂配合拌成干料装入喷射机,借助高压气流使干料通过喷头与水迅速拌和,以很高的速度喷射到施工面上,使混凝土与施工面紧密地黏结在一起,形成完整而稳定的混凝土衬砌层。

喷射混凝土具有较高的密实度和强度,抗压强度为25~40 MPa,与岩石的黏结力强,抗渗性能好,且一般不用或少用模板,施工简便,可在高空或狭小工作区内任意方向操作。在铁道工程中常用于隧道的喷锚支护、隧道衬砌层,桥梁、隧道的加固修补等,还可用于薄壁结构、岩石地下工程、矿井支护工程和修补建筑混凝土构件的缺陷等。

喷射混凝土应优先采用湿喷工艺。喷射混凝土应采用普通硅酸盐水泥,必要时可采用特种水泥。喷射混凝土宜随拌随用。其在运输、存放过程中不得淋雨、浸水及混入杂物。混凝土拌和物的停放时间不得大于30 min。

喷射混凝土所用细、粗骨料应符合普通混凝土的规定,此外细骨料细度模数应大于2.5,含泥量不应大于3%;粗骨料最大粒径不宜大于16 mm,并宜采用连续粒级,含泥量不应大于1%。

喷射混凝土所用液体速凝剂除应满足普通混凝土的规定外,尚应进行与水泥适应性和速凝效果的检验,其掺量不宜超过水泥质量的5%;水泥净浆初凝时间不应大于5 min,终凝时间不应大于10 min。喷射混凝土亦可按需要掺入其他外加剂,其掺量应通过试验确定。

喷射混凝土的配合比设计除应符合普通混凝土的规定外,其灰骨比宜为1:4~1:5;水灰比宜为0.40~0.50;砂率宜为45%~60%;水泥用量不宜小于400 kg/m^3,混凝土拌和物的坍落度宜为80~130 mm。

喷射混凝土终凝2 h后,应进行湿润养护。养护时间不得少于14 d。

4.8.6 特细砂混凝土

用细度模数小于1.6的砂拌制的特细砂混凝土仅可用于一般工程或附属工程,严禁用于梁、拱、高墩台和有抗冲刷、抗磨(水位变化范围)、抗冻、抗渗和抗腐蚀要求的工程。其强度必须符合设计要求。

特细砂混凝土的最小水泥用量不得少于250 kg/m^3。

特细砂混凝土用特细砂和粗骨料应符合普通混凝土的规定,此外特细砂中不得含有泥块,含泥量不应大于5%,粗骨料则宜采用二级级配或三级级配。

特细砂混凝土的配合比设计除应符合普通混凝土的规定外,尚应符合下列规定:

1. 宜采用砂浆剩余系数法进行设计。
2. 采用低砂率,其砂率宜为中、细砂混凝土砂率的70%~85%。
3. 采用低坍落度,坍落度不宜大于30 mm。

特细砂混凝土浇筑完毕后,应在12 h以内进行潮湿养护。特细砂混凝土保持湿润状态的养护时间应比普通混凝土延长7d。

4.8.7 高性能混凝土

为了更好地应用高强混凝土，在《普通混凝土配合比设计规程》(JGJ 55—2000)中对高强混凝土的配制作出了下列的规定：以耐久性作为设计指标，强度等级在 C50 及以上，具有高工作性、高抗渗性、高耐久性和体积安定性的混凝土，应按设计和高性能混凝土施工技术要求，制订专门的施工技术方案。

高性能混凝土所用原材料在满足普通混凝土的要求下，尚应满足以下要求：

1. 水泥应采用不低于 42.5 级的普通硅酸盐水泥或硅酸盐水泥。

2. 细骨料尚应选用质地坚硬，级配良好的中、粗河砂，其细度模数应大于 2.6，含泥量应小于 1.5%。配制 C80 以上的超高强度、高性能混凝土时，其含泥量应小于 1.0%。

3. 应选用级配良好的石灰岩、花岗岩、辉绿岩等碎石或卵石。岩石的抗压强度应比所配制的高性能混凝土抗压强度高 50% 以上。宜采用二级级配，其最大粒径不宜大于 25 mm，针片状颗粒含量应小于 5%，不得混入风化颗粒，含泥量不应大于 0.5%。配制 C80 以上的超高强度混凝土时，粗骨料最大粒径不宜大于 20 mm，含泥量应小于 0.5%。

4. 高性能混凝土所用的高效减水剂应与所选用的水泥之间有在较低掺量时减水率大于 20%、坍落度经时损失小等良好的适应性。

5. 高性能混凝土用矿物外加剂，应根据配制高性能混凝土的技术要求选择其品种，并按批对细度、含水率、需水量比、抗压强度比进行检验，其性能指标应符合《高强高性能混凝土用矿物外加剂》的有关规定。

高性能混凝土配合比设计应首先考虑混凝土的耐久性要求，其水胶比[水/(水泥 + 活性超细粉 + 膨胀剂)]应控制在 0.25 ~ 0.38 范围内；砂率宜为 28% ~ 34%（当采用泵送工艺时，宜为 34% ~ 44%）；水泥用量不宜大于 500 kg/m^3；胶凝材料总量不宜大于 600 kg/m^3；活性超细粉等量取代水泥的最大用量应符合下列要求：磨细矿渣≤70%；粉煤灰≤30%；硅灰≤10%；磨细天然沸石≤10%；复合矿物外加剂≤50%；在有硫酸盐侵蚀的条件下，超细矿渣的掺量一般不大于 65%；粉煤灰、沸石粉及偏高岭土复合的活性超细粉掺量一般不大于 30%。

高性能混凝土使用具有潜在碱—硅酸盐反应活性骨料时，其总碱含量应小于 3 kg/m^3；氯离子含量不得大于水泥用量的 0.2%，在潮湿环境或有侵蚀性离子条件下，氯离子含量不得大于水泥用量的 0.1%，预应力混凝土氯离子含量不得大于水泥用量的 0.06%。

高性能混凝土浇筑完毕后，应立即用塑料布或草帘子覆盖，并在混凝土终凝后立即进行洒水养护。养护期不应少于 14 d。

4.8.8 大体积混凝土

大体积混凝是指土混凝土结构物实体最小尺寸等于或大于 1 m，或易由温度应力引起裂缝的混凝土，应按设计和大体积混凝土施工技术要求，制定专门的施工技术方案。

大体积混凝土施工应采用低水化热水泥和低水泥用量，必要时可掺用适量粉煤灰和缓凝减水剂；或采取降低拌和物温度和埋设循环冷却水管等措施。

大体积混凝土浇筑完毕后，应在养护期间测定混凝土表面和内部的温度，其拆模温差应符合设计要求。当设计未提出要求时，温差不宜大于 25 ℃。

混凝土浇筑完毕后，应及时采取养护措施。其养护时间可按表 4 - 38 控制。

表 4－38　大体积混凝土养护时间

序号	水泥品种	养护时间(d)
1	硅酸盐水泥、普通硅酸盐水泥	14
2	火山灰质硅酸盐水泥、矿渣硅酸盐水泥、低热微膨胀水泥、矿渣硅酸盐大坝水泥	21
3	现场掺粉煤灰的水泥	

思考练习题

1. 普通混凝土由哪四种材料组成,各组成材料在混凝土中起什么作用?

2. 对普通混凝土的细骨料和粗骨料各有哪些方面的技术要求?

3. 混凝土用的砂石中有哪些有害杂质,它们对混凝土的质量有何不良影响?

4. 什么叫砂石的级配,砂石级配的好与差,对混凝土的质量有何影响? 砂石级配的好与差如何评定?

5. 砂石的粗细程度各用什么表示? 拌制混凝土用的砂石宜粗还是宜细? 为什么? 有什么具体的规定?

6. 用 500 g 干砂做筛分试验,各筛筛余量如下表所示:

筛孔尺寸(mm)	4.75	2.36	1.18	0.6	0.3	0.15	<0.15
筛余量(g)	25	50	100	125	100	75	25

(1)计算各筛上的分计筛余率和累计筛余率(可列表)。

(2)判别该砂所属级配区? 级配情况如何? 并说明理由。

(3)计算细度模数,判别该砂的粗细级别。

7. 什么是混凝土拌和物的工作性? 它包含哪些含义和要求? 分别如何评定? 所谓工作性好的混凝土拌和物应达到什么要求?

8. 混凝土的坍落度是如何测定的?

9. 影响混凝土拌和物和易性的因素有哪些? 其影响如何?

10. 需要增大混凝土拌和物流动性时,下列办法是否可行? 并分别说明其理由。

(1)多掺些水。

(2)增大水灰比。

(3)保持水灰比不变,增加水泥浆。

(4)掺入减水剂。

(5)掺入引气剂。

11. 什么叫混凝土的砂率,砂率过大或过小对混凝土的和易性有何影响? 为什么? 什么样的砂率才是合理砂率?

12. 什么是混凝土的立方体抗压强度? 什么是混凝土强度的标准值?

13. 混凝土的强度等级是如何划分的? 有哪些强度等级?

14. 影响混凝土强度的因素有哪些?

15. 水灰比对混凝土的强度有何影响？其原理是什么？兼论拌制混凝土时为什么不能多加水？

16. 养护期的温度和湿度对混凝土强度的发展有何影响？兼论混凝土灌注完毕后应如何正确养护？否则会出现什么问题？

17. 测定混凝土强度时，规定的标准试块为多大？如果采用非标准试块，应如何换算？其原理是什么？

18. 某建筑用42.5R级普通水泥(设强度富余系数为1.06)，拌制C30碎石混凝土，配制强度为38.2 MPa，试按强度要求计算混凝土的水灰比。

19. 测得两组混凝土试块的破坏荷载如下表，试计算每个试块的强度和每组试块强度的代表值。

组　别	试块尺寸(cm)	破坏荷载(kN)		
		1	2	3
第1组	15×15×15	640	540	692
第2组	10×10×10	202	226	193

20. 要使混凝土早强，可以采用哪些措施？

21. 什么是混凝土的耐久性？如何提高混凝土的耐久性？

22. 为什么要规定混凝土的最大水灰比和最小水泥用量？如何应用？

23. 常用的混凝土外加剂有哪些类别，各有何作用？

24. 混凝土减水剂的作用原理是什么？有哪些常用的类型和品种？在哪些情况下需要使用？

25. 混凝土早强剂有何作用？有哪些主要品种？在哪些情况下需要使用？

26. 混凝土引气剂有何作用？有哪些主要品种？在哪些情况下需要使用？

27. 混凝土配合比设计的任务是什么？要达到哪些要求？要掌握好哪几个参数？要经过哪几个过程？有了计算配合比，为什么还要做设计配合比和施工配合比？

28. 试述混凝土计算配合比设计的步骤和方法。

29. 混凝土的配制强度是怎样确定的？如何利用鲍罗米公式计算混凝土所应取的水灰比？

30. 混凝土配合比计算的体积法和质量法的原理是什么？如何应用？

31. 施工时，如何根据混凝土的设计配合比和现场砂石和含水率进行施工称料量的计算。

5

建筑砂浆

【学习目标】通过本章的学习，要求掌握建筑砂浆的组成材料、技术性质、配合比计算等内容。

建筑砂浆是由胶结材料、细骨料、掺加料和水配制而成的工程材料，在砌筑工程中起黏结、衬垫和传递应力的作用。由于砂浆中没有粗骨料，可认为砂浆是一种细骨料混凝土，因此有关混凝土的各种基本规律，原则上也适用于砂浆。

建筑砂浆是一种用量大、用途广的建筑材料，主要用于：

(1)砌筑砖、石、砌块等构成砌体；

(2)作为墙面、柱面、地面等的砂浆抹面；

(3)内、外墙面的装饰抹面；

(4)作为砖、石、大型墙板的勾缝；

(5)用来镶贴大理石、水磨石、面砖、马赛克等贴面材料。

由上可见，砂浆在使用时的特点是铺设层薄；多与多孔吸水的基面材料相接触；强度要求不高。

建筑砂浆按用途不同，分为砌筑砂浆、抹面砂浆及特殊用途砂浆。按所用胶结材料不同，分为水泥砂浆、石灰砂浆和水泥石灰混合砂浆等。

5.1 建筑砂浆的组成材料

5.1.1 胶结材料

建筑砂浆常用的胶结材料有水泥、石灰、石膏等。在选用时应根据使用环境、用途等合理选择。在干燥条件下使用砂浆时，既可选用气硬性胶凝材料，又可选用水硬性胶凝材料；但在潮湿环境或水中使用砂浆时，则必须选用水泥作为胶结材料。

用于砌筑砂浆的水泥，其强度等级应根据砂浆强度等级进行选择，并应尽量选用中、低等级的水泥。水泥强度应为砂浆强度的4～5倍为宜，水泥强度过高，将使砂浆中的水泥用量不足而导致保水性不良。水泥砂浆采用的水泥等级，不宜大于32.5级；水泥混合砂浆采用的水泥等级，不宜大于42.5级。

5.1.2 砂(细骨料)

建筑砂浆用砂(细骨料)，原则上应符合混凝土用砂的技术要求。由于砂浆铺设层较薄，应对砂的最大粒径加以限制。对于毛石砌体宜选用粗砂，其最大粒径应小于砂浆层厚度的

1/4～1/5;对于砌体砂浆宜选用中砂,其最大粒径不应大于2.5 mm;对于抹面用的砂浆应采用洁净的中砂,其最大粒径不应大于1.25 mm。为了保证砂浆的质量,对砂中的含泥量应有所限制。砂的含泥量不应超过5%。强度等级为M2.5的水泥混合砂浆,砂的含泥量不应超过10%。

5.1.3 掺和料

为改善砂浆的和易性常在砂浆中加入无机的微细颗粒掺和料(掺入量大于水泥质量的5%),如石灰膏、黏土膏及磨细粉煤灰等。

1. 石灰膏

石灰膏作为掺加料,在砌筑砂浆中主要起塑化作用,可以改善砂浆的和易性。石灰膏应用孔径不大于3 mm×3 mm的筛网过筛,熟化时间不得少于7 d。沉淀池中贮存的石灰膏,应采取防止干燥、冻结和污染的措施。严禁使用脱水硬化的石灰膏。消石灰粉不得直接用于砌筑砂浆中。可以使用磨细的生石灰,其细度用0.08 mm筛的筛余量不应大于15%,且熟化时间不得少于2d。

2. 电石膏

电石膏是电石消解后经过滤后的产物。制作电石膏的电石渣应用孔径不大于3 mm×3 mm的筛网过滤,检验时应加热至70 ℃并保持20 min,没有乙炔气味时,方可使用。

3. 黏土膏

在干燥环境下使用较低强度的砌筑砂浆时,可以用黏土膏作掺和料,拌制水泥黏土混合砂浆。黏土膏应选用颗粒细、黏性好、含砂量少、含有机物少的黏土或亚黏土,事先用搅拌机搅拌,通过孔径不大于3 mm×3 mm的筛网,再化成膏状。

4. 粉煤灰

掺用粉煤灰可以改善砂浆的和易性,还可以取代一部分水泥和石灰,从而节省水泥用量,但粉煤灰的品质指标应符合(GB 1596—91)的要求。

5.1.4 外加剂

在混凝土拌和物中,掺入量一般不大于水泥质量的5%,能改善混凝土拌和物或硬化后混凝土性质的材料,称为外加剂。

与混凝土中掺加外加剂一样,为了改善砂浆的和易性,还可以掺入一些塑化剂,如微沫剂、皂化松香、纸浆废液等有机塑化剂。微沫剂和皂化松香都是用松香和工业纯碱熬制而成的,掺入砂浆中搅拌时,会形成许多微小的气泡,使砂浆流动性增大,和易性变好,并且节省一半的石灰。微沫剂的掺量为水泥用量的0.005%～0.01%,皂化松香和纸浆废液的掺量为水泥用量的0.1%～0.3%。但应经砂浆性能试验合格后,方可使用。

5.1.5 水

对水质的要求,与混凝土对水的要求基本相同,凡可饮用的水均可拌制砂浆,未经试验鉴定的污水不得使用。

5.2 砂浆的技术性质

5.2.1 和易性

同混凝土一样,新拌砂浆应具有良好的和易性。砂浆的和易性是指新拌制的砂浆是否便于施工操作,并能保证质量的综合性质。和易性好的砂浆可以比较容易地在砖石表面上铺成均匀连续的薄层,且与底面紧密地黏结,保证工程质量。因此,新拌砂浆的和易性应包括流动性和保水性两方面的含义。

1. 流动性(稠度)

砂浆的流动性是指砂浆在自重或外力作用下流动的性能,又称稠度。

砂浆流动性的大小以沉入度表示,即砂浆稠度测定仪的圆锥体沉入砂浆内深度的毫米数。圆锥沉入深度越大,砂浆的流动性越大。流动性过大,砂浆易分层、析水;流动性过小,则不便施工操作,灰缝不易填充,所以新拌砂浆应具有适宜的稠度。

影响砂浆流动性的因素有:

(1)所用胶结材料种类及数量;

(2)掺和料的种类与数量;

(3)砂的粗细与级配;

(4)用水量;

(5)塑化剂的种类与掺量;

(6)搅拌时间等。

可见,当原材料确定后,流动性的大小主要取决于用水量。因此,施工中常以调整用水量的方法来改变砂浆的稠度。

根据《砌筑砂浆配合比设计规程》(JGJ 98—2000),砌筑砂浆的稠度应按表 5-1 的规定选用。

2. 保水性

保水性是指新拌砂浆保持水分的能力。保水性好的砂浆在存放、运输和使用过程中,能很好地保持水分不致很快流失,各组分不易分离,在砌筑过程中容易铺成均匀密实的砂浆层,能使胶结材料正常水化,最终保证工程质量。

加大胶结材料的数量,掺入适量的掺和料(石灰膏、黏土膏、磨细粉煤灰等),采用较细砂并加大掺量等办法都可以有效地改善砂浆的保水性。为此《砌筑砂浆配合比设计规程》(JGJ 98—2000)中规定;水泥砂浆中水泥用量不应小于 200 kg/m^3;水泥混合砂浆中水泥和掺加料总量宜在 300 ~ 350 kg/m^3 之间。

砂浆的保水性用分层度试验测定,将新拌砂浆测定其稠度后,再装入分层度测定仪中,静置 30 min 后取底部 1/3 砂浆再测其稠度,两次稠度之差值即为分层度(以 mm 表示)。分层度不得大于 30 mm。分层度过大,砂浆容易泌水、分层或水分流失过快,不便于施工。但分层度也不宜过小,分层度过小,砂浆干稠不易操作,不能保证工程质量。故砂浆的分层度不宜小于 10 mm。

表 5-1　砌筑砂浆的稠度(JGJ 98—2000)

砌体种类	砂浆稠度(mm)
烧结普通砖砌体	70~90
轻骨料混凝土小型空心砌块砌体	60~90
烧结多孔砖,空心砖砌体	60~80
烧结普通砖平拱式过梁 空斗墙,筒拱 普通混凝土小型空心砌块砌体 加气混凝土砌块砌体	50~70
石砌体	30~50

5.2.2　抗压强度及强度等级

砌筑砂浆在砌体中将砖石黏结成为整体,起传递荷载作用,并经受环境介质的作用。因此,砌筑砂浆除新拌制后应具有良好的和易性外,硬化后还应具有一定的强度。

砌筑砂浆的强度等级是以边长为 70.7 mm 的立方体试件,在标准养护条件下,用标准试验方法测得 28 d 龄期的抗压强度值(MPa)来确定的。根据《砌筑砂浆配合比设计规程》(JGJ 98—2000)规定:砌筑砂浆的强度等级分为 M20、M15、M10、M7.5、M5、M2.5 六个等级。

砌筑砂浆的实际强度除受砂浆本身的组成材料及配合比影响外,还与基层的吸水性能有关。

1. 砌石砂浆(不吸水基层)

砌石砂浆是指铺设在不吸水的密实基底上的砂浆。影响砌石砂浆强度的因素与混凝土基本相同,主要取决于水泥的强度和灰水比,可用式(5-1)表示:

$$f_m = Af_{ce}\left(\frac{C}{W} - B\right) \tag{5-1}$$

式中　f_m——砂浆 28 天的抗压强度,MPa;

f_{ce}——水泥的实测强度,MPa;

C/W——灰水比;

A、B——经验系数,用普通水泥时 $A=0.29$,$B=0.4$。

2. 砌砖、多孔砌块砂浆(吸水基层)

砌砖砂浆是指铺设在吸水的多孔基底上的砂浆。虽然砂浆具有一定的保水性,但因基底材料吸水能力很强,砂浆中的一部分水被基底吸去。虽然拌和水量不同,但经基底吸水后保留在砂浆中的水分却大致相同。因而,砌砖砂浆的强度主要取决于水泥的强度及水泥用量,而与拌和水量无关。强度计算按式(5-2)计算:

$$f_m = \frac{\alpha f_{ce} Q_c}{1\,000} + \beta \tag{5-2}$$

式中　f_{ce}——水泥的实测强度,MPa;

Q_c——1 m^3 砂浆的水泥用量,kg/m^3;

α、β——砂浆的特征系数,各地区可用本地区的试验值,但统计用的试验组数不得少于 30 组。无试验值时,可按表 5-2 采用。

表 5-2 α、β 系数值

砂浆品种	α	β	砂浆品种	α	β
水泥混合砂浆	3.03	-15.09	水泥砂浆	1.03	3.50

当水泥的实测强度值无法取得时，可按式(5-3)计算 f_{ce}：

$$f_{ce}=\gamma_c \cdot f_{ce,g} \tag{5-3}$$

式中 $f_{ce,g}$——水泥强度等级对应的强度值，MPa；

γ_c——水泥强度等级值的富余系数，该值应按实际统计资料确定。无统计资料时 γ_c 可取 1.0。

5.2.3 黏结强度

砂浆对于砖石应有足够的黏结力，以便能将砖石黏结成坚固的砌体。

砂浆的黏结力随其强度增大而增大，又与砖石的表面粗糙程度、清洁程度、湿润程度、养护条件有关。因此，为保证砂浆有足够的黏结力，所选砂浆的强度不能过低，砖石表面应该洁净，砖在使用前要浇水润湿，宜使砖内含水率在 10% ~15% 左右，以保证砌体的质量。

5.3 砌筑砂浆的配合比计算

5.3.1 砂浆配合比计算的基本要求

1. 砂浆拌和物的和易性应满足施工要求。
2. 砂浆的强度、耐久性应满足设计要求。
3. 砂浆拌和物的体积密度：水泥砂浆宜大于或等于 1 900 kg/m^3，水泥混合砂浆宜大于或等于 1 800 kg/m^3。
4. 经济上要求合理，控制水泥及掺和料的用量，降低成本。

5.3.2 砂浆的配合比计算

根据《铁路混凝土与砌体工程施工质量验收标准》(TB 10424—2003)，砂浆配合比设计按下列步骤进行：

1. 确定砂浆的配制强度 $f_{m,0}$

考虑施工中的质量波动情况，为使砂浆具有 95% 的强度保证率，以满足强度等级要求，砂浆的配制强度应按式 (5-4)计算：

$$f_{m,0}=f_2+0.645\sigma \tag{5-4}$$

式中 $f_{m,0}$——砂浆的配制强度，MPa，精确至 0.1 MPa；

f_2——砂浆设计强度等级值，MPa；

σ——砂浆现场强度标准差，MPa，精确至 0.01 MPa。

砂浆现场强度标准差应按下式确定：

(1)当有统计资料时，可按式 (5-5)计算：

$$\sigma=\sqrt{\frac{\sum_{i=1}^{n}f_{mi}^2-N\mu_{f_m}^2}{N-1}} \tag{5-5}$$

式中 f_{mi}——统计周期内同一品种砂浆第 i 组试件的强度，MPa，精确至 0.1 MPa；

μ_{f_m}——统计周期内同一品种砂浆 N 组试件强度的平均值，MPa，精确至 0.1 MPa；

N——统计周期内同一品种砂浆试件的总组数，$N \geqslant 25$。

(2) 当不具有近期统计资料时，其砂浆现场强度标准差 σ 可按表 5－3 取用。

表 5－3　砂浆强度标准差 σ 选用值(MPa)(TB 10424—2003)

施工水平＼砂浆强度	砂浆强度等级			
	M5.0	M7.5	M10.0	M15.0
优　良	1.00	1.50	2.00	3.00
一　般	1.25	1.88	2.50	3.75
较　差	1.50	2.25	3.00	4.50

2. 确定砂浆的水灰比

砂浆的水灰比可按式(5－6)计算：

$$\frac{W}{C} = \frac{0.7 f_{ce}}{f_{m0} + 0.71 \times 0.91 f_{ce}} \tag{5-6}$$

式中 W/C——砂浆的水灰比；

0.71，0.91——回归系数；

f_{ce}——水泥 28 d 抗压强度实测值，MPa，精确至 0.1 MPa。

当无水泥实测强度数据时可按式(5－7)计算 f_{ce}：

$$f_{ce} = \gamma_c \cdot f_{ce,g} \tag{5-7}$$

式中 γ_c——水泥强度等级 28 d 抗压强度标准值的富余系数，该值应按实际统计资料确定，无统计资料时 f_c 可取 1.0；

$f_{ce,g}$——水泥 28 d 抗压强度标准值，MPa。

3. 确定砂浆的用水量

砂浆的用水量可按表 5－4 选用。

表 5－4　砂浆用水量(kg/m³)

下沉深度(mm)＼砂的规格	粗　砂	中　砂	细　砂
10～20	200～210	210～230	220～240

4. 确定砂浆的水泥用量

砂浆的水泥用量可按式 (5－8)计算：

$$m_c = \frac{m_w}{W/C} \tag{5-8}$$

式中 m_c——砂浆的水泥用量，kg/m³；

m_w——砂浆的用水量，kg/m³。

5. 确定砂浆的砂子用量

砂浆的砂子用量，当采用质量法确定时应按式 (5－9)计算：

$$m_s = m_{mp} - m_w - m_c \tag{5-9}$$

式中 m_s——砂浆的砂子用量，kg/m³；

m_{mp}——砂浆拌和物假定质量,其值可取 1 950 ~ 2 100 kg/m³。

6. 砂浆配合比的试配、调整与确定

(1)砂浆试配时应采用工程中实际使用的材料,按计算配合比进行试拌,并测定其拌和物的稠度。当不能满足要求时,应在保证水灰比不变的条件下相应调整用水量或砂用量,直到符合要求为止,然后提出砂浆基准配合比。

(2)砂浆试配时至少应采用三个不同的配合比,其中一个为按前述方法得出的基准配合比,另外两个的水灰比宜较基准配合比分别增加及减少 0.05,其用水量与基准配合比基本相同。

(3)当不同水灰比的砂浆拌和物稠度与实际要求相差超过允许偏差时,可以采用增、减用水量进行调整。

(4)三个不同的配合比进行调整后,每种配合比至少制作一组(6 块)试件,经标准养护至 28 d 后试压,并选定符合强度要求且水泥用量较少的砂浆配合比为确定的砂浆配合比。

5.3.3 砂浆配合比计算例题

某铁路石砌挡土墙需用 M10 水泥砂浆,要求沉入度 10 ~ 20 mm,使用 32.5 级矿渣水泥,河砂 $M_x = 2.60$(中砂),砂浆拌和物假定质量为 1 990 kg/m³。施工水平一般,试计算砂浆的配合比。

1. 砂浆的配制强度:由查表 5 - 3 查得 $\sigma = 2.5$ MPa,利用式(5 - 4)有

$$f_{m,0} = f_2 + 0.645\,\sigma = 10 + 0.645 \times 2.5 = 11.6\ \text{MPa}$$

2. 砂浆的水灰比由公式(5 - 6)计算:

$$f_{ce} = \gamma_c \cdot f_{ce,g} = 1.0 \times 32.5 = 32.5\ \text{MPa}$$

$$\frac{W}{C} = \frac{0.7 f_{ce}}{f_{m0} + 0.71 \times 0.91 f_{ce}} = \frac{0.7 \times 32.5}{11.6 + 0.71 \times 0.91 \times 32.5} = 0.698$$

$$\frac{C}{W} = 1.43$$

3. 用水量:查表 5 - 4,由 $M_x = 2.60$(中砂),取 $m_w = 220$ kg/m³。

4. 水泥用量由公式计算:

$$m_c = \frac{m_w}{W/C} = \frac{220}{0.698} = 315\ \text{kg/m}^3$$

5. 砂浆的砂子用量由公式计算:

$$m_s = m_{mp} - m_w - m_c = 1\,990 - 220 - 315 = 1\,455\ \text{kg/m}^3$$

6. 初步配合比如下:

1m³砂浆用料(kg)	水 泥	砂	水
	315	1455	220
质 量 比	1:4.62:0.698		

7. 以上计算需经试配调整与确定,并应根据砂的含水率进行用料量的调整。

思考练习题

1. 新拌砂浆和易性的含义是什么？
2. 砂浆保水性不良对工程质量有何影响？
3. 配制砂浆时为什么除水泥外常常掺入适量的掺和料？
4. 简述砌筑砂浆的配合比设计方法。

6

沥青材料

【学习目标】通过本章的学习,了解沥青材料的基本组成,掌握石油沥青的技术性质,了解沥青材料、防水卷材、防水涂料和密封材料的组成、性能及其应用。

6.1 沥　　青

沥青是一种有机胶凝材料,常温下呈黑色或暗黑色固体、半固体或黏稠状物,它是由高分子碳氢化合物及其非金属(氧、氮、硫等)衍生物组成的混合物。能溶于多种有机溶剂,完全溶解于二硫化碳。沥青具有憎水性、不透水、不导电、耐腐蚀等优良性能,与钢、木、砖、石、混凝土等材料有良好的黏结性。在土建工程中,沥青主要作为防水、防潮、防腐材料和胶凝材料,广泛应用于铁路桥梁、道路工程、涵洞、建筑屋面、地下室的防水工程以及防腐工程中,是土建工程不可或缺的材料。

沥青根据产源不同,分为地沥青和焦油沥青两大类:地沥青包括在地下直接开采的天然沥青和石油加工后所剩残渣的石油沥青;焦油沥青是指先将煤、木、页岩、泥炭中的有机物干馏得到焦油,再经提炼加工后所剩的残渣,有煤沥青、木沥青、页岩沥青、泥炭沥青等。

土建工程中主要使用石油沥青和煤沥青两类。

6.1.1 石油沥青

石油沥青是非常复杂的烃类和非烃类的混合物,是石油中相对分子量最大、组成及结构最复杂的组分,除了碳、氢两种元素外,还有少量的硫、氮、氧非金属元素及钒、镍、铁、钠、钙等微量金属元素。石油沥青是由原油经蒸馏提炼出汽油、煤油、柴油和机油后的残渣,再经处理而得到的制品。

1. 石油沥青的分类

石油沥青按不同的分类标准,有诸多品种,见表6-1,常用的分类方法是按加工方法进行分类。

表6-1　石油沥青的分类

序　号	分类标准	品　　种
1	按原油成分	石蜡沥青、沥青基沥青、混合沥青
2	按加工方法	直馏沥青、蒸馏沥青、氧化沥青、裂化沥青;酸洗沥青、溶剂沥青、调配沥青
3	按产品在常温下的稠度	液体沥青、黏稠沥青
4	按用途	道路石油沥青、建筑石油沥青和普通石油沥青

(1)按加工方法分

①直馏沥青:将原油在蒸馏塔内加热至350~400 ℃分离出各种油质,最后剩下的残渣称为直馏沥青。它含有较多的油分,因此塑性大,黏性小,温度稳定性差。

②蒸馏沥青:将直馏沥青加热至300~350 ℃,吹入过热蒸汽,蒸馏掉其中一部分油分,从而改善其黏性,便得到蒸馏沥青。

③氧化沥青:将各种较软的沥青在250~300 ℃高温下吹入空气,通过氧化作用提高其黏性,便得到氧化沥青(或称吹制沥青)。

(2)按用途分

①道路石油沥青:主要是直馏沥青和蒸馏沥青。因主要用于铺筑道路而得名,其中较黏稠的可用于屋面防水、地下防水防潮、制作浸渍油纸和绝缘材料等。

②建筑石油沥青:主要是氧化沥青。它是建筑工程中使用的品种,用于屋面和地下的防水材料、制作油毡、油纸和绝缘材料等。

③普通石油沥青:因含蜡量较高,性能较差,在工程中一般不直接使用,但可与其他石油沥青掺配成混合沥青使用。

2. 石油沥青的组成

沥青的化学组成非常复杂,含碳量一般在83% ~87%之间,含氢量在10%左右,H/C原子比约在1.4~1.6之间。为便于分析应用,在工程使用中,常将沥青中化学成分和物理特征相似的部分作为一个部分,从而将石油沥青分为三个主要部分或四个主要部分,称为三组分法或四组分法。按三组分法则将沥青分为油分、脂胶及沥青质,按四组分法则将沥青分为饱和分、芳香族、胶质及沥青质。

(1)油分:它是无色或淡黄色的油状液体,能使沥青具有流动性。油分是沥青中最轻的组分,密度为0.6~1 g/cm^3,在沥青中的含量约为40% ~60%,能溶于大多数有机溶剂,但不溶于酒精,170 ℃以上能挥发。油分含量多的沥青较软、易流,而黏性和温度稳定性较差。

(2)脂胶:它是黄色至褐色的黏稠半固体,能使沥青具有黏性和塑性。密度为1.0~1.1 g/cm^3,熔点低于100 ℃,能溶解于汽油、三氯甲烷等有机溶剂中,在石油沥青中的含量约为15% ~30%。脂胶含量高的沥青,其黏结性和塑性较高。

(3)沥青质(又称地沥青质):它是沥青中的固体颗粒,能使沥青具有黏性和耐热性。它的密度为1.1~1.5 g/cm^3,黑色,不溶于汽油、酒精,但能溶于二硫化碳和三氯甲烷,在石油中的含量为10% ~30%。沥青质含量高的沥青,其黏结性能大,热稳定性好,但塑性降低,硬脆性增大。

此外,沥青中还含有少量的沥青酸、沥青酸酐和石蜡等。沥青酸和沥青酸酐可增加沥青的黏性,是沥青中的好成分。而石蜡会降低沥青的黏结性、塑性和温度稳定性,是沥青中的有害成分。

沥青中各组分的组成比例,决定着沥青的技术性能:含油分多的沥青常温下可呈半固态或流态,含油分少的沥青则呈固态;当温度升高时,易熔的脂胶会转变成油分,使沥青变软、变流;反之,温度降低时,油分则会凝成脂胶,使沥青变成固体,变硬,甚至变脆。沥青防水工程的施工,正是利用这一性能,将沥青加热融化后进行铺设,冷却凝固后即成防水层。

3. 石油沥青的技术性质

(1)黏滞性(或称黏性):黏滞性是指沥青在外力作用下抵抗变形的能力,反映了沥青的稀稠软硬程度。含油分少的沥青呈固态,其黏滞性较大,受力不易变形;含油分多的沥青呈软质的半固态，黏滞性较小，容易受力变形；含油分再多便呈流态，容易流淌，黏滞性就更小了。流态沥青的黏滞性用黏滞度表示，而固态、半固态沥青的黏滞度用针入度表示。

①黏滞度：是流态沥青在规定温度（$t=25$ ℃或 60 ℃）下，经指定直径（$d=3$ mm、5 mm 或 10 mm）的圆孔流出 50 mL 所需的时间（s），用 C_t^d 表示。例如 $C_{25}^{10}=30$ s，表示该沥青液在 25 ℃的温度下通过直径 10 mm 小圆孔流出 50 mL 需要 30 s。在温度、孔径相同的条件下，黏滞度较大时表示沥青较稠，沥青黏滞度的测定如图 6－1 所示。

②针入度：针入度是在 25 ℃条件下，总重度为 100 g 的标准试针（连杆）在 5 s 内，竖直插入固态或半固态沥青试件的深度，以 0.1 mm 为 1 度。如针入度为 6.3 mm，则沥青的针入度为 63 度。针入度越大，说明沥青越软，黏滞性越小，针入度的测定如图 6－2 所示。

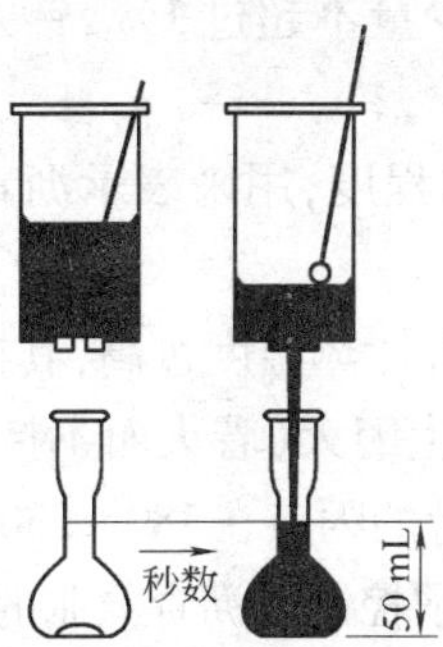

图 6－1　黏滞度的测定示意图

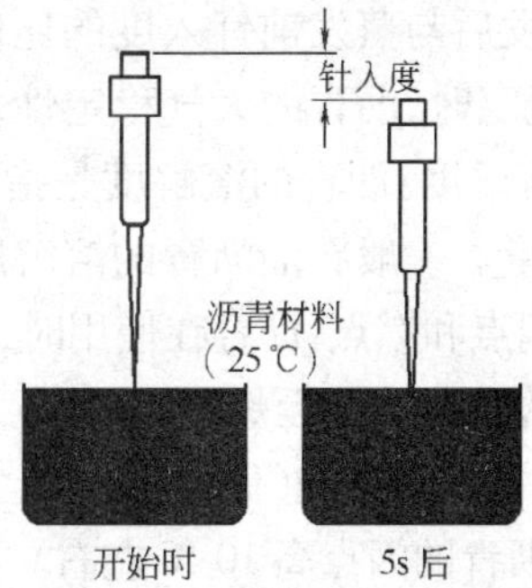

图 6－2　针入度测定示意图

（2）塑性：塑性指沥青在外力作用下能产生变形而不断裂的性能。塑性好的沥青，其变形能力强，在使用的过程中，能随着结构的变形而变形且不开裂，保持其防水防潮性能。

沥青的塑性用延度或延伸率表示：用特制试模，将沥青制成“8”字形试件（中部最窄处的截面积为 1 cm^2），在恒温 25 ℃的水中，以 5 cm/min 的速度缓慢拉伸试模至沥青试件断裂时的伸长量（cm），即为沥青的延度。沥青的延度一般在 1～100 cm 之间，延度越大的沥青，其塑性越好，沥青延度的测定如图 6－3 所示。

（3）温度稳定性：也称温度敏感性，沥青性能随温度变化而变化的性质称为温度稳定性，它反映沥青的耐热程度。沥青的黏滞性和塑性都随温度的变化而变化。在相同的温度范围内，黏滞性和塑性变化程度较小的沥青，其温度稳定性较好。有的沥青在夏季高温时容易变软融化而流淌，到冬季低温时又变得硬脆而易裂，这就是温度稳定性不好的表现。

温度稳定性用软化点表示，用“环球法”测定：将沥青试样装入小铜环中，上面加放一个质量为 3.5 g 的小钢球，在水中以 5 ℃/min 的速度加热升温，随着沥青的软化，沥青连球下坠 25.4 mm（与下方底板接触）时的温度即为流态时的温度。一般沥青的软化点在 30～95 ℃之间，软化点越高的沥青，其温度稳定性越好，沥青软化点测定如图 6－4 所示。

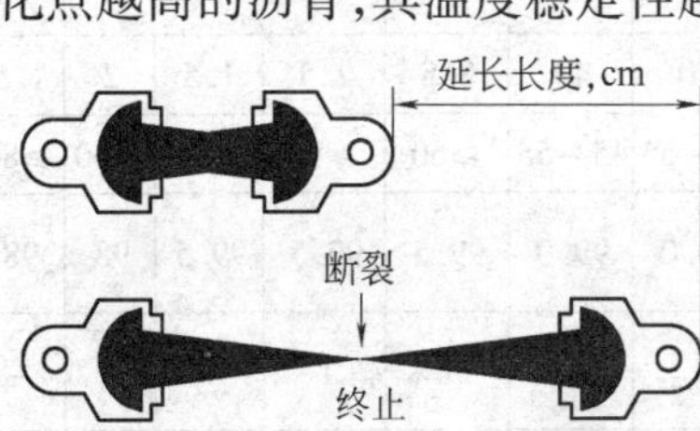

图 6－3　延度测定示意图

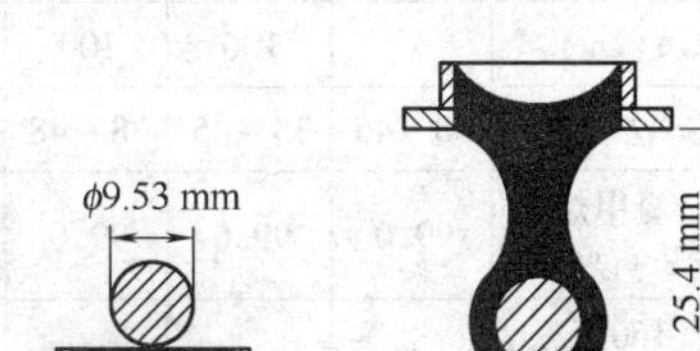

图 6－4　软化点测定示意图

(4)大气稳定性:沥青在长期的大气、阳光、雨雪、温变的综合作用下,其性能的稳定程度称为大气稳定性。它反映沥青的耐老化性能即耐久性能。

沥青在上述诸因素的长期作用下,一部分油分被挥发,其余分子则会氧化、缩合和聚合,导致组分逐渐递变,发生油分向脂胶转化,脂质向沥青质转化,结果使油分、脂胶逐渐减少,分子量大的沥青质逐渐增多,因而使沥青的塑性降低,脆性增加,各方面性能下降,最后失去其防水性能。这种现象叫做"老化"。老化是沥青的大气稳定性不良的表现,是沥青的一个重大的缺点,是其耐久性不好的重要原因。

沥青的大气稳定性,用沥青受热后的蒸发减少量和蒸发前后针入度比表示。即将测定了质量和针入度的沥青试样加热至160 ℃并恒温5 h,测其蒸发后的质量和针入度,计算其质量减少和蒸发后与蒸发前针入度的比值。规范规定,当蒸发减少量不超过1%,针入度比不小于表6-2规定时,沥青的大气稳定性才算合格。

(5)溶解度:沥青的溶解度是指沥青在指定溶剂中溶解的程度,用来表示沥青所含不溶性杂质的含量。一般石油沥青的溶解度应在98%以上。

(6)闪点和燃点:沥青在使用时,通常需要加热熔化,但如果加热温度过高,其挥发的油气遇到火焰会发生闪火甚至燃烧,从而危及施工安全。沥青初次发生闪火(着火而不持续)时的温度称为闪点,能发生燃烧(保持5 s以上)时的温度称为燃点。沥青的闪点在180~230 ℃之间,而燃点只比该沥青的闪点高10 ℃左右。因此,为保证施工安全,必须控制好沥青熬制的温度。

(7)水分:沥青几乎不溶于水,但也不是绝对不含水,其所含的盐分中也会有微量的水。且沥青在运输储存中也免不了会使其表面带水。在施工熔制时,沥青所含水分蒸发成泡,容易发生溢锅现象,以致引起火灾,危及施工安全。所以在加热熔制时,锅内沥青不要装的过满,熔制过程中要控制好温度,加强搅拌,使气泡易于上浮破裂,以确保施工安全。

4. 石油沥青的技术标准和选用

(1)石油沥青的牌号和标准

石油沥青按其针入度划分牌号。我国现行石油沥青材料标准,将石油沥青分为道路石油沥青、建筑石油沥青和普通石油沥青三种。道路石油沥青分为200、180、140、100甲、100乙、60甲、60乙共7个牌号。建筑石油沥青分为30号和10号。普通石油沥青分为75号、65号和55号。各牌号的道路石油沥青和建筑石油沥青的技术标准见表6-2。

表6-2　道路石油沥青、建筑石油沥青和普通石油沥青技术标准

质量指标	道路石油沥青(SH 0522—92)							建筑石油沥青(GB 494—1998)			普通石油沥青(SY 1665—77)		
	200	180	140	100甲	100乙	60甲	60乙	40	30	10	75	65	55
针入度1/10 mm(25 ℃,100 g)	201~300	161~200	121~160	91~120	81~120	51~80	41~80	36~50	26~35	10~25	≥75	≥65	≥55
延度(25 ℃)(cm)≥	-	100	100	90	60	70	40	3.5	2.5	1.5	2	1.5	1
软化点(环球法)(℃)	30~45	35~45	38~48	42~52	42~52	45~55	45~55	≥60	≥75	≥95	≥60	≥80	≥100
溶解度(三氯甲烷,四氯化碳或苯)(%)≥	99.0	99.0	99.0	99.0	99.0	99.0	99.0	99.5	99.5	99.5	98	98	98
蒸发损失(160 ℃,5 h)(%)≥	1	1	1	1	1	1	1	1	1	1	-	-	-
蒸发后针入度比(%)≥	50	60	60	65	65	70	70	65	65	65	-	-	-
闪点(开口)(℃)≥	180	200	230	230	230	230	230	230	230	230	230	230	230

从表内可见,当沥青的牌号由高到低时,其针入度和延度变小,软化点升高。即牌号较低的沥青,其黏滞性较大,塑性较差,温度稳定性较好,抗老化的能力较低。

此外,我国道路石油沥青依据国标(GB 50092—96),将道路石油沥青划分"重交通道路石油沥青(代号 AH)"与"中、轻交通道路石油沥青(代号 A)",其中重交通道路石油沥青按照针入度指标分为5个等级。

(2)石油沥青的选用

石油沥青的选用,应根据工程所处环境,满足塑性或温度稳定性的要求。在此前提下,宜选牌号较高者以提高其使用年限。

用于路面、地坪、地下防水及可能产生相对位移的沟管接头、伸缩缝、沉降缝等,应选用黏性大、塑性好,能随着构件变形而保持其完整有效性能的沥青,如选用60号、100号或140号及其掺和的沥青。

用于屋面防水的沥青,主要依据温度稳定性来选择,要达到夏季不流淌、冬季不脆裂的要求。一般夏季高温时屋面受阳光直射,其实际温度比当时的标准气温要高出20~30 ℃,因此要求所选用沥青的软化点应比当地气温高出20~25 ℃。对于炎热地区屋面坡度较大的防水层,常选用10号、30号及其混合的石油沥青;对气温不太高或屋面坡度不大的屋面防水层,则可选用60号与30号、60号与10号的混合沥青,所选用的沥青均以达到所要求的软化点为准。

6.1.2 煤沥青

1. 煤沥青

煤沥青是炼焦厂或煤气厂的副产品,用煤碳炼焦或制取煤气时,把干馏挥发物冷凝得到煤焦油,煤焦油经分馏加工出各种油质后的剩余残渣,称为煤沥青(又称柏油)。按蒸馏程度不同,煤沥青分为低温煤沥青(软化点低于75 ℃)、中温煤沥青(软化点为75~95 ℃)和高温煤沥青(软化点为95~120 ℃),工程上多采用低温煤沥青。

煤沥青主要由碳、氢、氧、硫和氮元素组成,由于它是高度缩聚而成的,所以碳氢比要比沥青大得多。煤沥青可分离为油分、软树脂、硬树脂和游离碳四个组分,油分又可分离为中性油、酚、萘和蒽。

与石油沥青相比,煤沥青的塑性、大气稳定性都较差,冬季易脆裂,夏季易软化,老化快,故不宜用于屋面防水和温度变化较大的环境。煤沥青含有酚、蒽等有毒成分,但黏性好,所以常用于地下防水和木材防腐材料。

由于煤沥青含有有毒成分,在储存和施工中,应遵守有关劳保规定,以防中毒。

2. 石油沥青与煤沥青的区别

石油沥青与煤沥青由于各自成分不同,因而具有不同的性质,可以满足使用上的不同要求,不应错用,且一般情况下也不得随意混用。但两者外观相似,容易混淆,因而要掌握两者的区别和简易鉴别方法,鉴别方法见表6-3。

表6-3 煤沥青与石油沥青的简易鉴别方法

鉴别方法	石油沥青	煤沥青
密度法	近似1.0 g/cm³	大于1.0 g/cm³
锤击法	声哑,有弹性、韧性感	声脆,韧性差

续上表

鉴别方法	石油沥青	煤沥青
燃烧法	烟无色,基本无刺激性臭味	烟呈黄色,有刺激性臭味
溶液比色法	用30~50倍汽油或煤油溶解后,将溶液滴于滤纸上,斑点呈棕色	采用相同的溶解法,斑点有两圈,内黑外棕

6.2 乳化沥青

乳化沥青是黏稠沥青经热熔和机械作用以微滴状态分散于含有乳化剂—稳定剂的水中,所形成的水包油型的沥青乳液。乳化沥青可用于路面的维修养护及贯入式、沥青碎石、乳化沥青混凝土结构形式的路面处治,也可用于旧沥青路面的冷再生及防尘处理。

6.2.1 乳化沥青的材料组成

1. 乳化沥青的基本组成材料

乳化沥青由沥青水和乳化剂组成,需要时可加入少量添加剂。主要组成材料如下:

(1)沥青:生产乳化沥青多采用针入度大于100的较软的沥青。石油沥青是复杂的高分子碳氢化合物,由于油源和生产方法的不同,其组分的化学结构和特性有很大差异,乳化的难易程度不同。一般应通过试验加以选择,根据工程需要也可采用改性沥青进行乳化。

(2)水:水是沥青的分散介质,水的硬度和离子对乳化沥青有一定的影响,水中存在的镁、钙或碳酸根离子分别对阴离子乳化剂或阳离子乳化剂有不同影响。应根据乳化剂的不同确定对水质的要求。

(3)乳化剂:乳化剂在乳化沥青中用量很小,但对乳化沥青的形成、应用和储存的稳定性都有明显影响,乳化剂一般是表面活性物质,称为表面活性剂。

(4)稳定剂:稳定剂多采用无机盐类和高分子化合物,用以改善沥青乳液的稳定性。与各类阳离子乳化剂配合使用时,氯化铵和氯化钙等无机盐的加入量为0.2%~0.6%。高分子稳定剂如淀粉、明胶、聚乙二醇等,在沥青微粒表面可形成保护膜,有利于微粒的分散,可与各类阳离子和非离子乳化剂配合使用,加入量为0.10%~0.15%。

2. 乳化剂的分类及乳化

表面活性剂分子的化学结构具有不对称性,由极性部分和非极性部分组成。极性部分是亲水性的,非极性部分是憎水而亲油性的。各类乳化剂具有不同特点,可根据亲水基团结构差异进行分类。

(1)阴离子乳化剂:阴离子乳化剂是指在水中溶解后其极性部分倾向离解成阴离子的表面活性物质。其特征是它具有一个大的有机阴离子,能与碱作用形成盐。

常用的阴离子乳化剂有:有机羧酸盐、有机硫酸盐、有机磺酸盐等。

(2)阳离子乳化剂:阳离子乳化剂是指在水中溶解后其极性部分倾向离解成阳离子的表面活性物质。由于能较好地与带负电荷的湿润骨料表面吸附,因而得到广泛的应用。

常用的阳离子乳化剂有:烷基胺、二胺类酰胺、季铵盐类、胺化木质素等。

(3)两性离子乳化剂:两性离子乳化剂是指当其在水中溶解后极性部分既带阴电荷又带阳电荷的表面活性物质。

两性离子乳化剂主要有:氨基酸型、咪咪啉型、膦酸酯型及甜菜碱型等。

(4)非离子乳化剂:这类乳化剂是在水中不离解成离子状态而又具有亲油和亲水结构的化合物,其亲水结构主要来源于羟基或醚基。

非离子乳化剂按化合物类型可分为聚乙烯衍生物、多元醇酯和聚醚等。

6.2.2 乳化沥青的形成及作用机理

1. 乳化沥青的形成机理

(1)乳化剂降低界面能

沥青乳化液是通过机械作用将沥青微颗粒分散在水中,形成以沥青为分散相、水为分散介质的分散系。由于沥青被切割成细微的液滴分散于水中,其表面积大量增加,一般情况下沥青将重新集聚。如要保持体系的平衡,必须对体系做功,或降低体系的自由能。

为保证沥青乳液微滴的高度分散性和稳定性,如果不减小沥青的表面积,则必须降低沥青与水的界面张力。掺加表面活性剂是最有效的保证沥青乳液稳定性的方法。

乳化剂的结构既有亲油端又有亲水端,从而大大降低了沥青与水的界面张力。

(2)界面膜的保护作用

分散在沥青中的饱和分倾向于聚集在沥青颗粒的表面。由于乳化剂与沥青有较好的吸附作用,容易形成紧密排列,从而增强了界面膜的强度,保护沥青微粒不致碰撞而聚集。

界面膜的强度和紧密程度取决于乳化剂的分子结构和浓度,沥青乳液中乳化剂达到一定浓度时,定向排列的分子密集排列,组成界面膜,由于膜的强度较大,界面张力减小,因而乳液则稳定。

(3)界面电荷的稳定作用

加入乳化剂后,在沥青与水的界面上形成双电层结构。这是因为沥青微粒带电荷的分子膜外层形成反向电荷的扩散层,分子膜和扩散层界面上存在电位差,电位差越大,微粒之间的排斥力越大,因此在沥青液滴相互碰撞时,排斥作用阻止了沥青液滴的聚集,保证了沥青乳液体系的稳定。

2. 乳化沥青的分裂

为使沥青发挥其黏附功能,必须使沥青从乳液中分离出来,相互聚结,并在骨料表面形成连续的覆盖薄膜,这个过程叫乳化沥青的分裂。沥青乳液分裂的原因如下:

(1)电荷的吸附作用

乳液破乳的主要原因是在沥青乳液与骨料接触后,沥青微粒所带的电荷与骨料表面所带电荷相互吸附。阴离子沥青乳液与表面上带正电荷的碱性骨料(如石灰石、白云石)有较好的吸附,阳离子沥青乳液与表面上带负电荷的酸性石料(如硅质岩石、花岗岩)有较好的吸附。

(2)水分蒸发

乳液中的水分由于蒸发或被石料吸收而分解,产生破乳。多孔、粗糙、干燥的骨料易吸收水分,破坏乳液的平衡,加速破乳。

(3)酸碱中和

实验显示,阳离子沥青乳液有一定的游离酸,pH 值小,游离酸与碱性骨料起作用,生成氯化钙和带负电荷的碳酸离子,它与裹覆在沥青微粒周围的阳离子中和,因此沥青微粒能与骨料表面紧密相连,形成牢固的沥青膜,加速乳液中的水分分离。

6.2.3 乳化沥青的生产和储存

1. 乳化沥青的生产

(1)原材料品种的准备和剂量确定

制备乳化沥青应根据工程所需的品种和技术要求确定合理的生产工艺。其中包括明确生产乳化沥青的原料沥青的品种、标号,准备所需乳化剂的种类、剂量,明确稳定剂的品种和剂量。

(2)确定乳化工艺

首先,应根据所选定的沥青的品种、标号及生产季节、环境温度,确定沥青的加热温度及单位时间流入乳化机的沥青量;其次,明确乳化剂、水溶液的配制比例和温度要求,明确乳化剂水溶液流量的控制要求;最后,应该根据工程需要及生产条件,确定采用分批或连续作业的生产方式。

(3)乳化设备

乳化机是乳化设备的核心。利用乳化机对沥青进行剪切研磨机械加工,使沥青形成均匀细化的颗粒,稳定且均匀地分散在乳化剂水溶液中,成为水包油型的沥青乳液。常用的乳化机为均化器和胶体磨等。

2. 乳化沥青的储存

乳液存放较长时间就会产生分层现象,为延缓分层的速度,应采用密封容器,减少水分蒸发,或在容器上加装搅拌设备,定期进行搅拌。长期储存的乳液应定期取样检验。

6.3 其他改性沥青及主要沥青制品

6.3.1 改性沥青

1. 改性沥青的分类

沥青是一种良好的防水材料,但有时其性能并不能完全满足使用要求(特别是耐久性差等问题),故需要对沥青进行改性处理,以适应工程要求。对沥青进行氧化、乳化、催化,或掺入橡胶、树脂等物质,可使沥青的性质得到不同程度的改善,这种改善后的产品称为改性沥青。改性沥青可分为橡胶改性沥青、树脂改性沥青、树脂—橡胶改性沥青和矿物填充剂改性沥青。

(1)橡胶改性沥青:用橡胶作改性材料加于石油沥青中,可以得到橡胶改性沥青。橡胶是石油沥青比较理想的改性材料,通过掺入橡胶,可使改性沥青具有一些橡胶的性能,黏结性、弹性和柔韧性增加,温度稳定性提高,抗老化能力增强等。常用的改性橡胶主要有再生橡胶、氯丁橡胶、丁苯橡胶等,在石油沥青中按一定的方法掺入这些橡胶,便可得到各种不同的橡胶改性沥青。

(2)树脂改性沥青:将合成树脂掺入沥青中,可以改善沥青的黏结性、低温柔韧性、耐热性和不透气性。因树脂与煤沥青的相溶性较好,故多用作煤沥青的改性材料,常用的树脂有聚氯乙烯、聚乙烯、聚丙烯、聚苯乙烯等。

(3)树脂—橡胶改性沥青:这是在沥青中掺入橡胶和树脂,三者混溶而成的改性沥青,它兼有橡胶和树脂的特性。

(4)矿物填充改性沥青:在沥青中掺入一定数量的矿物填充料,可以提高沥青的温度稳定性,增强它的黏结力和柔韧性。常用的矿物填充料有滑石粉、石灰石粉、云母粉和石棉粉等。

2. 改性沥青的生产

改性沥青是将改性剂采用一定的工艺加入沥青中,使之均匀稳定地分散于沥青之中,生产工艺根据改性剂的种类而有所不同,常用的有直接混熔法、母料法及胶乳法三种。

(1)直接混熔法：直接将改性剂与沥青按一定的比例混合形成改性沥青，利用混熔法生产改性沥青的设备有搅拌机和胶体磨机两种。由于聚合物分子和化学结构不同，在沥青中的溶解速度相差很大，对部分热塑性橡胶，需要采用胶体磨机或高速剪切设备，在高温高速条件下，将聚合物研磨成很细的颗粒，以增加沥青与聚合物的接触面积，从而促使聚合物的溶胀，使两种物质更好混熔，形成稳定的改性沥青。

(2)母料法：母料法是指预先制作改性剂浓度较高的改性沥青母体，运到工地现场经稀释后使用。用母料制作的高浓度改性沥青一般在常温下呈固态，运输和储存较为方便，施工现场采用简单的搅拌设备即可实现母料的混溶。

(3)胶乳法：采用丁苯胶乳(要求高浓度胶体)直接投入沥青混合拌和机与矿料、沥青拌和制作改性沥青。将胶乳直接投入拌和锅使改性沥青工艺大大简化，但由于胶乳中所含水分较高，易使拌和机产生锈蚀。

6.3.2 其他沥青制品

1. 防水卷材

防水卷材是一种可卷曲的片状防水材料。根据其组成和生产工艺不同，分为有胎卷材(纸胎、玻璃布胎、麻布胎)和辊压卷材(无胎、可以掺入玻璃纤维)两类。根据其主要防水组成材料可分为沥青防水卷材、高聚合物改性沥青防水卷材和合成高分子防水卷材三类。各类防水卷材均应有良好的耐水性、温度稳定性，并应具有必要的机械强度、延伸率和抗断裂能力。

(1)沥青防水卷材

沥青防水卷材是基胎上浸涂沥青后，在表面撒布粉状或片状的隔离材料而制成的防水卷材。沥青防水卷材的使用性能一般，存在有低温柔韧性差、延伸率低、拉伸强度低、耐久性差等缺陷，但由于成本低，目前仍广泛用于一般建筑的屋面或地下防水防潮工程。

①油纸和纸胎油毡

油纸是用特制原纸经低软化点的沥青液浸渍而成的防水卷材。纸胎油毡(简称油毡)是将经浸渍的油纸，再用高软化点的热熔沥青涂盖两面，并在其两面撒布防止自黏的粉料或片料。撒布滑石粉称为粉毡，撒布云母片的称为片毡。

石油沥青油纸：分有200、350两个标号，因其沥青层薄，一般只用于建筑防潮、防蒸汽和包装，也可用于多层防水层中的下层。

石油沥青油毡：分有200、350、和500三个标号，200号油毡可用于屋面、地下、水利工程等多层防水中的各层。

石油沥青油毡的技术性能指标，包括有沥青浸涂量、不透水性、吸水率、耐热度、抗拉力、柔度等方面的要求，按其质量指标分为合格品、一等品和优等品三个等级，详见表6-4。

表6-4 各标号等级的石油沥青油毡的性能指标(GB 326—89)

<table>
<tr><td colspan="2" rowspan="2">项　目</td><td colspan="3">200号</td><td colspan="3">350号</td><td colspan="3">500号</td></tr>
<tr><td>合格</td><td>一等</td><td>优等</td><td>合格</td><td>一等</td><td>优等</td><td>合格</td><td>一等</td><td>优等</td></tr>
<tr><td colspan="2">单位面积浸涂材料总量(g/m^2)≥</td><td>600</td><td>700</td><td>800</td><td>1000</td><td>1050</td><td>1110</td><td>1400</td><td>1450</td><td>1500</td></tr>
<tr><td rowspan="2">不透水性</td><td>压力(MPa)≥</td><td colspan="3">0.05</td><td colspan="3">0.10</td><td colspan="3">0.15</td></tr>
<tr><td>保持时间(min)≥</td><td>10</td><td>20</td><td>30</td><td colspan="2">30</td><td>45</td><td colspan="3">30</td></tr>
</table>

续上表

项目		200号			350号			500号		
		合格	一等	优等	合格	一等	优等	合格	一等	优等
吸水率(真空法)(%)≤	粉黏	1.0			1.0			1.5		
	片黏	3.0			3.0			3.0		
耐热度(℃)		85±2		90±2	85±2		90±2	85±2		90±2
		受热2 h,涂盖层应无滑动和集中性气泡								
拉力(N),25 ℃±2 ℃时纵向≥		240	270	270	340	370	370	440	470	470
柔度	温度(℃)	18±2			18±2	16±2	14±2	18±2	18±2	14±2
	弯转	绕φ20 mm圆棒或弯板无裂纹						绕φ25 mm圆棒或弯板无裂纹		

煤沥青油毡:分有200、270和350三个标号。200号煤沥青油毡用于简易防水、建筑防潮和包装;270号和350号煤沥青油毡多用于地下防水、建筑防水和包装,若与煤焦油聚氯乙烯涂料等材料配套使用,可用于屋面多层防水。煤沥青油毡按其质量指标分为合格品和一等品两个等级。

②玻璃布沥青油毡(简称玻璃布油毡)

玻璃布沥青油毡是在玻璃纤维织布的两面涂盖沥青层,再撒布防自黏粉料制成的沥青防水卷材。其抗拉强度、柔韧性和耐久性优于纸胎油毡,适用于耐水、耐蚀、耐久性要求较高的防水工程和金属管道防腐保护层。

(2)高聚物改性沥青卷材

高聚物改性沥青卷材是以掺入橡胶或树脂等高聚物的改性沥青为涂盖层,以纤维织物或纤维毡为胎体的片状可卷防水卷材。高聚物改性沥青卷材克服了传统纸胎油毡的缺陷,具有高温不流淌、低温不脆裂、延伸率较大,能适应基层开裂及伸缩变形要求等优良性能,适用于中档次的防水工程。常见的高聚物改性沥青防水卷材有SBS、APP、PVC和再生胶改性沥青防水卷材。

近年桥梁工程的新建或改建项目中,为提高混凝土的耐久性,在桥面铺装中增设防水层。由于高聚物改性沥青卷材的优良性能,工程中常以弹性体的SBS改性沥青油毡、塑性体APP改性沥青油毡作为桥梁混凝土基层与沥青混凝土面层之间防水层材料。

①SBS改性沥青油毡

SBS改性沥青油毡是以聚酯纤维无纺布为胎体、以丁苯橡胶(SBS)改性石油沥青为浸涂材料、以塑料薄膜为防黏隔离层或表面带有砂粒的柔性油毡。

SBS改性沥青油毡按其厚度分为Ⅰ型、Ⅱ型、Ⅲ型三种类型,各类型油毡的宽度均为1 m,Ⅰ型油毡厚度1.0 mm,长20 m,表面为薄膜;Ⅱ、Ⅲ型油毡厚度分别为2.0 mm和3.0 mm,长为10 m,表面有砂砾。

②APP改性沥青油毡

APP改性沥青油毡是以无规聚丙烯(APP)改性沥青涂盖于玻璃纤维或聚酯纤维的无纺布上,撒布滑石粉或用聚乙烯薄膜覆面的防水卷材。其特点是高温不熔化、低温柔韧性好、抗拉力大、延展率大、耐候性强,使用时可只做单层防水,施工方便。适用于各类屋面防水、地下防水以及水池、隧道、水利等工程使用,使用寿命在15年以上。

我国目前生产的APP改性沥青油毡的规格为幅度1 m,卷长10 m,厚度分别为2 mm、

3 mm、4 mm、5 mm。

③PVC 改性焦油沥青耐低温油毡

这种油毡以焦油为基料，掺以聚氯乙烯（PVC）改性材料制成的纸胎油毡。其特点是耐热性和耐低温性能较好，其技术指标和应用与350号石油沥青纸胎油毡相当。

④再生橡胶沥青油毡

再生橡胶沥青油毡是由废橡胶粉、石油沥青、碳酸钙和玻璃纤维，经混炼、辊压而成的无胎防水卷材。具有弹性好、延伸性大、低温柔韧性好、抗拉强度较高、耐腐能力较好等优良性能。适用于屋面防水、变形缝处的防水、地下结构的防水和浴室、洗衣房、冷库的蒸汽隔离层等。再生橡胶沥青油毡的技术性能指标见表6-5。

表6-5 再生橡胶沥青防水卷材技术性能指标

项 目		指 标
1	抗拉强度（MPa）20 ℃ ±2 ℃时，纵向≥	0.8
2	延伸率（%）20 ℃ ±2 ℃时，纵向	20
3	低温柔性 -20 ℃绕 ϕ1 mm 金属丝对折	无裂缝
4	不透水性（MPa）动水压发，保持 90 min ≥	0.3
5	耐热度 120 ℃加热 5 h	不起泡，不发黏
6	吸水性（%）18 ℃ ±2 ℃时，24 h ≥	0.5

（3）合成高分子防水卷材

合成高分子防水卷材是以合成橡胶、合成树脂或它们两者的共混体为基料，掺入适量的化学助剂和填充材料制成的防水材料。合成高分子防水材料具有拉伸强度和抗撕裂强度高，断裂伸长率大、耐热性和低温柔性好、耐腐蚀、耐老化等一系列优异的性能。

①三元乙丙橡胶防水卷材：这是以三元乙丙橡胶为主体，掺入其他掺料，经熔炼压延制得的新型防水卷材。这种卷材防水性能强、弹性好、抗拉强度高、耐腐蚀、耐久性好，可用于冷操作。这种卷材可用于具有高要求的屋面防水工程，作单层外露防水效果很好，也用于建筑物内地下室、厨房、厕所的防水工程；并在铁路隧道、地下铁道工程中大量使用。

②自黏型彩色三元乙丙复合防水卷材：以彩色三元乙丙橡胶为面料，以再生橡胶为底层，可以制成自黏型彩色三元乙丙复合防水卷材。它既利用了三元乙丙橡胶的优点，又能降低成本。使用自黏型卷材时，剥开背面的隔离纸便可黏贴，施工方便。

③聚氯乙烯（PVC）防水卷材：分S型和P型两种，S型是以煤焦油与聚氯乙烯树脂混熔料为基料制成的柔性防水卷材；P型是以增塑聚氯乙烯为基料制成的塑性防水卷材。

聚氯乙烯（PVC）防水卷材具有抗渗性能好，抗断裂强度高，弹性好，施工方便，耐老化，防水效果好等优点，可用于铁路隧道、地下车库和水坝的防水防渗漏工程。

④氯化聚乙烯防水卷材：这种卷材是以氯化聚乙烯树脂为主要原料制成的新型高档次的无胎防水卷材，具有较高的耐热性、耐候性和耐磨性，可用于冷操作。适合于屋面、地下室、铁路隧道、山洞、水库、水池、污水处理、室内防水工程的使用。

⑤氯化聚乙烯—橡胶共混防水卷材：这种防水卷材是以氯化聚乙烯树脂、合成橡胶为主要原料，经炼制、压延加工而成的具有较高弹性的防水卷材。

2. 防水涂料和防水胶黏剂

防水涂料是用沥青、改性沥青或合成高分子材料为主料制成的具有一定流态的、经涂刷施工成防水层的胶状物料。其中有些防水涂料可以用来黏贴防水卷材，所以它又是防水卷材的胶黏剂。

防水涂料按液态性能可分为溶剂型、水乳型和反应型三种，按成膜物质的主要成分分为沥青类、高聚物改性沥青类和合成高分子类。按组成材料及用途分为乳化沥青涂料、改性沥青和高聚物防水涂料、冷底子油及沥青胶。

(1)乳化沥青防水涂料

乳化沥青是以石油沥青为基料，加入有乳化剂的水(可以加入一些改性材料)，经强力机械搅拌，将沥青打散为1~6 μm的微粒悬浮于水中，形成的一种乳化液。可作为冷用的水性沥青基防水涂料。

在一般的情况下，水与沥青是互不相溶的，但加入离子型乳化剂后，因乳化剂的分子一端是亲水性的，另一端是憎水亲油的，因而乳化剂的分子吸附在沥青微粒与水的界面上，使沥青微粒能稳定地悬浮与水中，即成为乳化沥青。加入非离子型乳化剂亦有同样效果。

常用的乳化剂有阴离子型和非离子型两类：阴离子型乳化剂有肥皂、洗衣粉、松香皂、十二烷基苯磺酸钠等；非离子型乳化剂有石灰膏、平平加(烷基苯酚环氧乙烷缩合物)、聚乙烯醇等。

在《水性沥青基防水涂料》(JC 408—91)中规定：乳化沥青防水涂料按采用的乳化剂、成品外观和施工工艺不同，分为薄质和厚质两类。薄质乳化沥青涂料(AE-2类)用皂液或其他化学乳化剂配制，可掺入氯丁胶乳或再生胶乳，常温下成液态，具有流平性，可代替冷底子油作涂刷基层或作防潮层使用；厚质乳化沥青涂料(AE-1类)用矿物胶体乳化剂(如石灰膏等)配制，可掺入石棉纤维或其他矿物填料，常温下成膏体或黏稠体，不具有流平性，可代替沥青胶涂刷施工成防水层。

乳化沥青防水涂料按其质量分为一等品和合格品，其质量指标见表6-6。

表6-6　水性沥青基防水涂料的性能指标(JC 408—91)

<table>
<tr><td colspan="2" rowspan="3">项　　目</td><td colspan="4">质量指标</td></tr>
<tr><td colspan="2">AE-1类(厚质)</td><td colspan="2">AE-2类(薄质)</td></tr>
<tr><td>一等品</td><td>合格品</td><td>一等品</td><td>合格品</td></tr>
<tr><td colspan="2">外　观</td><td>搅拌后为黑色或黑灰色均质膏体或黏稠体，搅匀和分散在水溶液中无沥青丝</td><td>搅拌后为黑色或黑灰色均质膏体或黏稠体，搅匀和分散在水溶液中无明显沥青丝</td><td>搅拌后为黑色或蓝褐色均质液体，搅拌棒上不黏附任何颗粒</td><td>搅拌后为黑色或蓝褐色液体，搅拌棒上不黏附明显颗粒</td></tr>
<tr><td colspan="2">固体含量(%)≥</td><td colspan="2">50</td><td colspan="2">43</td></tr>
<tr><td rowspan="2">延伸性(mm)≥</td><td>无处理</td><td>5.5</td><td>4.0</td><td>6.0</td><td>4.5</td></tr>
<tr><td>处理后</td><td>4.0</td><td>3.0</td><td>4.5</td><td>3.5</td></tr>
<tr><td colspan="2" rowspan="2">柔韧性</td><td>5 ℃ ±1 ℃</td><td>10 ℃ ±1 ℃</td><td>-15 ℃ ±1 ℃</td><td>-10 ℃ ±1 ℃</td></tr>
<tr><td colspan="4">无裂纹、断裂</td></tr>
<tr><td colspan="2">耐热性(80 ℃)</td><td colspan="4">无流淌、起泡和滑动</td></tr>
<tr><td colspan="2">黏结性(MPa)</td><td colspan="4">0.20</td></tr>
<tr><td colspan="2">不透水性</td><td colspan="4">不透水</td></tr>
<tr><td colspan="2">抗冻性</td><td colspan="4">20次冻融循环无开裂</td></tr>
</table>

乳化沥青防水涂料在常温下操作，可在潮湿基层上施工。涂料施工后，随着水分蒸发，沥青颗粒相互挤近靠拢，凝聚成膜，与基层黏结成防水层，起到防水作用。但不宜在负温下施工，以免水分结冰而破坏防水层；也不宜在烈日下施工，以免水分蒸发过快使表面过早结膜，使膜内水分蒸发不出而产生气泡。

乳化沥青防水涂料用带盖的铁筒或塑料筒包装。运输和存放中应严防日光暴晒，防止碰撞，应放在 10～45 ℃的仓库内，不得接近热源和火源。AE－1 类产品存放期不应超过 3 年，AE－2 类产品不应超过 3 个月。

(2)改性沥青和高聚物防水涂料

这是采用改性沥青或高聚物制作的防水涂料，可直接涂刷成防水层，或黏贴同类的防水卷材，利用这种防水涂料可得到低温下抗裂性能、黏接性能、防水性能和抗老化性能更好的防水层，用于有较高要求的屋面防水和其他防水工程。其品种有：

①再生橡胶沥青防水涂料：它是由石油沥青和废橡胶粉加工制作的，有油溶型和水溶型两种。若掺入汽油作溶剂，则得到油溶型的再生橡胶沥青防水卷材(JG－1 型防水冷胶料)；若掺入水和乳化剂，则经乳化而成的是水乳型再生橡胶沥青防水涂料(JG－2 型防水冷胶料)。

②氯丁橡胶沥青防水涂料：它是以氯丁橡胶改性沥青为基料加工制作的，也有油溶型和水乳型两种。

③丁苯橡胶(SBS)改性沥青防水涂料：它是以石油沥青、合成树脂、SBS 橡胶等材料制成的水乳型弹性防水涂料。

④聚氨酯防水涂料：它是以合成高分子材料聚氨酯为基料制作的防水涂料，若掺入焦油，则为焦油聚氨酯防水涂料。其涂膜有透明、彩色、黑色等品种。

(3)冷底子油

冷底子油是将热熔的沥青加入有机溶剂配制成的一种液体沥青涂料，由于它是在冷却后用于涂刷防水层的底层，故称冷底子油。

把 10 号、30 号或 60 号石油沥青热熔后，按 30:70 配入汽油或按 40:60 配入煤油或轻柴油，可配成石油沥青冷底子油，用于石油沥青类防水层的刷底；用煤沥青热熔后按 45:55 配入苯，可配成煤沥青冷底子油，用于煤沥青类防水层的刷底。

在铺设防水层时，需要在干燥的基层(砂浆、混凝土)上先刷一道冷底子油，它能很快地渗入到基层的毛细孔隙中，待溶剂挥发后，其沥青成分填塞基层的毛细孔隙，并在基层表面形成一层沥青薄膜，从而提高基层的抗渗能力，又能增强后铺防水材料与基层之间的黏结。但冷底子油必须在干燥的基层上涂刷，若基层潮湿，水分起了隔离作用，使沥青成分不能与基层黏合，更不能深入基层填塞毛孔，起不到应有的作用。

(4)沥青胶(玛琋脂)

①热用沥青胶

热用沥青胶是将沥青热熔后掺入粉状或纤维状的填充料均匀混合配制而成的。掺入矿质粉料(如滑石粉、石灰石粉、白云石粉等)和纤维状填料(如石棉绒、木棉纤维等)的作用，是为了提高其耐热性、低温柔韧性和抗老化性能，其掺量一般为 10%～30%。

沥青胶按其所用沥青不同，分为石油沥青胶和焦油沥青胶(煤沥青胶)，又按耐热度将石油沥青胶划分为 S－60、S－65、S－70、S－75、S－80、S－85 等六个标号，将焦油沥青胶划分为 J－55、J－60、J－65 三个标号。沥青胶的性能主要取决于沥青胶所用沥青及其组成。所用沥青的软化点越高，则沥青胶的耐热性越好，夏季受热时不易流淌。若所用沥青的延度大，则沥青胶的柔韧性好，冬季低温时不易开裂。沥青胶标号的选用见表6－7。

表6－7　沥青胶标号的选用

类　别	屋面坡度	历年室外最高温度(℃)	沥青胶标号	类　别	屋面坡度	历年室外最高温度(℃)	沥青胶标号
石油沥青胶	1～3	<38	S－60	焦油沥青胶	1～3	<38	J－55
		38～41	S－65			38～41	J－60
		42～45	S－70			42～45	J－65
	3～15	<38	S－65		3～10	<38	J－60
		38～41	S－70			38～41	J－65
		42～45	S－75				
	15～25	<38	S－75				
		38～41	S－80				
		42～45	S－85				

热用沥青胶在热熔状态下使用，主要用于黏贴油毡，涂敷成防水层、耐腐蚀层和嵌逢补漏等。涂刷沥青胶前，在基层先涂刷一层同类的冷底子油。石油沥青胶用于黏贴石油沥青油毡，而焦油沥青胶用于黏贴煤沥青油毡，两者不能混用，否则会影响黏贴质量和耐久性。

②冷用沥青胶

冷用沥青胶是在热熔沥青中掺入填充料的同时，掺入同类的溶剂（石油沥青掺汽油、煤油、柴油，煤沥青掺苯）配制而成的。冷却后，常温下呈流态或膏状，施工时不需要再加热，因而施工方便。其应用与热用沥青胶相同。

3. 密封材料

密封材料又称嵌缝材料，密封材料有定型（俗称密封条和压条）和不定型（俗称密封膏或嵌缝膏）两大类。定型密封材料是具有特定形状的垫衬材料，如密封条、密封带、密封垫等。不定型密封材料是膏状材料，常用的密封膏有沥青胶、沥青嵌缝油膏、各种改性沥青密封膏和各种合成高分子密封膏。

密封材料应具有一定的强度和良好的黏结性、弹塑性和耐老化性，在接缝发生震动或变形时，所填充的密封材料应能牢固黏结，不断不裂，保持不透水，不透气，并有较长的使用寿命。应用于建筑上的各种接缝或裂缝、变形缝（沉降缝、伸缩缝、抗震缝），以保持水密、气密性能。

(1)沥青嵌缝油膏

沥青嵌缝油膏是以石油沥青为基料，加入改性材料、稀释剂和填充料混合制成的冷用膏状嵌缝材料。所用改性材料有废橡胶粉，稀释剂有重松节油、机油，填充料有石棉绒和滑石粉等。

《建筑防水沥青嵌缝油膏》(JC/T 207—1996)规定：沥青嵌缝油膏按其耐热度和低温柔性划分为702、801两个标号，其技术性能应符合表6－8的要求。沥青嵌缝油膏适用于预制屋面板接缝处的嵌缝处理。使用油膏嵌缝时，缝内应洁净干燥，先涂刷冷底子油，待其干后即可嵌填油膏。油膏表面可加石油沥青、油毡、砂浆覆盖。

表6－8　建筑防水嵌缝油膏技术性能(JC/T 207—1996)

项　目			702	801	项　目			702	801
1	密度(g/cm^3)		规定值＝0.1		3	耐热性	温度(℃)	70	80
							下垂值(mm)　≤	4	
2	施工度(mm)	≥	22.0	20.0	4	低温柔性	温度(℃)	－20	－10
							黏结状况	无裂纹和剥离	

续上表

项目		702	801	项目			702	801
5	拉伸黏结性(mm) ≥	15		7	渗出性	渗油幅度(mm) ≤	5	
						渗油张数(张) ≥	4	
6	浸水拉伸后黏结性(mm) ≥	15		8	挥发率(%) ≤		2.8	

注:规定值由厂方提供或供需双方商定。

(2)聚氯乙烯建筑防水接缝材料(JC/T 798—1997)

此种接缝材料又称聚氯乙烯(PVC)胶泥,是由聚氯乙烯、煤焦油为基料,加入适量改性材料及其他添加剂,配制而成的热施工嵌缝材料。按耐热度分为801、802两个标号。

聚氯乙烯胶泥具有良好的黏结性、弹塑性、防水性和良好的耐寒、耐蚀、耐老化性能,既可以用于嵌缝,亦可以用作屋面防水层。

(3)聚氨酯建筑密封膏(JC 482—92)

聚氨酯建筑密封膏是以聚氨基甲酸酯聚合物为主要成分的、双组分反应固化型的建筑密封材料。有N型和L型之分:N型是用于立缝或斜缝而不下垂的非下垂型;L型是用于水平接缝能自动流平,形成光滑表面的自流平型。

这种密封膏具有延伸率大、弹性和黏结性好,耐低温、耐火、耐油、耐酸碱,使用年限长等优良性能,被广泛用于各种装配式屋面板、楼地面、阳台、窗框、卫生间等部位的接缝,施工缝的密封、给排水管道接缝和贮水池的密封等。

(4)聚硫建筑密封膏(JC 483—92)

聚硫建筑密封膏是以液态聚硫橡胶为基料的常温硫化双组分建筑密封材料。亦有N型(非下垂型)和L型(自流平型)之分。按其伸长量和模量分为A类(高模量低伸长率)和B类(高伸长率低模量)两类。

聚硫建筑密封膏具有良好的耐候性,使用温度由 -40 ~ 90 ℃,抗撕裂性强,对金属和各种建筑材料有良好的黏结。适用于混凝土屋面板、楼板、墙板、金属幕墙、玻璃窗、钢铝窗、贮水池、上下管道等的接缝密封,可用于活动量大的接缝。

(5)丙烯酸酯建筑密封膏(JC 484—92)

丙烯酸酯建筑密封膏是以单组分水乳型丙烯酸酯为基料的建筑密封材料。这种密封膏黏结力强,具有很好的弹性,能适应一般伸缩变形的需要;耐候性好,能在 -20 ~ 100 ℃情况下长期保持柔韧性;耐水、耐酸性好。适用于混凝土、金属、木材、砖石、玻璃等材料之间的密封防水。

思考练习题

1. 何谓地沥青和焦油沥青?
2. 石油沥青有哪三个组分?各自对沥青的性能有何影响?
3. 石油沥青的牌号是如何划分的?牌号大小说明什么问题?
4. 石油沥青应具有哪些主要性质?
5. 试述沥青的黏滞性、塑性、温度稳定性的概念。

6. 何谓沥青的“老化”？如何提高沥青的抗老化能力？
7. 简述乳化沥青的形成和分裂机理。
8. 常用防水卷材有哪些品种？各有何特点？
9. 常用的防水涂料、防水胶黏剂和密封材料有哪些？

7

钢　材

【学习目标】通过本章的学习，了解钢材冶炼的方法，了解钢材的分类方法及冷加工、时效对钢材性能的影响，了解铁轨的基本知识，掌握建筑钢材的力学性质、工艺性质及碳素结构钢、低合金高强度结构钢、钢筋、钢丝、钢绞线的技术性质、特性及应用。

建筑钢材是指建筑工程中使用的各种钢材。如钢结构中使用的各种型材(角钢、工字钢、槽钢)、板材以及用于钢筋混凝土结构中的钢筋、钢丝、钢绞线等。

建筑钢材强度高、材质均匀，具有一定的弹性和塑性应变能力，能承受冲击、振动等荷载，可焊接、铆接、螺栓连接，易于装配。因此，钢材用于建筑结构时，安全性大，自重较轻，适用于大跨度和高层结构，但建筑钢材也存在易锈蚀及耐火性差的缺点。

7.1　钢材的冶炼和分类

7.1.1　铁和钢的冶炼

1. 铁的冶炼及性能

铁俗称生铁，由含碳量大于或等于 2.11% 的铁碳合金组成。生铁是由铁矿石、焦炭和助熔剂在高炉中经高温冶炼，从矿石中还原出来的。用来炼铁的矿石主要有四种：赤铁矿(Fe_2O_3)、磁铁矿(Fe_3O_4)、菱铁矿($FeCO_3$)和褐铁矿($Fe_2O_3 \cdot nH_2O$)。生铁的含碳量较高，一般含碳 2.5% ~4.0%，且含有较多的硫、磷等有害杂质，因而质硬而脆、塑性及韧性差，且抗拉强度很低，通常用于铸造，故又常称为铸铁。

铸铁由于其所含碳的存在形式不同，其性能有很大的差别，可分为白口铸铁、灰口铸铁、可煅铸铁和球墨铸铁四种。

白口铸铁(断口呈银白色)中的碳以化合物 Fe_3C 的形态存在，很硬很脆，很难加工，性能也很差，它只能作为炼钢的原料。

灰口铸铁(断口呈暗灰色，代号为 HT)的机械性能不好，但生产工艺简单，成本低廉，常用于铸造机座和机件。工程中所用的上下水道的铸铁管及其管件(短管、套管、弯管、丁字管、十字管等)就是用灰口铸铁铸造的。

可煅铸铁(代号为 KT)的机械性能比灰口铸铁高，冲击韧性较好，常用于制造重要的小型铸件或锻件。自来水管道用的各种连接件、铁道上用于将钢轨定位的铁座、轨撑、扣紧钢轨用的扣板等，就是用可锻铸铁铸造或锻造的。

球墨铸铁(代号为 QT)的机械性能较好，并可用热处理改善性能，用于铸造重要的机件，如曲轴、齿轮、连杆等。在机械上应用广泛。

2. 钢的冶炼

(1)钢的冶炼

钢比生铁的杂质元素含量小,机械性能高。炼钢就是减少生铁中碳、硅、锰、磷、硫等杂质元素,添加必要的合金元素,以便得到性能理想的钢材。炼钢方法有三种:转炉炼钢法、平炉炼钢法和电炉炼钢法。现对三种炼钢方法简介如下:

①转炉炼钢法:转炉法冶炼过程可分三个阶段:第一阶段是装料,将混铁炉中的铁水倒入能前后转动的梨形炉中,并按比例向炉内加入一定量的废钢和造渣材料;第二阶段是吹炼,从转炉顶部或侧面吹入高压纯氧,使铁水中大部分杂质迅速氧化成渣并排除;第三阶段是出钢,在钢水放入盛钢桶的过程中,根据钢种要求加入适量的锰铁、硅铁、铝块和合金料,依靠钢液的高温和钢水注入过程中的搅动作用,使脱氧和合金化过程得以顺利进行。氧气转炉炼钢能有效地去除硫、磷等杂质,钢材性能好,且冶炼时间短(20~40 min),无须其他燃料,成本较低,因而发展迅速,已成为当今世界炼钢发的主流,大量用于炼制碳素钢和低合金钢。

②平炉炼钢法:在平炉中以固态或液态的生铁、铁矿石和废钢铁作原料,以煤气或重油为燃料,在平炉中加热进行冶炼,使杂质氧化而造渣排除。平炉炼钢的冶炼过程可分四个阶段:分别是装料、熔化、精炼、脱氧出钢。由于冶炼时间较长(一般2~3 h),炉温较高,可取样化验其成分,故能精确控制,钢中硫、磷、氮、氢等有害杂质含量少,质量较高,并可一次获得大批量的匀质产品。此法一般用来炼制优质碳素钢、合金钢和有特殊要求的专用钢,如铁路桥梁钢、钢轨钢等。但平炉设备投资大,燃料效率低,钢材成本较高。

③电炉炼钢法:是用电加热进行高温冶炼的炼钢法,冶炼过程可分装料、熔化、氧化、还原及出钢几个阶段。电炉炼钢法加温速度快,能在短时间内达到高温,且温度容易调节,钢的成分可准确控制,杂质含量很少,钢质很好,但产量低,成本高,一般只炼制优质的特殊合金钢及高、中合金钢。

(2)钢的浇注

炼钢炉炼好的钢液放入盛钢桶内,除少数直接浇注成铸钢件外,大部分要浇注成钢锭,目前浇注方法有钢锭模铸锭和连续铸锭两种方法。模铸法是将盛钢桶内的钢水直接浇入或通过中注管注入钢锭模内,形成钢锭。

出钢时,根据钢水脱氧程度的不同,将钢分为沸腾钢、半镇静钢、镇静钢和特殊镇静钢四种。

①沸腾钢(代号F):在炼钢炉内加入锰铁进行部分脱氧,因脱氧不完全,钢中残留的FeO与碳化合,生成CO气泡逸出,形成钢水“沸腾”,故名沸腾钢。沸腾钢中有残留CO气泡,热轧后会留下一些微型缝,使钢的力学性能变差。在冷却过程中,硫、磷成分会向凝固较迟的部分积聚,形成偏析现象,增大钢材的冷脆性和时效敏感性,降低可焊性。因此,沸腾钢的质量只能达到一般要求。

②镇静钢(代号Z):它是除加入锰铁和硅铁外,还加入铝,使钢脱氧完全。铸锭时钢水很平静,无沸腾现象,故称镇静钢。镇静钢的成分均匀纯净,组织致密,故质量很好,但成本提高。此外,加入的铝还可以与氮化合生成氮化铝减轻氮的有害作用。所以镇静钢的冷脆性和时效敏感性较低,疲劳强度较高,可焊性好,适用于承受冲击荷载或其他重要结构。

③半镇静钢(代号b):脱氧程度介于沸腾钢和镇静钢之间,其性能与质量也介于这两者之间。

④特殊镇静钢(代号TZ):脱氧更彻底,性能比镇静钢更好。但在工程上很少使用。

(3)热轧成型

将钢锭再加热到一定的高温进行热加工,即经过锻造、热压、轧制成形状尺寸符合要求的钢材,如钢筋、钢带、钢板、钢管和各种型钢等,才能供工程使用。这种热加工还可以使钢锭内的大部分气孔焊合,疏松组织变得密实,晶粒细化,从而提高钢的质量,碾轧的次数越多,强度提高的程度就越大。故同成分的钢材,小截面的比大截面的强度高,沿轧制方向的比非轧制方向的强度高。

7.1.2 钢材的分类

1. 按化学成分分类

按化学成分,钢可分为碳素钢和合金钢。钢的基本元素是铁,普通碳素钢中纯铁约占99%,其他元素有碳、硅、锰等,及在冶炼过程中不易除尽的有害杂质硫、磷等。为了改善钢材的力学性质,一般在钢中加入适量的锰、硅、铬、镍、铜、钒、钛、铌等合金元素,使其获得某些特殊性质,这种钢称为合金钢。

(1)碳素钢

根据含碳量可分为:低碳钢(含碳量<0.25%)、中碳钢(含碳量0.25%~0.6%)和高碳钢(含碳量≥0.6%)。

(2)合金钢

按掺入合金元素的总量可分为:低合金钢(合金元素总含量<5%)、中合金钢(合金元素总含量5%~10%)和高合金钢(合金元素总含量>10%)。

2. 按钢材的质量等级分类

按照钢材的质量等级,主要对硫、磷有害杂质的限制不同,钢材可分为:

(1)普通碳素钢:含硫量≤0.055%~0.065%,含磷量≤0.045%~0.085%;

(2)优质碳素钢:含硫量≤0.03%~0.045%,含磷量≤0.035%~0.04%;

(3)高级优质碳素钢:含硫量≤0.02%~0.03%,含磷量≤0.027%~0.035%。

3. 按用途分类

根据用途的不同,钢材可分为:

(1)结构钢:主要用于建筑工程中的钢结构和钢筋混凝土结构;

(2)工具钢:一般用于各种切削工具、量具、模具等工具的生产;

(3)特殊性质钢:用于具有各种特殊物理、化学性质钢的生产,如不锈钢、耐热钢、耐磨钢、耐磁钢等。

目前,在建筑工程中常用普通碳素结构钢和普通低合金结构钢。

4. 按脱氧程度分类

脱氧程度不同,钢材的性质就不同,根据钢在冶炼过程中的脱氧程度,钢材可分为沸腾钢、镇静钢、半镇静钢和特殊镇静钢。建筑工程中,常用的钢材主要是沸腾钢、镇静钢和半镇静钢。

7.2 钢材的技术性能及钢材的冷加工

建筑钢材作为主要的受力结构材料,其技术性质包括力学性质和工艺性质两方面。钢材在外力作用下表现出来的性质称为力学性质;钢材在加工过程中表现出来的性质称为工艺性质。

7.2.1 建筑钢材的力学性质

建筑钢材的力学性质有抗拉性质、抗冲击性质、耐疲劳性质及硬度等，其中抗拉性质是建筑钢材最主要的力学性质，通过拉伸试验测定的屈服强度、抗拉强度和伸长率等是建筑钢材的重要技术指标。

1. 抗拉性质

力学性质需由试验来测定，拉伸试验是工程上最重要、应用最广泛的材料试验。因为低碳钢在拉伸过程中所表现的荷载与变形的关系具有代表性，所以一般以低碳钢的拉伸试验为研究钢材抗拉性质的典型例证。低碳钢的拉伸试件分二种，分别是细长试件和粗短试件，其中细长试件的标距长度 L_0 是试件直径 d_0 的 10 倍（$L_0=10\ d_0$），粗短试件的标距长度 L_0 是试件直径 d_0 的 5 倍（$L_0=5d_0$），低碳钢拉伸试件如图 7－1 所示。

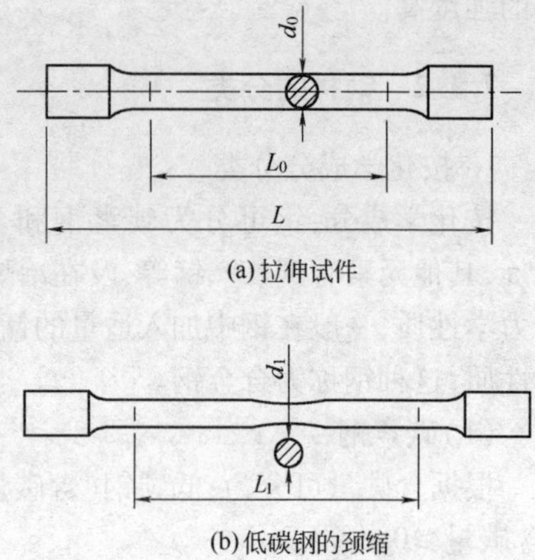

图 7－1 钢材拉伸试件及颈缩现象

将试件放在试验机的夹具上，试件两端施加一对缓慢增加的拉伸荷载，观察试件的受力与变形过程直到被拉断。在加荷载过程中，记录各个荷载 P 作用下试件标距内的变形量 ΔL，并绘出 $P-\Delta L$ 曲线，此曲线称为拉伸曲线，如图 7－2(a) 所示。为了使拉伸试验不受不同试件尺寸的影响，更好反映钢材的力学性能，可将拉伸荷载改为试件所受应力 σ 表示（应力 σ 为试件的荷载 P 与试件的初始横截面面积 A_0 之比，$\sigma=P/A_0$），将试件的伸长改为应变 ε 表示（应变为试件伸长量 ΔL 与初始长度 L 之比，$\varepsilon=\Delta L/L$），得到钢材试件的应力—应变曲线（σ—ε 曲线）。

不同材料的拉伸试验所得到的应力—应变曲线差异很大，以塑性材料、低碳钢的标准拉伸试件的拉伸试验为例，如图 7－2(b) 所示，低碳钢从开始受力至拉断的整个试验过程可分为以下四个阶段：

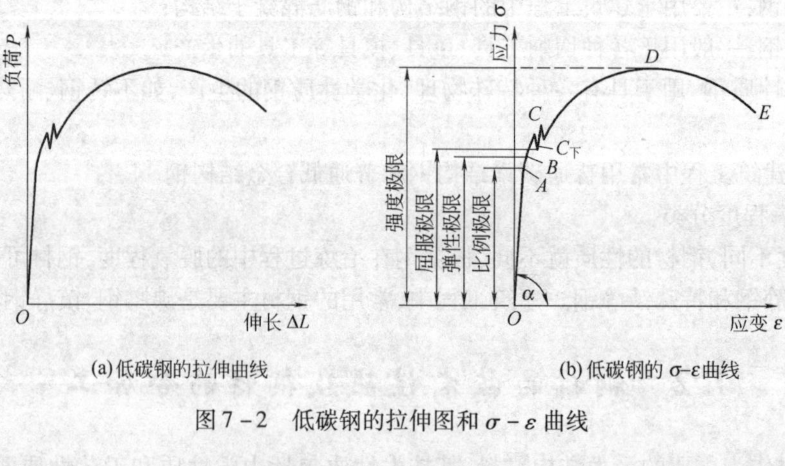

图 7－2 低碳钢的拉伸图和 $\sigma-\varepsilon$ 曲线

(1) 弹性阶段（Ⅰ）。OA 段是一条直线，为弹性变形阶段。在 OA 范围内，随着荷载增加，应力和应变成比例增加，如果卸去荷载，试件的应变会全部消失，这种性质为弹性。在此范围内的变形，称为弹性变形。A 点对应的应力值称为弹性极限，用 σ_p 表示。应力与应变的比值为一常数，称为弹性模量，用 E 表示，即 $E=\sigma_p/\varepsilon$，弹性模量反映了钢材抵抗弹性变形能力。碳素结构钢 Q235 的弹性模量 $E=(2.0\sim2.1)\times10^5$ MPa，弹性极限 $\sigma_p=(180\sim200)$ MPa。

(2)屈服阶段(Ⅱ)。AB 段为屈服阶段。在 $\sigma—\varepsilon$ 曲线上为一接近水平的锯齿形线段，应力在 $B_下$(下屈服点)的小范围内波动，而应变迅速增长，材料暂时失去了抵抗变形的能力，这种现象称为材料的屈服，这一阶段称为屈服阶段。一般取波动应力的最低值 $B_下$ 作为材料的屈服极限(位置较易确定)，用 σ_s 表示。

钢材受力达屈服后，虽然尚未破坏，但变形发展迅速，已经不能满足使用要求，所以设计中一般以屈服强度作为钢材强度取值的依据。

对于外力作用下屈服现象不明显的钢材，如中、高碳钢，规定卸载后产生 0.2% 塑性应变时的应力值作为屈服强度，用 $\sigma_{0.2}$ 表示，如图 7－3 所示。

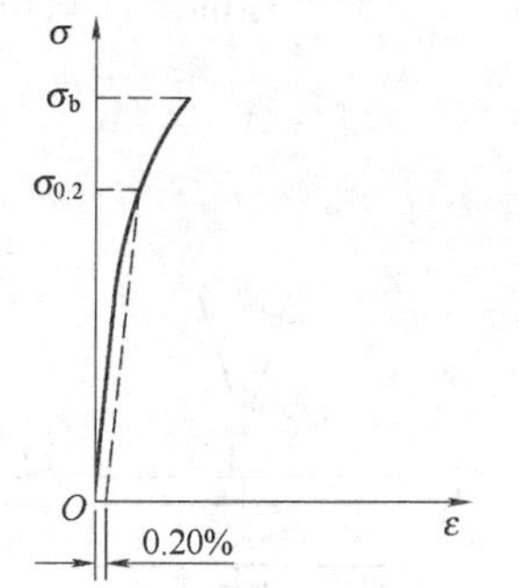

图 7－3　中、高碳钢的应力—应变图($\sigma-\varepsilon$ 曲线)

(3)强化阶段(Ⅲ)。BC 为强化阶段。当应力超过屈服强度后，应力又随应变的增长而增大，说明材料恢复了对变形的抵抗能力，要增加变形必须增大拉力，这种现象称为材料的强化，最高点 C 对应的应力称为强度极限，又称抗拉强度，是钢材所能承受的最大应力，用 σ_b 表示。

抗拉强度在工程中不能直接利用，但屈服强度与抗拉强度的比值(屈强比，用 σ_s/σ_b 表示)是评价钢材受力特征的一个参数，屈强比越小，表明材料的安全性和可靠性越高，材料越不容易发生危险的脆性破坏，但屈强比过小，钢材强度的利用率偏低，不够经济。建筑钢材合理的屈强比一般为 0.6～0.75。

(4)颈缩阶段(Ⅳ)。CD 为颈缩阶段。应力达到强度极限后，在应变迅速增长的同时，应力反而下降，材料抵抗变形的能力明显降低，在试件弱处的断面迅速缩小，塑性变形急剧增加，产生颈缩现象并很快断裂，如图 7－1(b)所示。

将断裂后的试件拼合后，量出标距两端点的距离，按式(7－1)计算伸长率：

$$\delta=\frac{L_1-L_0}{L_0}\times100\% \qquad (7-1)$$

式中　L_0——试件原标距长度，mm；

L_1——试件拉断后标距间的长度，mm。

伸长率是反映钢材塑性变形能力的一个重要指标，在工程中具有重要意义，δ 大，说明材料的塑性性质好，破坏前会有较大的塑性变形，可防止突发性的破坏。工程上一般规定 $\delta>5\%$ 的材料为塑性变形；$\delta<5\%$ 的材料为脆性材料。

试件拉断后，其颈缩处横截面面积减缩量占原横截面面积的百分率，称为材料的截面收缩率(用 ψ 表示)，截面收缩率也是反映钢材塑性变形程度的一个指标。

2. 冲击韧性

冲击韧性是钢材抵抗冲击荷载作用而不破坏的能力。冲击韧性指标是通过冲击试验确定的，如图 7－4 所示，用试验机摆锤冲击带有 V 形缺口标准试件的背面，试件缺口处受冲击破坏，缺口冲断过程中所消耗的功称为冲击功 A_k，缺口冲断处单位面积上所消耗的功(J/cm^2)即为冲击韧性指标，以 a_k 表示，A_k 及 a_k 可参考式(7－2)进行计算：

$$A_k = P(H-h), \quad a_k = P\frac{H-h}{A} \tag{7-2}$$

式中 A_k——冲击功,J;

a_k——冲击韧性,J/cm^2;

P——摆锤重量,N;

H——冲击前摆锤扬起的高度,m;

h——冲击后摆锤向后摆动的高度,m;

A——标准试件缺口处的截面面积,cm^2。

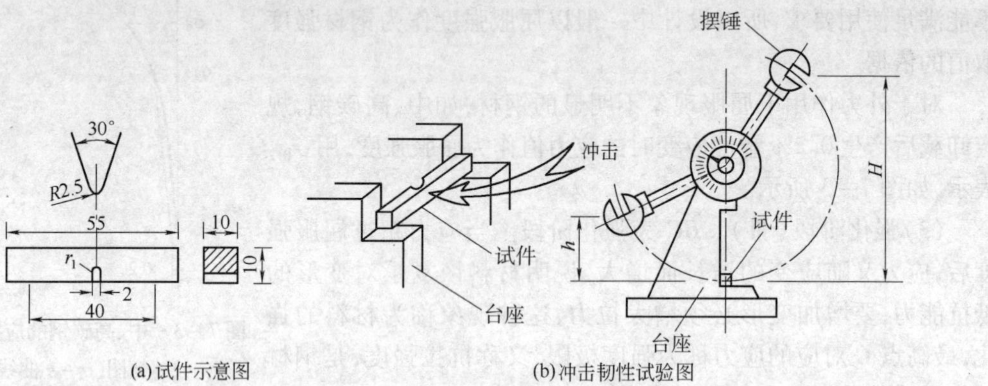

(a)试件示意图 (b)冲击韧性试验图

图7-4 冲击韧性试验示意图

a_k 值越大,说明钢材断裂前吸收的能量越多,钢材的冲击韧性越好。

钢材的冲击韧性与钢的化学成分、冶炼方法、温度及加工等有关,当钢中硫、磷含量较高,存在化学偏析、非金属杂质,焊接中形成微裂纹时,都会使冲击韧性显著下降。

此外,温度对钢材的冲击韧性的影响也很大,钢材在负温条件下,冲击韧性会显著下降,钢材会由塑性状态转化为脆性状态,这一现象称为钢材的冷脆性。使用过程中,对钢材冷脆性的评定,通常是在-20℃、-30℃、-40℃三个温度下分别测定其冲击功 A_k 或冲击值 a_k,由此来判断钢材脆性转变温度的高低,要求钢材的脆性转变温度低于其实际使用环境的最低温度。

3. 疲劳强度

钢材在交变荷载反复作用下,在远小于抗拉强度时会发生突然破坏,这种破坏称为疲劳破坏。钢材疲劳破坏的应力指标用疲劳强度表示,是钢材在交变荷载作用下,于规定周期基数内不发生断裂所能承受的最大应力值。一般把钢材承受交变荷载 $10^6 \sim 10^7$ 次不发生破坏所能承受的最大应力作为疲劳强度。

钢材疲劳断裂过程,一般认为是在重复的交变荷载作用下,虽然其所受应力值远小于抗拉强度 σ_b,甚至小于钢材的屈服强度 σ_s,但在构件的最薄弱部分,产生很小的疲劳裂纹,并随交变荷载循环次数的增加而扩展,从而使钢材的有效承载面积不断缩小,以致不能承受所加荷载而突然断裂。因此,当制作承受反复交变荷载作用的结构或构件时,应对所用钢材进行疲劳测试。

4. 硬度

硬度是指钢材表面局部抵抗其他较硬物体压入的能力。硬度是衡量钢材软硬程度的一个指标,一般可用布氏硬度法、洛氏硬度法或维氏硬度法进行测定,其中最常用的是布氏硬度测定法,布氏硬度指标值用 HB 表示。

布氏法的测定原理是:用直径为D(mm)的淬火钢球以P(N)的荷载将其压入试件表面,经规定的持续时间后卸载,即得直径为d(mm)的压痕,以压痕表面积F(mm^2)除荷载P,所得应力值即为试件的布氏硬度值HB,如图7-5所示。HB值越大,表明钢材越硬,例如钢轨的硬度一般为HB280~370。

洛氏法的测定原理是:在洛氏硬度试验机上,用120°的金刚圆锥压头或淬火钢球对钢材进行压陷,以一定压力作用下压痕的深度(按一定关系换算)表示洛氏硬度,根据压头类型和压力的大小不同,可用HRA、HRB、HRC分别表示,值越大,表示钢材越硬。

维氏法的测定原理是:用136°的金刚棱锥压头在维氏硬度试验机对钢材进行压陷,如图7-6所示,以每单位凹陷面积上所承受的压力表示维氏硬度,用HV表示,值越大,表示钢材越硬。

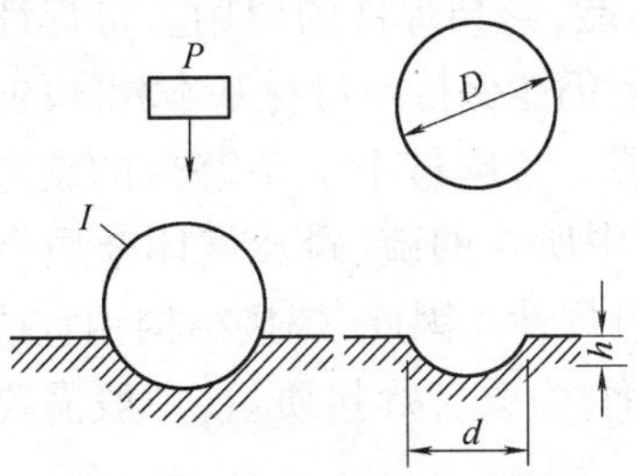

图7-5　布氏硬度试验示意图图

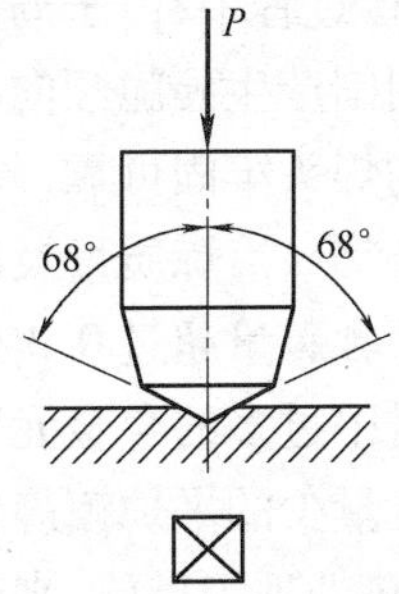

图7-6　维氏硬度试验示意图

通常,钢材的抗拉强度越高,塑性变形抵抗力越强,硬度值越大,一般中、高碳钢比低碳钢要硬。

7.2.2　建筑钢材的工艺性质

冷弯性质和焊接性质是建筑钢材重要的工艺性质,钢材应具有良好的工艺性质,以满足施工工艺的要求。

1. 冷弯性质

冷弯性质是指钢材在常温下承受弯曲变形的能力。建筑上常把钢材弯成要求的形状,因此要求钢材具有良好的冷弯性质。

冷弯是通过检查试件按规定的弯曲角度和弯心直径弯曲后,弯曲处的外侧和内面有无裂纹、起层、断裂等情况进行评定的,其性质一般用弯曲的角度和弯心直径与试件直径(或厚度)的比值(d/a)来表示,冷弯试验如图7-7所示。

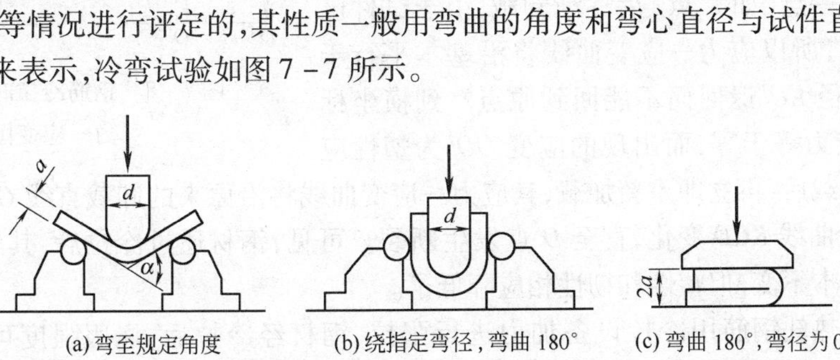

图7-7　钢材的冷弯试验

若弯曲角度越大,弯心直径对试件直径(或厚度)的比值越小,则表明钢材的冷弯性质越好。

钢材的冷弯性质和伸长率都是钢材塑性能力的反映，伸长率大的钢材，其冷弯性质必然较好，但伸长率是在试件轴向变形条件下测定的，而冷弯试验测定的是钢材局部变形的能力，对钢材的塑性评定比拉伸试验更严格、更敏感，更有助于揭示钢材内部结构是否均匀，是否存在内应力和夹杂物等缺陷，所以伸长率合格的钢材，其冷弯不一定合格。工程中还可用冷弯试验来检验建筑钢材各种焊接接头的焊接质量。所以对重要结构和弯曲成型的钢材，冷弯性质必须合格。

2. 焊接性质

建筑工程中，钢材之间的连接绝大多数采用焊接方式来完成，因此要求钢材具有良好的可焊性。可焊性是在一定的焊接工艺条件下，在焊缝及附近过热区不产生裂缝及脆性倾向的一种性能。焊接后的力学性质，特别是强度不得低于原钢材的性质。

钢材在焊接过程中，由于局部温度很高，导致焊缝及其附近的过热区将会发生晶体结构的变化，使焊缝周围产生硬脆倾向，降低焊件的部分力学性能，影响焊件的使用。可焊性良好的钢材，焊接后的焊头牢固可靠，硬脆倾向小，焊缝处及附近仍能保持与母材基本相同的性质。

钢的化学成分、冶炼质量及冷加工都会影响焊接性质。含碳量小于 0.25% 的碳素钢具有良好的可焊性，含碳量超过 0.3% 时，可焊性变差。钢材中所含的硫、磷及气体杂质会显著降低可焊性；钢材中过多的合金元素也将不同程度地降低可焊性。因此，焊接结构钢宜选用含碳量较低，杂质含量少的平炉镇静钢。对于高碳钢和合金钢，为改善焊接质量，一般需要采用焊前预热及焊后热处理等措施，来改善钢材焊后的硬脆性。

7.2.3 建筑钢材的冷加工与强化

钢材的冷加工和时效是钢材加工过程中具有的一种特性。建筑钢材常见的冷加工方式有：冷拉、冷拔、冷轧，即通常所说的“三冷操作”。

1. 钢材的冷加工

钢材在常温下受到强力作用，产生塑性变形，从而提高屈服强度，相应降低塑性和韧性的现象，称为冷加工（又称冷加工强化）。对钢材进行冷加工，可充分发挥钢材效用，节约钢材。

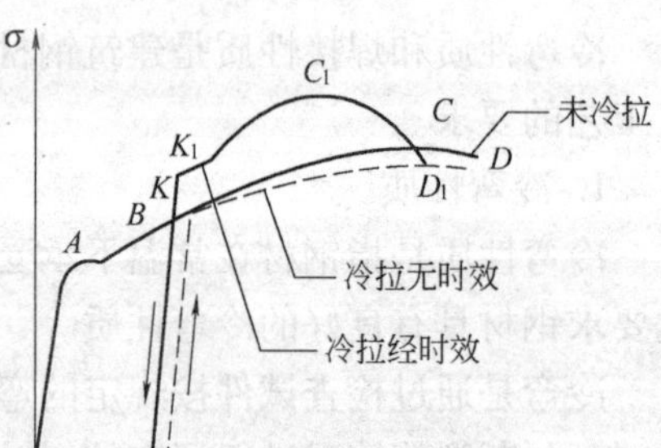

图 7-8 钢筋冷拉时效后应力—应变图

以钢筋的冷拉为例，如图 7-8 所示，图中 *OABCD* 为未经冷拉时效的应力—应变曲线，当试件加载到强化阶段中的某一点（如 *K* 点）后逐渐卸载，由于试件已产生塑性变形，所以应力—应变曲线将沿基本平行于直线 *OA* 的路径 *KO′* 退回而不能回到原点。到横坐标轴时试件的应力等于零，而出现的应变 *OO′* 为塑性应变。如完全卸载后，再立即重新加载，其应力—应变曲线将沿原来的卸载直线 *O′K* 变化，到最高点 *K* 后又沿曲线 *KCD* 变化，直至 *D* 点发生断裂。可见，钢材通过冷拉后，其屈服强度提高而抗拉强度基本不变，但塑性和韧性相应降低了。

冷拉是将热轧钢筋用冷拉设备加力进行张拉，钢材经冷拉后，屈服强度可提高 20% ~ 30%，可节约钢材 10% ~20%。

钢材冷拉操作中，应按相应的保证指标进行控制拉伸。控制方法分单控与双控两种：单控只控制冷拉时钢材的伸长率；双控既控制伸长率，又控制拉伸应力，并以控制拉伸应力为主，即拉伸至控制应力而冷拉率没超过允许值为合格。

冷拔是强力拉拔光面圆钢筋，使其通过截面小于钢筋截面面积的拔丝模，由于模孔直径小于钢筋直径，则钢筋在拉拔过程中不仅受拉，同时还受到挤压作用，使冷拉的钢筋屈服强度大幅度提高而塑性显著下降。经过一次或多次冷拔后的钢筋，屈服强度可提高40% ~60%，但塑性大大降低，具有硬钢性质。

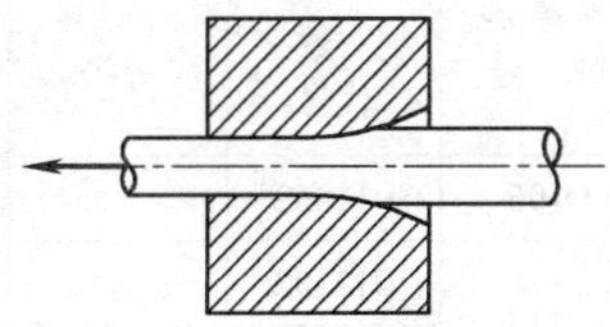

图7-9　钢筋冷拔示意图

冷轧是将圆钢在轧钢机上轧成断面按一定规律变化的钢筋，可增大钢筋与混凝土间的黏结力，提高钢筋的屈服强度。钢筋在冷轧时，纵向与横向同时产生变形，因此能较好地保持塑性性质及内部结构的均匀性。

2. 钢材的时效

钢材经冷加工后，随时间的延长，钢材屈服极限和强度极限逐渐提高而塑性和韧性逐渐降低的现象称为时效。经过冷拉的钢筋在常温下存放15~20 d，或加热到100~200 ℃并保持一定时间，这个过程称为时效处理，前者为自然时效，后者为人工时效，一般强度较低的钢材采用自然时效，而强度较高的钢材则采用人工时效。

以钢筋的时效为例（如图7-8）。当试件加载到强化阶段的任一点K，卸去荷载后，不立即重新张拉，而是松弛应力，经时效处理后，再继续张拉，此时钢材的应力—应变曲线为$O'K_1C_1D_1$，屈服点进一步提高到K_1，其抗拉强度也明显提高了，但塑性和韧性进一步降低了。

钢材的时效是普遍而长期的过程，有些未经冷加工的钢材，长期存放后也会出现时效现象，冷加工仅是加速了时效的发展。因时效而导致钢材性质改变的程度称为时效敏感性。时效敏感性大的钢材，经时效后，其韧性、塑性改变较大。承受振动、冲击荷载作用的重要性结构（如吊车梁、桥梁等），应选用时效敏感性小的钢材。

7.3　工程中常用的钢材

我国建筑工程及铁道工程常用的钢材主要有碳素结构钢、低合金高强度结构钢、钢筋、钢丝、钢绞线等。其中碳素结构钢、低合金高强度结构多用于钢结构工程、铁道工程及桥梁工程中，钢筋、钢丝、钢绞线为钢筋混凝土结构用钢。

7.3.1　碳素结构钢

1. 碳素结构钢的牌号及表示方法

国家标准《碳素结构钢》（GB 700—2006）规定：碳素结构钢共有4个牌号，其牌号的表示方法由代表屈服点的字母、屈服点的数值、质量等级符号、脱氧程度符号等四部分按顺序组成。其中“Q”表示屈服点代号；质量按硫、磷等杂质的含量由多到少，分为A、B、C、D四个等级，A、B、C级表示普通级钢，D表示优质钢（含硫、磷均小于或等于0.035%）；脱氧方法以F表示沸腾钢，b表示半镇静钢，Z表示镇静钢，TZ表示特殊镇静钢，其中Z、TZ在牌号组成中可以予以省略。

例如：Q235AF表示屈服点为235 MPa的A级沸腾钢。

碳素结构钢按其力学性能和化学成分含量可分为Q195、Q215、Q235、Q275四个牌号。

2. 碳素结构钢的技术标准

各牌号的碳素结构钢均应符合国家标准规定，其中化学成分、力学性质及工艺性质要求分别见表7-1、表7-2、表7-3。

表 7－1　碳素结构钢的化学成分（GB 700—2006）

牌　号	统一数字代号	等级	厚度（或直径）（mm）	脱氧方法	化学成分（质量分数）（%），不大于				
					w（C）	w（Si）	w（Mn）	w（P）	w（S）
Q195	U11952		–	F、Z	0.12	0.30	0.50	0.035	0.040
Q215	U12152	A	–	F、Z	0.15	0.35	1.20	0.045	0.050
	U12155	B							0.045
Q235	U12352	A	–	F、Z	0.22	0.35	1.40	0.045	0.050
	U12355	B			0.20				0.045
	U12358	C		Z	0.17			0.040	0.040
	U12359	D		TZ				0.035	0.035
Q275	U12752	A	–	F、Z	0.24	0.35	1.50	0.045	0.050
	U12755	B	≤40	Z	0.21			0.045	0.045
			>40		0.22				
	U12758	C	–	Z	0.20			0.040	0.040
	U12759	D		TZ				0.035	0.035

a. 表中为镇静钢、特殊镇静钢牌号的统一数字，沸腾钢牌号的统一数字代号如下：
Q195F—— U11950；
Q215AF—— U12150，Q215BF——U12153；
Q235AF—— U12350，Q235BF——U12353；
Q275AF—— U12750。
b. 经需方同意，Q235B 的碳含量可不大于 0.22%。

表 7－2　碳素结构钢的力学性质（GB 700—2006）

牌号	等级	屈服强度（N/m²），不小于						抗拉强度（N/m²）	断后伸长率 A（%），不小于					冲击试验（V 形缺口）	
		厚度（或直径）（mm）							厚度（或直径）（mm）					温度（℃）	冲击吸收功（纵向）（J），不小于
		≤16	>16～40	>40～60	>60～100	>100～150	>150～200		≤40	>40～60	>60～100	>100～150	>150～200		
Q195		195	185					315～430	33						
Q21	A	215	205	195	185	175	165	335～450	31	30	29	27	26		
	B													+20	27
Q235	A	235	225	215	215	195	185	370～500	26	25	24	22	21		
	B													+20	27
	C													0	
	D													−20	
Q275	A	275	265	255	245	225	215	410～540	22	21	20	18	17		
	B													+20	27
	C													0	
	D													−20	

a. Q195 的屈服强度值仅供参考，不作交货条件。
b. 厚度大于 100 mm 的钢材，抗拉强度下限允许降低 20 N/mm²，宽带钢（包括剪切钢板）抗拉强度上限不作交货条件。
c. 厚度小于 25 mm 的 Q235B 级钢材，如供方能保证冲击吸收功值合格，经需方同意，可不做检验。

表7-3　碳素结构钢的冷弯试验指标(GB 700—2006)

牌　号	试样方向	冷弯试验180°　$B=2a$		牌　号	试样方向	冷弯试验180°　$B=2a$	
		钢材厚度(或直径)(mm)				钢材厚度(或直径)(mm)	
		≤60	>60~100			≤60	>60~100
		弯心直径 d				弯心直径 d	
Q195	纵	0		Q235	纵	a	$2a$
	横	$0.5a$			横	$1.5a$	$2.5a$
Q215	纵	$0.5a$	$1.5a$	Q275	纵	$1.5a$	$2.5a$
	横	a	$2a$		横	$2a$	$3a$

a. B 为试样宽度,a 为试样厚度(或直径)。
b. 钢材厚度(或直径)大于100 mm时,弯曲试验由双方协商确定。

3. 碳素结构钢的应用

不同牌号的碳素结构钢含碳量不同,一般牌号数值越大,含碳量越高,其强度、硬度也就越高,但塑性、韧性则越低。硫、磷含量低的C、D级钢质量优于A、B级钢,特殊镇静钢、镇静钢质量优于半镇静钢,更优于沸腾钢。

Q195和Q215钢的强度较低,但塑性、韧性很好,易于冷加工,线材用于制作冷拔低碳钢丝,并可用作铁钉、铆钉、螺栓;板材用于冷轧钢板、冷弯型钢;型材可用于钢结构、钢门窗;管材可用于供水、供油、供气管道等。

Q235钢有较高的强度和良好的塑性、韧性、可焊性和冷加工性性能,适合于工程使用。结构工程的各种型钢和板材,钢筋混凝土工程中的光圆钢筋、钢丝及工程中的各种管材均可用Q235制作,铁路轨道中的垫板、道钉、轨距杆和防爬器也可用Q235制作。

Q275钢的屈服强度较高,但塑性、韧性和可焊性较差,加工难度较大,用于结构中的配件制作,预应力工程中预应力锚具制作等。

7.3.2　低合金高强度结构钢

低合金高强度结构钢是以碳素结构钢为基础加入少量的一种或几种合金元素(总含量<5%)冶炼而成的一种结构钢。低合金高强度结构钢具有较高的强度,同时材料的塑性、韧性、耐磨性、耐腐蚀性、焊接性及低温性能良好。加入的合金元素有锰(Mn)、硅(Si)、钒(V)、钛(Ti)、铌(Nb)、铬(Cr)或稀土元素。

1. 低合金高强度钢的牌号及表示方法

国家标准《低合金高强度结构钢》(GB/T 1591—1994)规定:低合金高强度结构钢分为5个牌号,其牌号的表示方法由代表屈服点的字母、屈服点的数值、质量等级符号三部分按顺序组成。其中“Q”表示屈服点代号;质量按硫、磷等杂质的含量由多到少,分为A、B、C、D、E五个等级。

例如:Q295—A表示屈服点为295 MPa、质量为A级的低合金高强度结构钢。

低合金高强度结构钢按其力学性能和化学成分含量可分为Q295、Q345、Q390、Q420、Q460五个牌号。

旧标准《低合金结构钢》(GB 1591—88),是用化学成分及其所含合金元素的含量来表示的,一般按含碳量的万分数含量、主加合金元素、辅加合金元素的顺序书写。

例如:45 Si_2MnV 表示含碳量万分之45,含硅量约为2%,含锰量为1%,并含有微量钒的低合金高强度碳素钢。

2. 低合金高强度结构钢的技术标准

低合金高强度结构钢应符合国家标准规定,其中化学成分、力学性质要求分别见表7-4和表7-5。

表7-4　低合金高强度结构钢的化学成分(GB/T 1591—1994)

牌号	等级	化学成分(%)										
		C≤	Mn	Si	P≤	S≤	V	Nb	Ti	Al	Cr≤	Ni≤
Q295	A	0.16	0.80~1.50	0.55	0.045	0.045	0.02~0.15	0.015~0.060	0.02~0.20	—	—	—
	B	0.16	0.80~1.50	0.55	0.040	0.040	0.02~0.15	0.015~0.060	0.02~0.20	—	—	—
Q345	A	0.02	1.00~1.60	0.55	0.045	0.045	0.02~0.15	0.015~0.060	0.02~0.20	—	—	—
	B	0.02	1.00~1.60	0.55	0.040	0.040	0.02~0.15	0.015~0.060	0.02~0.20	—	—	—
	C	0.20	1.00~1.60	0.55	0.035	0.035	0.02~0.15	0.015~0.060	0.02~0.20	0.015	—	—
	D	0.18	1.00~1.60	0.55	0.030	0.030	0.02~0.15	0.015~0.0600	0.02~0.20	0.015	—	—
	E	0.18	1.00~1.60	0.55	0.025	0.025	0.02~0.15	0.015~0.060	0.02~0.20	0.015	—	—
Q390	A	0.20	1.00~1.60	0.55	0.045	0.045	0.02~0.20	0.015~0.060	0.02~0.20	—	0.3	0.7
	B	0.20	1.00~1.60	0.55	0.040	0.040	0.02~0.20	0.015~0.060	0.02~0.20	—	0.3	0.7
	C	0.20	1.00~1.60	0.55	0.035	0.035	0.02~0.20	0.015~0.060	0.02~0.20	0.015	0.3	0.7
	D	0.20	1.00~1.60	0.55	0.030	0.030	0.02~0.20	0.015~0.0600	0.02~0.20	0.015	0.3	0.7
	E	0.20	1.00~1.60	0.55	0.025	0.025	0.02~0.20	0.015~0.060	0.02~0.20	0.015	0.3	0.7
Q420	A	0.20	1.00~1.70	0.55	0.045	0.045	0.02~0.20	0.015~0.060	0.02~0.20	—	0.40	0.7
	B	0.20	1.00~1.70	0.55	0.040	0.040	0.02~0.20	0.015~0.060	0.02~0.20	—	0.40	0.7
	C	0.20	1.00~1.70	0.55	0.035	0.035	0.02~0.20	0.015~0.060	0.02~0.20	0.015	0.40	0.7
	D	0.20	1.00~1.70	0.55	0.030	0.030	0.02~0.20	0.015~0.0600	0.02~0.20	0.015	0.40	0.7
	E	0.20	1.00~1.70	0.55	0.025	0.025	0.02~0.20	0.015~0.060	0.02~0.20	0.015	0.40	0.7
Q460	C	0.20	1.00~1.70	0.55	0.035	0.035	0.02~0.20	0.015~0.060	0.02~0.20	0.015	0.40	0.7
	D	0.20	1.00~1.70	0.55	0.030	0.030	0.02~0.20	0.015~0.060	0.02~0.20	0.015	0.40	0.7
	E	0.20	1.00~1.70	0.55	0.025	0.025	0.02~0.20	0.015~0.060	0.02~0.20	0.015	0.40	0.7

表7-5　低合金高强度结构钢的力学性质(GB/T 1591—1994)

牌号	等级	屈服点 σ_s(MPa) 钢材厚度(直径、边长)(mm)				抗拉强度 σ_b (MPa)	伸长率 σ_5 (%)	V形冲击功(A_{kv}纵向)(J)				180°弯曲试验 d=弯心直径 a=试件厚度、直径 钢材厚度(直径)(mm)	
		≤16	>16~35	>35~50	>50~100			+20℃	0℃	-20℃	-40℃		
		≥						≥				≤16	>16~100
Q295	A	295	275	255	235	390~570	23					$d=2a$	$d=3a$
	B	295	275	255	235	390~570	23	34				$d=2a$	$d=3a$

续上表

牌号	等级	屈服点 σ_s(MPa)				抗拉强度 σ_b(MPa)	伸长率 σ_5(%)	V形冲击功(A_{kv}纵向)(J)				180°弯曲试验 d=弯心直径 a=试件厚度、直径	
		钢材厚度(直径、边长)(mm)						+20℃	0℃	-20℃	-40℃	钢材厚度(直径)(mm)	
		≤16	>16~35	>35~50	>50~100							≤16	>16~100
		≥						≥					
Q345	A	345	325	295	275	470~630	21					$d=2a$	$d=3a$
	B	345	325	295	275	470~630	21	34				$d=2a$	$d=3a$
	C	345	325	295	275	470~630	21		34			$d=2a$	$d=3a$
	D	345	325	295	275	470~630	22			34		$d=2a$	$d=3a$
	E	345	325	295	275	470~630	22				27	$d=2a$	$d=3a$
Q390	A	390	370	350	330	490~650	19					$d=2a$	$d=3a$
	B	390	370	350	330	490~650	19	34				$d=2a$	$d=3a$
	C	390	370	350	330	490~650	20		34			$d=2a$	$d=3a$
	D	390	370	350	330	490~650	20			34		$d=2a$	$d=3a$
	E	390	370	350	330	490~650	20				27	$d=2a$	$d=3a$
Q420	A	420	400	380	360	520~680	18					$d=2a$	$d=3a$
	B	420	400	380	360	520~680	18	34				$d=2a$	$d=3a$
	C	420	400	380	360	520~680	19		34			$d=2a$	$d=3a$
	D	420	400	380	360	520~680	19			34		$d=2a$	$d=3a$
	E	420	400	380	360	520~680	19				27	$d=2a$	$d=3a$
Q460	C	460	440	420	400	550~720	17					$d=2a$	$d=3a$
	D	460	440	420	400	550~720	17		34	34		$d=2a$	$d=3a$
	E	460	440	420	400	550~720	17				27	$d=2a$	$d=3a$

3. 低合金高强度结构钢的应用

因低合金高强度结构钢具有强度高、综合性能好的特点，在实际工程中，低合金高强度结构钢轧制的型钢、钢板常用作高层建筑的钢结构、大跨度屋架、网架及其他承受较大荷载的构件。

低合金高强度结构钢在桥梁工程中也有广泛的应用，如16 Mnq、14 MnNbq、15 MnVNq、Q370qE、Q345qD等具有强度高，塑性、韧性、可焊性良好，疲劳强度高等特点，在我国的铁路桥梁工程中有广泛应用。我国新建的芜湖长江大桥大量采了板厚6~60 mm的14 MnNbq钢。

此外铁路钢轨及一些弹簧用钢也采用不同型号的低合金高强度结构钢轧制。

7.3.3 钢　　筋

钢筋是土建筑工程中应用最为广泛的钢材，一般用于钢筋混凝土结构中，工程应用中，将直径大于6 mm的线材归类为钢筋。钢筋主要由碳素结构钢或低合金结构钢轧制而成，品种有热轧钢筋、冷拉钢筋、冷轧带肋钢筋、热处理钢筋等。

1. 热轧钢筋

(1)热轧钢筋的分类

热轧钢筋是用加热的钢坯轧制的条型成品钢材，按其屈服强度可分Ⅰ级、Ⅱ级、Ⅲ级及Ⅳ

级共四个等级，根据《钢筋混凝土用热轧光圆钢筋》（GB 13013—91）及《钢筋混凝土用热轧带肋钢筋》（GB 1499—1998）的规定，热轧光圆钢筋（Ⅰ级钢筋）有一个牌号即 HPB235，热轧带肋钢筋（Ⅱ、Ⅲ及Ⅳ级钢筋）有三个牌号，分别是 HRB335、HRB400、HRB500。其中 H 表示热轧，P 表示光圆，R 表示带肋，B 表示钢筋的意思，后面的数字表示钢筋的最小屈服强度值。光圆钢筋的横截面为圆形，且表面光滑，带肋钢筋的横截面为圆形，但表面通常带有两条纵肋和沿长度方向均匀分布的横肋，按肋纹的形状分为月牙肋和等高肋，如图 7－10 所示。

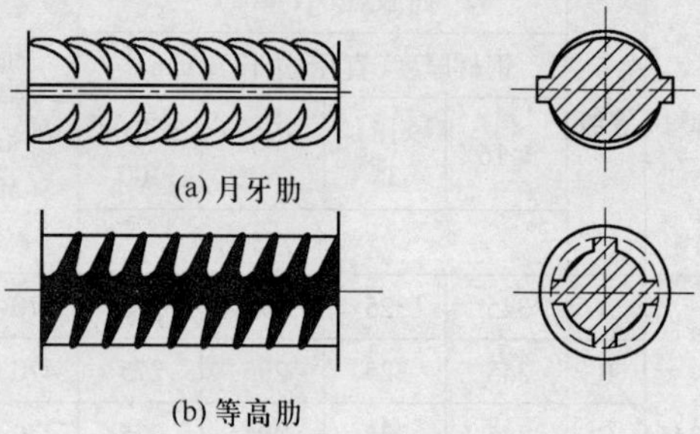
(a) 月牙肋
(b) 等高肋

图 7－10 带肋钢筋的外形

（2）热轧钢筋的性能

热轧钢筋的性能如表 7－6 所示。

表 7－6 热轧钢筋性能

牌 号	外 形	钢筋级别	钢 种	公称直径（mm）	屈服点 σ_s（MPa）不小于	抗拉强度 σ_b（MPa）不小于	伸长率 δ_5（%）不小于	冷弯 d＝弯心直径 a＝钢筋直径
HPB235	光圆	Ⅰ级	低碳钢	8～20	235	370	25	180° $d=a$
HRB335	带肋	Ⅱ级	低合金钢	6～25	335	490	16	180° $d=3a$
				28～50				180° $d=4a$
HRB400		Ⅲ级		6～25	400	570	14	180° $d=4a$
				28～50				180° $d=5a$
HRB500		Ⅳ级		6～25	500	630	12	180° $d=6a$
				28～50				180° $d=7a$

（3）热轧钢筋的应用

热轧Ⅰ级钢筋多以光圆形式供应，其强度较低，但塑性好，易于加工，大量应用于各种钢筋混凝土工程，常用作箍筋及构造钢筋。盘条还可以用于制作冷拔低碳钢丝、冷轧带肋钢筋等。

热轧变形钢筋强度高，与混凝土的结合力强，广泛应用各种钢筋混凝土构件中；Ⅲ级和Ⅳ级可用于预应力钢筋使用。

2. 冷轧带肋钢筋

（1）冷轧带肋钢筋的分类

冷轧带肋钢筋是以低碳钢或低合金钢的圆盘条，在其表面冷轧成沿长度方向均匀分布的三面或两面横肋的钢筋。根据《冷轧带肋钢筋》（GB 13788—2000）的规定，冷轧带肋钢筋按抗拉强度分为五个牌号，分别是 CRB550、CRB650、CRB800、CRB970 和 CRB1170，其中 C 表示冷轧，R 表示带肋，B 表示钢筋，后面的数值表示钢筋抗拉强度的最小值。

（2）冷轧带肋钢筋的性能

冷轧带肋钢筋的性能如表 7－7 所示。

表 7－7 冷轧带肋钢筋的性能（GB 13788—2000）

牌 号	抗拉强度 σ_b（MPa）不小于	伸长率（%）不小于		冷弯试验 180°	反复弯曲次数	松弛率初始应力 $\sigma_{con}=0.7\sigma_b$		母材盘条用钢
		δ_{10}	δ_{100}			1 000 h（%）不大于	10h（%）不大于	
CRB550	550	8.0	—	$d=3a$	—	—	—	Q215
CRB650	650	—	4.0	—	3	8	5	Q235
CRB800	800	—	4.0	—	3	8	5	24 MnTi 20 MnSi
CRB970	970	—	4.0	—	3	8	5	41 MnSiV
CRB1170	1170	—	4.0	—	3	8	5	70 Ti

（3）冷轧带肋钢筋应用

冷轧带肋钢筋强度高，塑性好，与混凝土黏结牢固，且质量稳定，可节约钢材，在普通钢筋混凝土构件及预应力混凝土构件中有广泛的应用。但冷轧带肋钢筋不宜使用在承受冲击荷载或强烈振动荷载的构件中，也不宜用焊接方法施工。

3. 热处理钢筋

热处理钢筋是将热轧带肋钢筋（由普通中碳钢或低合金钢轧制），经过淬火和回火调质处理后所得的钢筋。热处理钢筋具有高强度、高韧性和高黏结力等特点，适合用作预应力混凝土结构中的预应力钢筋。

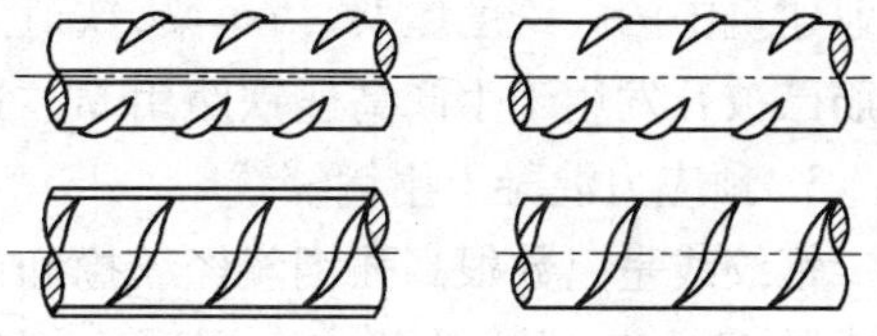

图 7－11 热处理钢筋外形示意图

热处理钢筋按外形分为有纵肋和无纵肋两种，但都有横肋，其外形如图 7－11 所示，根据国标《预应力混凝土用热处理钢筋》（GB 4463—84）的规定，热处理钢筋有 40 Si_2Mn、48 Si_2Mn 及 45 Si_2Cr 三种牌号（各数值及符号与前述相同），直径有 6 mm、8.2 mm 和 10 mm 三种规格，钢筋热处理后应卷成盘形供应，开盘后钢筋能自动伸直。热处理钢筋的力学性质如表 7－8 所示。

近年来在铁路预应力轨枕生产中利用热处理的直径 7 mm 的 43 Si 代替原直径 3 mm 的普通冷拉钢丝，以提高轨枕的综合性能。

表 7－8 预应力混凝土用热处理钢筋力学性能（GB 4463—84）

钢筋代号	公称直径（mm）	牌 号	屈服强度 $\sigma_{0.2}$（MPa）	抗拉强度 σ_b（MPa）	伸长率 δ_{10}（%）
			≥		
RB150	6	40 Si_2Mn	1 325	1 470	6
	8.2	48 Si_2Mn			
	10	45 Si_2Cr			

7.3.4 钢丝和钢绞线

1. 冷拔低碳钢丝

工程实践中，一般将直径小于 6 mm 的线材归类为钢丝。冷拔低碳钢丝是用普通低碳钢的光圆盘条钢筋经冷拔制作而成，其性能与母材强度和冷拔后的压缩率有关。冷拔低碳钢丝分为甲、乙两级,甲级钢丝主要用作预应力筋,乙级钢丝主要用作焊接网、焊接骨架、箍筋和构造钢筋。冷拔低碳钢丝技术性能应符合《混凝土结构工程施工及验收规范》(GB 50204—92)规定,见表7-9。

表7-9 冷拔低碳钢丝的力学性能

钢丝级别	直径(mm)	抗拉强度(MPa)		伸长率(%)(L=100 mm)	180°反复弯曲(次数)
		Ⅰ组	Ⅱ组		
甲级	5.0	≥650	≥600	3.0	4
	4.0	≥700	≥650	2.5	4
乙级	3.0~5.0	≥550		2.0	4

2. 预应力混凝土用钢丝

预应力混凝土用钢丝是由优质碳素结构钢经冷拔、调质处理后制成的,按《预应力混凝土用钢丝》(GB 5223—2002)规定,预应力混凝土用钢丝按加工状态分为冷拉钢丝(WCD)和消除应力钢丝两类。消除应力钢丝按松弛性能又分为低松弛级钢丝(WLR)和普通松弛级钢丝(WNR);按外形又可分为光面钢丝(P)、刻痕钢丝(I)和螺旋肋钢丝(H)三种。刻痕钢丝外形如图7-12所示。

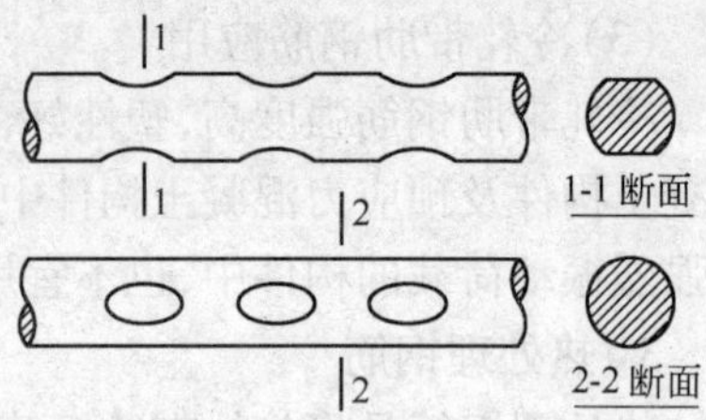

图7-12 刻痕钢丝外形示意图

预应力混凝土钢丝质量稳定,安全可靠,强度高,柔性好,松弛率低,施工方便,主要应用于工业建筑中的大跨度屋架、吊车梁,铁道混凝土轨枕及桥梁工程中,此外高强度低松弛预应力钢筋已被开发用于生产高速铁路用M-Ⅲ型预应力轨枕受力筋。

3. 预应力混凝土用钢绞线

钢绞线是以数根高强钢丝经绞捻和消除内应力的热处理后制成的钢丝束,根据《预应力混凝土用钢绞线》(GB/T 5224—2003)规定,钢绞线按捻制结构分为三类:用2根钢丝捻制的钢绞线,结构为1×2;用3根钢丝捻制的钢绞线,结构为1×3;用7根钢丝捻制的钢绞线,结构为1×7。其中1×7结构钢绞线是以一根钢丝为中心,其余6根围绕捻制而成的,如图7-13所示。

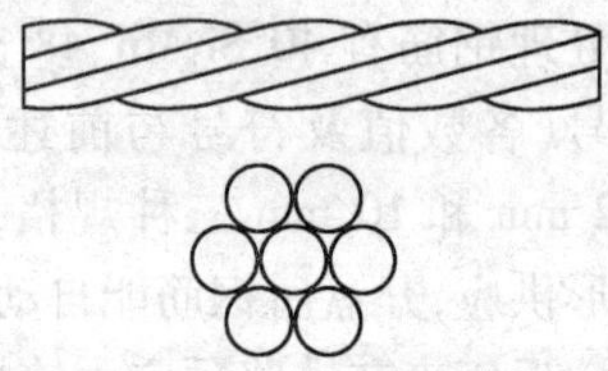
图7-13 钢绞线

钢绞线具有强度、柔性好,质量稳定,与混凝土黏结性能好,断面面积大,承载能力强等特点,主要应用于大跨度、大负荷的桥梁、屋架、大跨度的吊车梁、薄腹梁等结构中。

7.4 钢 轨

7.4.1 钢轨用钢

钢轨是轨道最重要的组成部件,它直接承受列车的荷载,引导列车运行,把机车车辆荷载传递给轨枕。

钢轨的工作条件十分复杂:钢轨受到车轮碾压会产生弯曲,为抵抗弯曲,钢轨应具有相当的强度;钢轨承受冲击荷载,为了减轻车轮对钢轨的冲击作用,减少机车、车辆走行部分及钢轨的裂损,钢轨又必须具有一定的可挠性;为使钢轨不致被巨大压力压溃或迅速磨耗,钢轨应具有足够的硬度；但硬度太高时，钢轨又容易被车轮的动力冲击所折断，因此，钢轨又应具有一定的断裂韧性；此外，处于多雨潮湿地区、盐碱地带、隧道环境中的钢轨，会受到各种介质的腐蚀作用，所以钢轨还应具有较强的抗剥离性、抗疲劳性，一定的耐腐蚀性和良好的可焊性等。

由于机车车辆轴重的逐渐增大，钢轨所承受的荷载也越来越大，对钢轨的材质和强度有更高的要求。

钢轨的组织与性能，主要取决于它的化学成分。合适的化学成分是保证钢轨质量，提高钢轨的机械性能的主要因素之一。为了进一步改善钢轨钢的机械性能，冶金部门开发了微合金轨，即在碳素钢中加入铬(Cr)以提高钢的强度、硬度、耐磨性、淬透性和耐磨蚀性；加入钒(V)以提高钢的强度、耐磨性和淬透性，改善钢的塑性和韧性；加入钛(Ti)以细化钢的晶粒，提高强度，改善韧性；加入稀土以细化有害的非金属杂质的粒径，改善钢的耐磨性和韧性，以此改善钢轨的综合性能。表7－10列举了我国几种常用的钢轨的化学成分与技术性能。

表7－10　铁路钢轨的化学成分及性能

<table>
<tr><th rowspan="2">钢轨名称</th><th rowspan="2">钢轨代号</th><th colspan="6">化学成分(%)</th><th rowspan="2">σ_b (MPa)</th><th rowspan="2">δ_5 (%)</th><th rowspan="2">硬度 HB</th></tr>
<tr><th>C</th><th>Si</th><th>Mn</th><th>Cu</th><th>P</th><th>S</th></tr>
<tr><td>普通碳素钢轨</td><td>U71</td><td>0.64～0.77</td><td>0.13～0.28</td><td>0.60～0.90</td><td>—</td><td rowspan="3">≤0.040</td><td rowspan="3">≤0.050</td><td rowspan="3">≥800</td><td>≥10</td><td rowspan="3">280～350</td></tr>
<tr><td>普通碳素钢轨</td><td>U74</td><td>0.67～0.80</td><td>0.13～0.28</td><td>0.70～1.00</td><td>—</td><td>≥9</td></tr>
<tr><td>含铜碳素钢轨</td><td>U71Cu</td><td>0.65～0.77</td><td>0.15～0.30</td><td>0.70～1.00</td><td>0.10～0.40</td><td>≥9</td></tr>
<tr><td>普通碳素钢轨</td><td>U71Mn</td><td>0.65～0.77</td><td>0.15～0.35</td><td>1.10～1.50</td><td>—</td><td rowspan="3">≤0.040</td><td rowspan="3">≤0.040</td><td rowspan="3">≥900</td><td rowspan="3">≥8</td><td rowspan="3">301～370</td></tr>
<tr><td>高硅钢轨</td><td>U70MnSi</td><td>0.65～0.77</td><td>0.85～1.15</td><td>0.85～1.15</td><td>—</td></tr>
<tr><td>含铜高硅钢轨</td><td>U70MnSiCu</td><td>0.65～0.77</td><td>0.70～1.10</td><td>1.80～1.20</td><td>0.10～0.40</td></tr>
</table>

7.4.2　钢轨知识简介

1. 钢轨的分类

目前我国定型生产的钢轨分类如下：

(1)按钢种分：钢轨可分为碳素轨、合金轨和热处理轨三种。碳素轨主要以碳(C)、锰(Mn)两元素来提高强度，改善韧性，如U71Mn、U74。合金轨是以碳素轨为基础，添加适量合金元素钒(V)、钛(Ti)、铬(Cr)、钼(Mo)等，来提高钢轨的强度和韧性。热处理轨主要是对碳素轨通过加热和控制冷却，来改善其金相结构，从而获得高强度和高韧性。

(2)按钢轨的重量分：有38 kg/m(P38)、43 kg/m(P43)、45 kg/m(P45)、50 kg/m(P50)、60 kg/m(P60)和75 kg/m(P75)。

(3)按力学性能分：分为普通轨、高强轨、耐磨轨三类。普通轨是指抗张拉强度不小于800 MPa的钢轨；高强轨是指抗张拉强度不小于900 MPa的钢轨；耐磨轨是指抗张拉强度不小于1 100 MPa的钢轨。

(4)按钢轨长度分：有12.5 m和25 m两种，今后将主要生产25 m轨。

目前国内用得最多的钢轨是P60的U71Mn。此外，由于国际贸易往来，近几年来还大量进口了国外生产的钢轨，随着加入WTO后，会有更多的外国产钢轨进入我国，铺设在线路中。

2. 钢轨的断面尺寸

钢轨断面为左右对称的工字形，如图7－14所示。从上往下分为轨头、轨腰和轨底三部分。不同型号的钢轨，其断面尺寸和螺孔位置各不相同，表7－11反应了各型钢轨的相关尺寸。

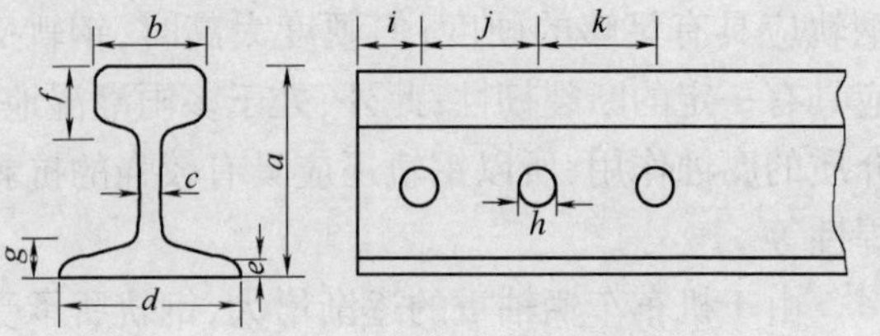

图7－14　钢轨形状示意图

表7－11　钢轨尺寸表

项目＼轨型		钢轨类型(kg/m)					
		38	43	45	50	60	75
a	钢轨高度	134	140	145	152	176	192
b	轨头宽度	68	70	67	70	73	75
c	轨腰厚度	13	14.5	14.5	15.5	16.5	20
d	轨底宽度	114	114	126	132	150	150
e	轨底边缘厚度	9	11	10	10.5	12	13.5
f	轨头内高	39	42	44	42	48.5	107.5
g	轨底内高	24	27	26	27	30.5	32.3
h	螺栓孔直径	29	29	29	31	31	31
i	轨端至1孔中心距	56	56	76	66	76	96
j	1孔至2孔中心距	110	110	140	150	140	220
k	2孔至3孔中心距	160	160	140	140	140	130

3. 钢轨的标志及说明

钢轨标志是表示生产厂、出厂时间、钢轨材质、生产过程等内容的符号，钢轨标志一般均轧制于钢轨一侧轨腰上，有两种类型，一种是辊轧凸字，字体凸出于轨腰表面；另一种为热轧凹字，字体凹陷在轨腰表面以下。

国产钢轨生产厂家名称、代号(辊轧凸字)见表7－12。

表7－12　国产钢轨生产厂家名称、代号表

顺号	厂　　名	厂　　标	主要生产钢种
1	攀枝花钢铁公司	PZH	U71Mn、PD_1、PD_2、PD_3
2	鞍山钢铁公司		AP、U71Mn
3	武汉钢铁公司		WP、WP
4	包头钢铁公司		P75、U74
5	重庆钢铁公司		AP1、U71Mn

思考练习题

1. 试述钢的分类,钢与铁有何区别?

2. 低碳钢拉伸可分成几阶段,各阶段各有什么特点?试绘制低碳钢的应力–应变图。

3. 什么叫钢材的屈服?什么叫钢材的屈服强度?屈服强度和抗拉强度有何区别?

4. 钢材中的化学元素对钢材性质有什么影响?

5. 什么是钢材的塑性?如何计算钢材的塑性?

6. 什么是钢材的冷弯性质?什么是钢材的冲击韧性?在工程中有何实际意义?

7. 什么是钢材的疲劳强度?造成疲劳破坏的原因是什么?

8. 何谓钢筋的冷加工和时效处理?钢筋冷拉并经时效处理后,其力学性能有何变化?

9. 碳素结构钢分几个牌号?低合金结构钢分几个牌号?举例说明牌号数值及字母表示什么意思。

10. 碳素结构钢与低合金结构钢在化学成分上有何区别?在性能上有何区别?

11. 热轧钢筋按轧制外形可分几类?按其力学性能分几类?各级钢筋有何特点?各有何应用?

12. 冷拉钢筋与冷拔钢丝在加工过程中有何区别?两者性能有何异同?

13. 钢丝有几种?性能有何特点?

14. 根据钢轨的重量及力学性能如何对钢轨分类?各有何特点?

15. 钢轨用钢有哪些?化学元素含量有何差异?

8 木材

【学习目标】通过本章的学习，了解木材的分类、构造，掌握木材物理力学性质及影响物理力学性质的因素，木材防护处理的目的和方法。

木材是天然生长的有机高分子材料，也是人类使用最早的工程材料之一。由于木材具有轻质高强，对热、电的传导性都比较低，弹性、韧性、耐久性好，能承受振动和冲击作用，容易加工且木纹美观等优异性能，在土木工程中被广泛使用。

木材作为工程材料也存在不足之处，如构造不均匀，各向异性；易吸水或失水，导致构件发生变形、翘曲或开裂；易燃、易腐；疵病较多等，使木材的应用受到一定限制。

据统计，我国的森林覆盖率不到14%，人均森林面积约为0.11 hm^2，只相当于世界人均水平的17.2%。树木生长缓慢，需求量大，平均每1 000 m^2 建筑面积的房屋需用木材约100 m^3，铁路钢桥上每一延长公里线路需用枕木约1 800 根，导致我国的木材资源非常不足，远不能满足各方面的要求。因此节约木材，提高木材的综合利用率，有着十分重要的意义。

8.1 木材的分类与构造

8.1.1 木材的分类

根据树叶的外观形状，木材可分为针叶树和阔叶树两大类。

针叶树树叶细长，呈针状，多为常绿树，树干通直且高大，纹理顺直，材质均匀，木质较软而易于加工，故又称为软木材。针叶树强度较高，表观密度和胀缩变形较小，耐腐蚀性较强，是建筑工程中的主要用材。常用树种有红松、白松、杉木、柏树等。

阔叶树树叶宽大，呈片状，多为落叶树，树干通直部分较短，材质坚硬，加工比较困难，故又称硬木材。阔叶树表观密度大，强度高，胀缩和翘曲变形大，易开裂，在建筑工程中不适用于承重构件，但它坚硬耐磨，纹理美观，适用于制作家具及室内装修。常用树种有榆木、水曲柳、柞木等。

8.1.2 木材的构造

木材的构造是指木质部的构造，它是决定木材性质的主要因素。木材的构造分宏观构造和微观构造。

1. 木材的宏观构造

木材的宏观构造是指用肉眼或借助放大镜就能观察到的木材组织。木材的宏观构造如图

8－1 所示。由图可见,树木由树皮、木质部、年轮和髓心几个主要部分组成。

髓心形如管状,居于树干中心,是树木最早形成的木质部分,材质松软,强度低,易腐朽,故一般不用。

木质部是树皮和髓心之间的部分,是木材的主体。木质部的颜色不均匀,接近树干中心的部分色泽较深,称为心材;靠近树皮的部分色泽较浅,称为边材。由于心材的含水量低,材质较硬,不易翘曲变形,耐久性、耐腐性均比边材好,故心材比边材的利用价值要大些。

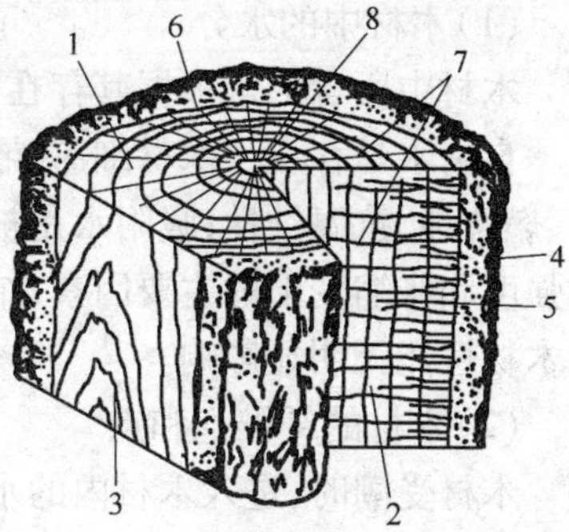

图 8－1 木材的宏观构造
1—横切面;2—径切面;3—弦切面;4—树皮;5—木质部;6—髓心;7—髓线;8—年轮。

从横切面上可以看到木质部具有深浅相间的同心圆环,即年轮。在同一年轮内,春天生长的木质生长快,色泽浅,质松软,强度低,称为春材(早材);夏秋两季生长的木质生长缓慢,色泽深,质坚硬,强度高,称为夏材(晚材)。相同的树种,年轮细密且均匀,材质就好;夏材部分愈多,表观密度愈大,木材强度愈高。

髓线是以髓心为中心呈放射状分布的横向细胞组织,在树干生长过程中起着横向输送和储藏养料的作用。髓线的细胞壁很薄,它与周围细胞组织的连接较弱,因此木材干燥时,容易沿髓线方向产生放射状裂纹。

2. 木材的微观构造

木材的微观构造是指在显微镜下所看到的木材组织。在显微镜下可以看到,木材是由无数管状细胞紧密结合而成的,它们大部分为纵向排列,少数横向排列(如髓线)。每一个细胞又由细胞壁和细胞腔两部分组成,细胞壁由细纤维组成。细胞之间纵向联结比横向联结牢固,造成细胞纵向强度高,横向强度低。细胞壁的成分和组织构造决定了木材的物理力学性质。细胞壁越厚,细胞腔越小,木材越密实,其表观密度和强度也越大,但胀缩变形也大。与春材相比,夏材的细胞壁较厚,细胞腔较小,所以夏材的构造比春材密实。

8.2 木材的物理力学性质

木材的物理力学性质主要包括含水率、湿胀干缩、强度等,这些性质因树种、产地、气候和树龄的不同而各异。

8.2.1 木材的物理性质

1. 密度和表观密度

木材的密度为 1.48～1.56 g/cm^3,各树种之间相差不大,常取 1.54 g/cm^3。

木材的表观密度随树木种类、木材含水量、孔隙率的变化而不同。气干状态下,木材的表观密度约为 500 kg/m^3。

2. 含水率

木材的含水率是指木材中所含水分的质量占木材干燥质量的百分数。木材很容易从周围环境中吸收、释放水分,因此,木材含水率随木材所处环境湿度的不同而变化。新伐木材的含水率在35%以上;风干木材的含水率为15%～25%;室内干燥木材的含水率为8%～15%。

(1)木材中的水分

木材中所含的水根据其存在的形式可分为三类,即自由水、吸附水和结合水。

自由水是存在于木材细胞腔和细胞间隙中的水分,自由水的变化,可影响木材的表观密度、燃烧性、抗腐蚀性;吸附水是被吸附在细胞壁内细纤维之间的水分,吸附水的变化是影响木材强度和胀缩变形的主要因素;结合水为木材化学组成中的结合水,结合水在常温下无变化,对木材性能无明显影响。

(2)木材的纤维饱和点

木材受潮时,进入木材内的水首先被吸附在细胞壁内的细纤维间,成为吸附水。吸附水达饱和后,多余的水成为自由水;木材干燥时,首先失去自由水,然后才失去吸附水。当木材细胞壁内吸附水达到饱和,而细胞腔和细胞间隙中的自由水为零时的含水率称为木材纤维饱和点。木材纤维饱和点随树种而异,一般在25%~35%,通常取其平均值,约为30%。

(3)木材的平衡含水率

木材具有一定的吸湿性,干燥的木材可以从周围的空气中吸收水分,潮湿的木材也会在较干燥的环境下失去水分。当木材长期处于一定温度和湿度的环境中,木材中的含水量与周围环境湿度处于相互平衡状态,此时木材的含水率称为平衡含水率。它是木材进行干燥的重要指标。木材的平衡含水率随其所在地区的不同而变化,我国北方地区为12%左右,南方地区约为18%,长江流域一般为15%。图8-2为不同温度和湿度的环境条件下,木材相应的平衡含水率。

3. 木材的湿胀和干缩变形

木材具有显著的湿胀干缩性,这主要是由于细胞壁中吸附水的增多或减少,使细胞壁中的细纤维之间的距离发生变化而造成的。当木材含水率在纤维饱和点以上变化时,自由水数量增减,只引起木材质量的变化,而对强度和胀缩没有影响;当木材的含水率在纤维饱和点以下变化时,则会引起木材强度和胀缩发生变化。木材含水率与其胀缩变形的关系如图8-3所示,从图中可以看出,纤维饱和点是木材物理力学性质发生变化的转折点。

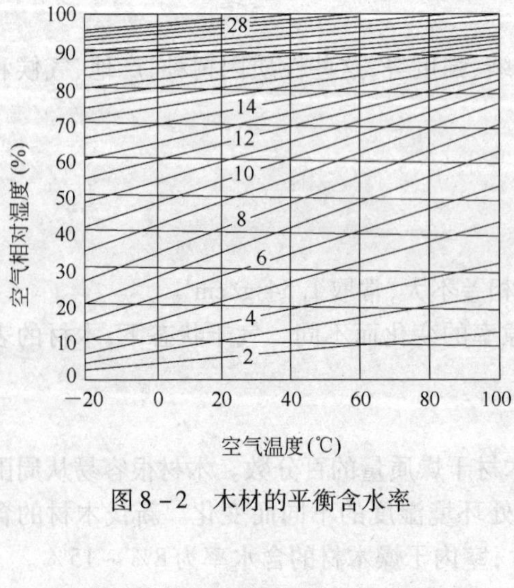

图8-2 木材的平衡含水率

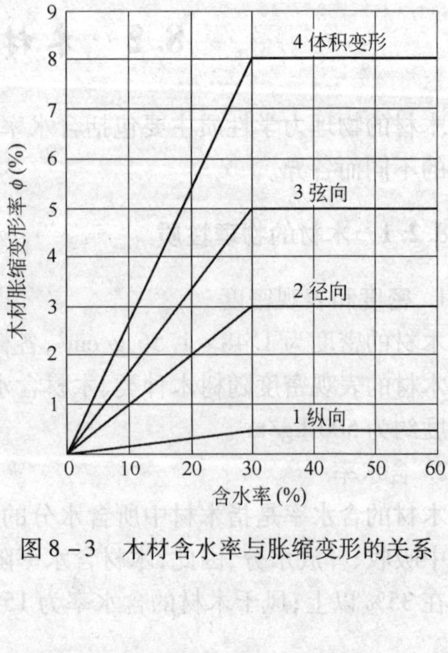

图8-3 木材含水率与胀缩变形的关系

由于木材构造的不均匀性,各个方向胀缩变形也不一样。在同一木材中,以弦向最大,径向次之,纵向(即顺纤维方向)最小。木材的胀缩变形还与树木的种类有关,一般来说,表观密度大、夏材含量多的木材,胀缩变形较大。

8.2.2 木材的力学性质

1. 木材的强度

在工程结构中,木材常用的强度有抗拉、抗压、抗弯和抗剪强度。由于木材构造上的不均匀性,使木材的力学性质具有明显的方向性。木材的强度有顺纹强度(作用力与木材纵向纤维方向平行)和横纹强度(作用力与木材纵向纤维方向垂直)之分。

(1)抗压强度

木材顺纹受压破坏并非由于纤维断裂,而是因细胞壁失去稳定所致;横纹受压破坏是因木材受力压紧后产生显著变形而造成破坏。顺纹抗压强度较高,是木材各种力学性质中的基本指标。木桩、柱、斜撑以及木桁架中的受压杆件等均属于顺纹受压构件,铁路枕木、垫块、桥面板等均属于横纹受压构件。

(2)抗拉强度

木材受拉破坏通常是因纤维之间的连接被撕裂拉断所致。木材具有很高的顺纹抗拉强度,但横纹抗拉强度很低,只有顺纹抗拉的1/10~1/40,这是因为木材纤维之间横向连接薄弱的缘故。

(3)抗弯强度

木材受弯时其上部为顺纹受压,下部为顺纹受拉,在水平面内还有剪力作用,破坏时首先是受压区纤维达到强度极限,产生大量变形,但这时构件仍能继续承载,当受拉区纤维也达强度极限时,则纤维及纤维间的连接产生断裂,导致最终破坏。木材抗弯强度介于顺纹抗拉与顺纹抗压之间。桥梁、桁架、地板等均属于受弯构件。

(4)抗剪强度

根据作用力与木材纤维方向的不同,木材的剪切有顺纹剪切、横纹剪切和横纹切断三种,如图8-4所示。

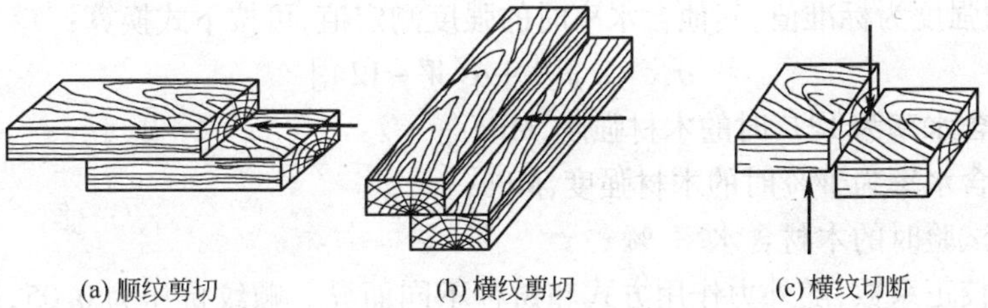

(a) 顺纹剪切　(b) 横纹剪切　(c) 横纹切断

图8-4 木材的剪切

顺纹剪切破坏是由于纤维间的连接被撕裂产生纵向位移和受横纹拉力作用所致;横纹剪切破坏完全是因剪切面中纤维的横向的连接被撕裂的结果;横纹切断破坏是指将木材纤维切断,因此,横纹切断强度较大,一般为顺纹剪切强度的4~5倍。

为了便于比较,木材各种强度之间的关系见表8-1。

表8-1 木材各种强度间的关系表

抗压强度		抗拉强度		抗弯强度	抗剪强度	
顺纹	横纹	顺纹	横纹		顺纹	横纹
1	1/10~1/3	2~3	1/20~1/3	1.5~2	1/7~1/3	0.5~1

2. 影响木材强度的因素

(1)含水率的影响

木材的强度受含水率的影响较大。当木材的含水率在纤维饱和点以下时,随含水率的增大,细胞中的吸附水增多,木纤维间距离增大,使分子间作用力减弱,细胞壁软化,木材强度降低;反之,细胞壁趋于紧密,木材强度提高。当木材含水率在纤维饱和点以上变化时,含水率的变化只是自由水的增减,对木材强度无影响。含水率对木材抗弯和顺纹抗压强度的影响较大,对顺纹抗剪强度的影响较小,而对顺纹抗拉强度则几乎没有影响,如图8-5所示。

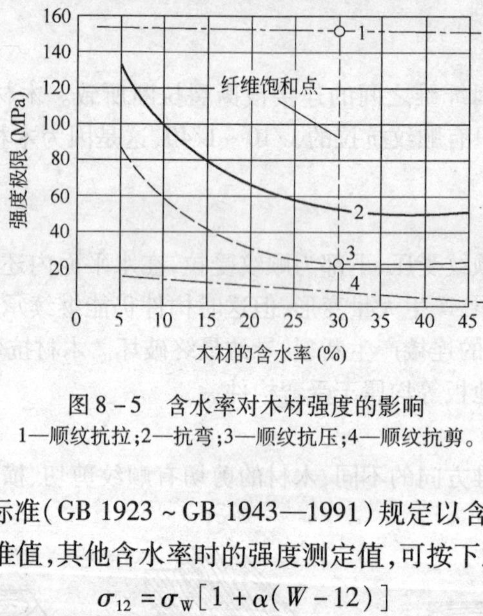

图8-5 含水率对木材强度的影响

1—顺纹抗拉;2—抗弯;3—顺纹抗压;4—顺纹抗剪。

为了便于比较,国家标准(GB 1923~GB 1943—1991)规定以含水率为12%(称木材的标准含水率)时的强度为标准值,其他含水率时的强度测定值,可按下式换算:

$$\sigma_{12}=\sigma_{W}[1+\alpha(W-12)]$$

式中 σ_{12}——含水率为12%时的木材强度,MPa;

σ_{W}——含水率为W%时的木材强度,MPa;

W——试验时的木材含水率,%;

α——校正系数,随外力作用方式和树种不同而异。顺纹抗压为0.05;顺纹抗拉时阔叶树为0.015,针叶树为0;弦切面或径切面顺纹抗剪为0.03,抗弯为0.04;径向或弦向横纹局部抗压为0.045。

(2)荷载作用时间

木材在长期荷载作用下,变形会不断增大,强度不断降低。木材在长期荷载作用下不致引起破坏的最大强度,称为持久强度。木材的持久强度比其极限强度小得多,一般为极限强度的50%~60%。

(3)温度

木材受热后,细胞壁中的胶结物质被软化,使木材的强度和弹性降低。温度从25℃升高到 50℃时,木材的顺纹抗压强度降低 20% ~40%,抗拉和抗剪强度降低 12% ~20%。

(4)疵病

木材在生长、采伐、保存过程中,所产生的内部和外部的缺陷统称为疵病,包括天然生长的缺陷(如木节、斜纹、弯曲)、加工后产生的缺陷(如裂缝、翘曲)以及病虫害(如腐朽、白蚁蛀蚀)等。疵病的存在,使木材的物理力学性能发生变化,影响木材的使用。

(5)夏材率

夏材(晚材)比春材(早材)密实,因此木材中夏材率越高,强度也越高。

8.3　木材的特性与缺陷

由于木材具有一些独特的优良特性,特别是木质饰面给人的特殊质感,是其他装饰材料无法替代的。因此,木材在建筑工程中,尤其是装饰工程中,始终占据着重要的地位。

8.3.1　木材的特性

1. 质轻强度高。木材的表观密度为 550 kg/m^3 左右,但其顺纹抗拉强度和抗弯强度均在 100 MPa 左右,因此木材的比强度高,属轻质高强材料。

2. 弹性和韧性好。

3. 导热系数小。木材为多孔结构材料,其孔隙率可达 50%,木材的导热系数为 0.30 W/(m · K)左右,具有良好的保温隔热性能。

4. 装饰性好。木材具有美丽的天然纹理,用做室内装饰,给人以自然而高雅的美感。

5. 耐久性好。民间谚语称木材:“干千年,湿千年,干干湿湿两三年。”意思是说,木材只要一直保持通风干燥,就不会腐朽破坏。例如山西五台县的佛光寺大殿木结构建筑(建于公元 857 年)和山西应县佛宫寺木塔(建于公元 1056 年),至今仍保持十分完好。

6. 易于加工。木材材质较软,易于进行锯、刨、雕刻等加工,可制作成各种造型的构件与制品,而且安装施工方便。

由于木材构造的特殊性,木材也存在一些缺陷,如各向异性、胀缩变形大、易腐、易燃、天然疵病多等。这些缺陷的存在,对木材的应用有较大影响。

8.3.2　木材的产品

按用途和加工程度的不同,木材产品分为原条、原木、枋材和板材四类品种,在铁路工程中还常使用枕木。

原条指除去树皮、根、树梢,尚未按一定尺寸加工成规定直径和长度的木材,主要用于建筑工程的脚手架、建筑用材;原木是将原条按一定尺寸加工切取的木料,主要用于屋架、桩木、坑木、电杆等;板材是指宽度为厚度的 3 倍或 3 倍以上的木料,按板材的厚度不同,分为薄板、中板、厚板、特厚板,主要用于家具、桥梁、车辆、造船等;枋材是指宽度不足 3 倍厚度的木料,按枋材的体积大小,分小枋、中枋、大枋,主要用于门窗、家具、楼梯扶手等;枕木是指按枕木断面和长度加工而成的型材,主要用于铁道工程。

8.3.3　木材的缺陷

木材的缺陷是指木材由于生理、病理和人为的因素,导致木材呈现出降低材质和使用效果的各种疵病,包括木材在天然生长过程中的缺陷(如木节、弯曲)、木材加工后产生的缺陷(如裂缝、翘曲)、木材构造缺陷(如斜纹)以及病虫害(如腐朽、白蚁蛀蚀)等方面。

1. 木节

包含在树干或主枝木材中的枝条部分称为木节。按木节与周围木材连生的程度,可分为活节和死节两种;按木节材质,可分为健全节、腐朽节和漏节三种;按木节断面形状,可分为圆形节、条状节和掌状节三种;按木节分布位置,可分为散生节、轮生节和岔节三种;按木节在锯材上的位置,可分为材面节、材边节、材棱节和贯通节四种。木节的存在,可以明显降低木材的顺纹抗拉强度。

2. 变色

凡是木材正常颜色发生改变的,即为木材的变色。变色可分为化学变色和真菌性变色两种。木材变色后,可降低木材的装饰效果,影响木材的使用。

3. 裂纹

木材纤维与纤维之间的分离所形成的裂隙称为裂纹。按裂纹的类型和特点,可分为径裂、轮裂、冻裂和干裂四种;按裂纹的位置,可分为侧面裂、端面裂、贯通裂三种,其中侧面裂又可分为材面裂和材边裂两种类型。裂纹的存在,可降低木材的强度,影响木材的使用,降低木材的利用率。

4. 树干形状缺陷

树干形状缺陷是指树木在生长过程中,受到环境条件的影响,使树干形成不正常的形状,如树干的弯曲、尖削、大兜、凹兜和树瘤等。

5. 木材构造缺陷

凡树干上由于不正常的木材构造所形成的各种缺陷,均被称为木材构造缺陷。这类缺陷包括斜纹、乱纹、涡纹、髓心、双心、树脂囊和水层等。

6. 虫害

虫害是指因各种昆虫作用而造成的木材缺陷,如虫眼。根据蛀蚀程度的不同,虫眼可分为表面虫眼、虫沟、大虫眼和小虫眼几种形式。

7. 腐朽

木材由于真菌的侵入,逐渐改变其颜色和结构,使细胞壁受到破坏,物理、力学性质随之发生改变,最后变得松软易碎,呈筛孔状或粉末状等形态,即为木材的腐朽。按腐朽的类型和性质,可分为白腐和褐腐两类;按腐朽的位置,可分为边材腐朽和心材腐朽两种。

8. 木材加工缺陷

木材加工缺陷是指木材在加工过程中所造成的木材表面损伤,主要有缺棱和锯口缺陷。

9. 变形

木材在干燥、保管过程中所产生的形状变形,称为变形,如翘曲和扭曲等。按翘曲方向的不同,可分为顺弯、横弯和翘弯三种类型。

8.4 木材的防护处理

木材的防护处理包括木材的干燥、防腐、防蛀和防火处理,它是提高木材耐久性,延长木材使用寿命和节约木材的重要措施。建筑工程中使用的木材,一般都要经过干燥和防腐处理,重要建筑物的构件还需要进行防火或防蛀处理。

8.4.1　木材的干燥

木材含有较多的水分,在加工和使用之前,应进行干燥处理。干燥处理后,可有效防止腐朽、虫蛀,减少木材在使用过程中产生的变形、开裂,提高木材的耐久性和强度。

木材的干燥方法有自然干燥和人工干燥两种。自然干燥是将木材架空堆放于棚内,利用空气对流作用,使木材中的水分自然蒸发,达到风干的目的。这种方法简便易行,成本低,但干燥时间长,而且只能干燥到风干状态。人工干燥是将木材置于密闭的干燥室内,通入蒸汽使木材中的水分逐渐扩散而达到干燥的目的。这种方法速度快,效率高,但应适当地控制干燥温度和湿度,如控制不当,会因收缩不均匀而导致木材开裂和变形。

8.4.2　木材的防腐和防蛀

1. 木材的防腐

(1)木材腐朽的原因

木材的腐朽主要是真菌侵害所致,常见的真菌有霉菌、变色菌和腐朽菌三种。霉菌生长在木材表面,变色菌以木材细胞腔内含物为养料,不破坏细胞壁,它们只会使木材变色,对木材质量影响较小。腐朽菌寄生在木材的细胞壁中,它能分泌出一种酵素,把细胞壁物质分解成简单的养分,供自身摄取生存,从而使木材产生腐朽破坏。

真菌在木材中生存和繁殖必须同时具备三个条件,即适宜的温度、适当的水分和足够的空气。当空气相对湿度在90%以上、木材的含水率在30%～50%、环境温度为25～30℃时,最适于真菌繁殖,木材最易腐朽。

(2)木材防腐措施

木材的防腐原理就是设法破坏真菌的生存条件,使之不能寄生和繁殖。可将木材置于通风处,使其保持干燥状态,也可在木材表面进行涂漆处理,油漆涂层使木材既隔绝了空气,又隔绝了水分,防止木材腐朽。还可以将化学防腐剂注入木材中,使木材具有毒性,达到防腐的目的。枕木的防腐就是在压力罐内利用高压(0.7～1.3MPa)将煤焦油等防腐剂渗入枕木中,以提高枕木的抗腐能力。

2. 木材的防蛀

木材除了受菌类破坏外,还会受到白蚁、天牛等昆虫的侵害。它们在树皮或木质部内生存、繁殖,在木材内部形成孔眼,破坏木质结构的完整性,降低木材的使用价值。

经过防腐处理的木材,一般都能起到防止虫蛀的作用。但白蚁的预防却比较困难,往往要采取特殊的处理办法,如摸清白蚁的来龙去脉和生活习性,或采取措施断其水源,或用诱捕的方法以药物捕杀。

8.4.3　木材的防火

木材的防火,就是将木材用具有阻燃性能的化学物质经处理后,变成难燃的材料。其目的是提高木材的耐火性,使之不易燃烧。

防火处理方法是在木材表面涂刷、覆盖难燃材料和用防火剂浸注木材。常用的覆盖材料有各种金属,防火剂有硼酸、硼砂、磷酸铵、氯化铵、碳酸铵、硫酸铵和水玻璃等。

思考练习题

1. 树木如何进行分类？
2. 木材含水率的变化对其强度、变形、导热性、表观密度有何影响？
3. 何谓木材的平衡含水率、纤维饱和点？
4. 影响木材强度的因素有哪些？
5. 木材的缺陷有哪些？
6. 木材腐朽的原因有哪些？如何防止木材腐朽？
7. 木材干燥、防火的目的是什么？

9

其他常用材料

【学习目标】通过本章的学习，要求掌握高炉矿渣、粉煤灰的组成成分及对性能的影响，掌握环氧类结构胶的配方组成及应用。了解高炉矿渣、粉煤灰在土木工程中的应用，了解煤矸石的组成成分及其在工程中的应用，了解环氧类树脂改性砂浆及注浆补强补漏材料的组成及应用，了解土工合成材料的种类及应用。

9.1 工业废料及其应用

随着社会的发展，自然资源的消耗加剧，工业固体废料大幅增加，带来了大量处理废料的难题，另外由于我国的可持续发展需要及人们对环境质量的日益关心，也要求进一步加强对工业废料的无害化的综合应用。

土木建筑工程由于行业的特殊性，对工业废料及其他固体废料的需求量很大。近年来，随着科技的进步及全社会的努力，使用工业废渣制作土木建筑材料，在节约资源、能源，提高产品质量以及增加品种等方面都收到了一定的成效。

工业废渣的处置不仅防止了污染环境，同时也将工业废渣作为二次资源利用，从而达到节约资源和保护自然环境的目的。

9.1.1 工业废渣及其应用

1. 高炉矿渣

(1)高炉矿渣的成分及性能

①高炉矿渣的成分：高炉矿渣是冶金行业的副产品，是在炼铁过程中形成的熔渣，其主要成分是经自然冷却或经一定工艺处理而形成的粒状玻璃体，含有较多的活性矿物质。各厂产生的高炉渣成分有一定差异，但主要由酸性氧化物二氧化硅(SiO_2)、氧化铁(FeO)，碱性氧化物氧化钙(CaO)、氧化镁(MgO)及中性氧化物三氧化二铝(Al_2O_3)等组成。其中二氧化硅、三氧化二铝、氧化钙三者的含量约占90%左右。部分工业废料的主要化学成分如表9－1所示。

表9－1 部分工业废料的主要化学成分

工业废料	化学成分				
	SiO_2	Al_2O_3	FeO (Fe_2O_3)	CaO	MgO
高炉矿渣	33.56	14.55	1.46	41.73	6.75
粉煤灰	45～55	24～37	3～7	1～4	1～3
钢　渣	11～15	3～7	20～27	38～50	5～9

续上表

工业废料	化学成分				
	SiO_2	Al_2O_3	FeO (Fe_2O_3)	CaO	MgO
硅锰渣	31.5	6.1	1.5	45.6	9.1
碱　渣	10.23	1.17	1.20	45.82	5.89

②高炉矿渣的活性：高炉矿渣的活性是指其与水、酸性溶液或碱性溶液发生化学反应的性质。矿渣的活性取决于其化学成分和处理工艺，通常可以通过计算碱性系数及质量系数来反映其活性大小。一般来说，当矿渣中的 CaO 、Al_2O_3 含量较高而 SiO_2 含量较低时，矿渣的活性较高；采用自然冷却得到的高炉矿渣稳定性较好，而采用水淬处理的粒化高炉矿渣则活性较高。

根据国家标准《用于水泥和混凝土中的粒化高炉矿渣分类》(GB/T 18046－2000)，高炉矿渣粉的质量主要按比表面积、活性指数和流动度比分为 S105、S95、S75 三个等级，各等级矿渣粉的质量指标见表 9－2。

表 9－2　粒化高炉矿渣粉的质量指标

项　目			级　别		
			S105	S95	S75
密度(g/cm^3)		≥	2.8		
比表面积(m^2/kg)		≥	450	400	350
活性指数(%)	7d	≥	95	75	55
	28d	≥	105	95	75
流动度比(%)		≥	85	90	95
含水量(%)		≤	1.0		
三氧化硫(%)		≤	4.0		
氧化镁(%)		≤	13.0		
氯离子(%)		≤	0.02		
烧失量(%)		≤	3.0		

③高炉矿渣的技术特性：由于热熔矿渣冷却加工方式的不同，矿渣骨料的矿物成分和组织的致密程度有很大的差别，其物理力学性能变化范围和分散性较大。高炉矿渣密实体抗压强度可达 120～250 MPa，孔隙率为 7%～16%；多孔体矿渣的抗压强度仅为 10～20 MPa，孔隙率高达 50% 以上。但是矿渣一般含有一定量的铁元素，其密度高于常见的石料。

高炉矿渣由于其特定的化学成分，在自然条件下，某些成分会与水产生化学反应，发生体积变化。这种体积变化主要由两个因素引起。首先是游离氧化钙(f－CaO)的消解。高炉矿渣中的游离氧化钙(f－CaO)遇水后发生化学反应，生成氢氧化钙($Ca(OH)_2$)，体积将增大 1～2 倍，在矿渣颗粒中产生内应力，导致矿渣的崩裂破坏。其次是铁和锰的分解。矿渣中硫化物如硫化亚铁(FeS)和硫化亚锰(MnS)可以与水生成氢氧化亚铁($Fe(OH)_2$)及氢氧化锰($Mn(OH)_2$)，体积分别增加 38% 和 24%，从而引起矿渣体积安定性不良。

(2)高炉矿渣的应用

①生产矿渣水泥:将活性成分含量较高的粒化高炉渣经干燥、粉磨后(可以添加少量石膏或助磨剂一起粉磨)和硅酸盐水泥熟料一起形成矿渣硅酸盐水泥。其中粒化高炉矿渣的掺加量为20% ~70%。此外,磨细矿渣也是配制高强高性能混凝土的重要组成材料。

②道路施工骨料:高炉矿渣经自然冷却或经一定工艺处理后,可用于修筑道路基层,也可作为水泥混凝土或沥青混凝土路面用的骨料。用作骨料时,矿渣必须具备良好的化学稳定性,并要降低矿渣中活性成分游离氧化钙($f-CaO$)的含量。

2. 粉煤灰

(1)粉煤灰的成分及性能

①粉煤灰的成分:粉煤灰是指煤粉炉燃烧时,从烟道气体中收集到的细颗粒粉末。粉煤灰的主要化学成分为二氧化硅(SiO_2)、三氧化二铝(Al_2O_3)、三氧化二铁(Fe_2O_3)、氧化钙(CaO)等,约占粉煤灰总量的85%左右,共同构成 $CaO-Al_2O_3-SiO_2$ 矿物体系。具体成分如表9-1所示。

②粉煤灰的性能:粉煤灰中含有大量直径以微米计的实心或中空玻璃微珠体,以及少量的莫来石、石英等结晶物质。玻璃体一般呈球状,粒径为1~50 μm,比表面积可达300~600 m^2/kg(大于水泥的比表面积)。但原状粉煤灰的细度与电厂所用煤粉细度及收尘装置有关。原状粉煤灰的颗粒级配与活性均不尽理想,只有少量电除尘收集的或经过分级风选的Ⅰ级粉煤灰性能优异。对于颗粒较粗的粉煤灰,通常采用粉磨技术磨细,以进一步提高粉煤灰的细度,提高强度活性,并改善颗粒级配。

根据国家标准《用于水泥和混凝土中的粉煤灰》(GB 1596—91),粉煤灰的主要质量指标有细度、烧失量(含碳量)、需水量比和三氧化硫含量,根据质量指标分为三个等级,详见表9-3所示。

表9-3 粉煤灰的质量指标

粉煤灰等级	细度(45 μm)方孔筛筛余物(%)	烧失量(%)	需水量比(%)	SO_3 含量(%)
Ⅰ级	≤12	≤5	≤95	≤3
Ⅱ级	≤20	≤8	≤105	≤3
Ⅲ级	≤45	≤15	≤115	≤3

注:①Ⅲ级粉煤灰主要用于素混凝土,一般不宜用于钢筋混凝土,当用于钢筋混凝土时,必须经过试验验证。
②高钙粉煤灰的游离氧化钙含量不得大于2.5%,且体积安定性检验必须合格。

(2)粉煤灰的应用

由于粉煤灰具有粒径细小的无定型玻璃形态的活性物质 Al_2O_3、SiO_2,比表面大。粉煤灰作为矿物外加剂,具有较大的吸附作用,能与水泥熟料矿物共同反应,形成水硬性化合物。此外,粉煤灰中的活性成分还能与水泥水化过程中析出的氢氧化钙缓慢进行“二次反应”,在表面生成具有胶凝性能的水化铝酸钙、水化硅酸钙等凝胶物质,填充在骨料之间形成紧密的混凝土结构。

粉煤灰的优良特性决定了其具有广泛的应用。

①水泥生产和混凝土制品:将符合要求的粉煤灰、硅酸盐水泥熟料及适量石膏磨细制成水硬性胶凝材料称为粉煤灰硅酸盐水泥,代号为P·F。其中粉煤灰的掺加量为20% ~40%。此

外在养护条件适当，配合比合理的情况下，掺加品质优良的Ⅰ级粉煤灰可以提高混凝土的流动性，增大混凝土的后期强度，并可改善混凝土的抗冻性、抗渗性、抗硫酸盐腐蚀性等性能，在高强高性能混凝土中有较广的应用。

②配制石灰—粉煤灰—骨料混料：混合料具有足够的耐久性和良好的外形稳定性，在道路工程中可用作基层和底基层垫料，效果良好。石灰和粉煤灰与硫酸盐废料的混合物可用于生产建筑材料。

③其他用处：粉煤灰在其他建筑材料如沥青、屋面板、砖、砌块生产中也有应用。粉煤灰可用于制作沥青填料；粉煤灰也用作屋面板的填料；应用粉煤灰制作砌块及砖时，生产效率高且节能。粉煤灰也可用来生产轻骨料。

9.1.2 其他固体废料及其应用

1. 煤矸石

(1)煤矸石的成分及性质

煤矸石是煤炭生产、加工过程中生产的一种固体废料，是煤的共生资源。包括煤矿在井巷掘进时排出的矸石、露天煤矿在开采时剥离的矸石、洗选煤过程中排出的矸石，是由多种岩石组成的混合物。

煤矸石的生产量约占煤炭总开采量的15% ~25%，我国现贮存的煤矸石有几十亿吨，占地几十万亩，占用了大量资源，并造成了环境污染。

煤矸石化学成分的组成和含量随矿岩的成分不同而变化。我国一些典型的煤矸石主要化学成分的组成为二氧化硅(SiO_2)(含量40% ~60%之间)、三氧化二铝(Al_2O_3)(含量15% ~30%之间)。在高岭土和铝质岩为主的煤矸石中，Al_2O_3 的含量可达40%以上。煤矸石中氧化钙(CaO)的含量一般都很低，三氧化二铁(Fe_2O_3)的含量一般也都小于10%。

煤矸石含有一些残留碳及硫，露天堆放时，在条件适合时会发生自燃现象；煤矸石因含有一些放射性元素及重金属元素，易对环境产生放射性污染及重金属淋溶污染；此外，自然堆放的煤矸石容易产生崩塌和滑坡，在煤矸石堆内的瓦斯气体聚集到一定浓度后，还可能产生爆炸，造成较大危害。

(2)煤矸石的应用

①制砖：泥质或碳质煤矸石经过原料制备、成型、干燥和焙烧等工艺后可制成质量优良的砌块或砖。煤矸石替代黏土生产砖可以做到烧砖不取土或少用土，烧砖不用煤或少用煤，从而大量保护耕土，节约能源，保护环境。

②作为水泥的混合料和高性能混凝土的掺和料：煤矸石在水泥工业中有三种应用途径，分别是用作生产普通水泥的原燃料；生产水泥的混合材料及生产无熟料或少熟料水泥；煅烧的煤矸石也可作为高性能混凝土的优质矿物掺和料，以制备高性能混凝土。

③制备陶粒：煤矸石单独或与其他原料配合，经磨细、配料、搅拌、成球、干燥和焙烧，形成矸石陶粒。

2. 其他矿物废料

(1)其他矿物废料的种类和化学成分

除煤矸石外，我国每年还产生大量其他矿物废料，其中以铁矿开采、铜矿开采产生的废石、采石废料及大量各种尾矿为主。这些矿物废料的化学成分复杂，含量各异，但主要成分还是二氧化硅(SiO_2)、三氧化二铝(Al_2O_3)、三氧化二铁(Fe_2O_3)、氧化钙(CaO)、氧化镁(MgO)等。

尾矿大多粉碎成细颗粒状，铁矿石尾矿通常分为细沙、粗沙和砾石。这些矿物废料大多性能稳定，强度较高。

(2)其他矿物废料的应用

现在许多采矿废石已被成功用作公路建设的骨料、基层材料和路基材料，部分矿石粉碎后可作为防滑骨料使用；合适的尾矿可用于制作砖、砌块、和矿棉，大部分尾矿可作为矿井的回填物使用。

废石通常和地表土一道堆在排土场上或用作填地材料。

3. 城市废料

(1)建筑物及道路拆毁废料

随着城市的建设和发展，大量的旧建筑物和道路被拆除，每年产生数亿吨的拆毁废料。在这些拆毁废料中，旧混凝土、砌块、砖占的比例最大，其次是木料、钢铁制品，也产生一些沥青、石膏、塑料、铝、铜等材料。

在建筑物及道路拆毁废料中，金属制品、塑料及木料的回收利用率较高，旧砖的回收利用也有一定的市场。旧砌块、旧混凝土大多用于填地或抛弃，少量旧混凝土被破碎后用作细骨料或粗骨料。

拆毁材料的再利用量不大，主要原因是与使用天然材料相比，其加工成本较高；倾泻拆毁材料费用低；另外我国对使用废料的规章限制也不够。

(2)废玻璃

废玻璃在城市废料中占有一定的比例。玻璃的化学成分较单一，性能稳定，有较好的强度和硬度，但质脆，不耐冲击。

废玻璃的收集和分捡较困难，现多用于填地或泻入堆积场。此外，废玻璃可用于制造矿棉、陶瓷砖或作为生产轻骨料的原料；也可将级配良好的碎玻璃作为沥青混合路面中的骨料。

9.2 胶黏剂及其他土工合成材料

9.2.1 胶黏剂

1. 胶黏剂的组成及分类

胶黏剂是一类能将其他材料紧密地黏结在一起的物质。胶黏剂是土木工程中不可缺少的辅助材料，广泛应用于防水工程、新旧混凝土接缝、室内外装饰黏贴、结构补强加固及其他工程。胶黏剂品种繁多，性能各异，按主要组成成分的不同分为无机胶黏剂和有机胶黏剂；按胶黏剂的固化方式不同可分为溶剂挥发型、化学反应型和热熔型胶黏剂。本节主要介绍有机胶黏剂。

(1)黏结的基本原理

胶黏剂能够将其他相同或不同材料黏结在一起，是因为胶黏剂能在两者之间形成黏结力。黏结力主要有以下几种方式：

①机械黏结：胶黏剂渗入材料表面的凹陷和孔隙内，先对材料表面浸润，然后固化，产生机械咬合或镶嵌作用，使被黏结材料连接在一起。

②化学反应：通过胶黏剂中的某些分子和被粘物质产生化学反应，胶黏剂和被黏物质间存在化学键力，使材料连接在一起。因为化学键力比分子之间的作用力要大得多，所以具有较高

的黏结强度。

③物理吸附力:利用胶黏剂分子和材料分子间存在的物理吸附力,即范德华力将被粘材料连接在一起。

实际上,当被黏物体表面十分光滑密实时,其黏结力一般来源于物理吸附力;当被粘物体表面孔隙较多时,胶黏剂渗入被粘物孔隙内,硬化后被"镶嵌"在一起,并由于被粘物表面粗糙增加了接触面积,从而增加黏结力。

(2)胶黏剂的基本组成材料

①黏料:黏料是胶黏剂的基本组成部分,它使胶黏剂具有黏结特性。黏料一般由一种或几种聚合物配合组成,用于结构受力部位的胶黏剂以热固性树脂为主,用于非结构和变形较大的部位的胶黏剂以热塑性树脂和橡胶为主。

②固化剂与交联剂:固化剂用于热固性树脂,使线型分子变为体型分子;交联剂用于橡胶,使橡胶形成网型结构。固化剂与交联剂的品种应按黏料的品种、特性以及固化后胶膜性能的要求来选择。

③填料:加入填料的目的是改善胶黏剂性能,降低成本。常用的填料为石英粉、滑石粉、水泥及各种金属与非金属氧化物。

④稀释剂:稀释剂用于调节胶黏剂的黏度,增加胶黏剂的涂敷浸润性,需按黏料的品种来选择。

此外,为使胶黏剂具有更好的性能,还应加入一些其他添加剂,如增韧剂、抗老化剂、增塑剂等。

2. 环氧类结构胶

环氧类结构胶的主要粘接对象是金属、混凝土及其他水泥制品,要求室温固化,又有较高的黏结强度。

(1)环氧类结构胶的配方组成

①环氧树脂:环氧树脂是环氧胶的黏料,它的牌号很多,土木工程中常用双酚 A 型环氧树脂,主要牌号和环氧值如表 9-4 所示。

表 9-4 几种常用牌号环氧树脂

指标名称	E-55	E-51	E-44	E-42	E-20
环氧值(mol/100g)	0.55~0.58	0.48~0.54	0.41~0.47	0.38~0.45	0.18~0.22
软化点(℃)	/	/	12~20	21~27	64~76
外观	浅黄色黏稠液体	黄色高黏度液体	黄至琥珀色高黏度液体	/	黄至琥珀色固体

说明:牌号中 E 表示双酚 A 型,后面的数字表示树脂环氧值的算术平均值,单位是 mol/100g,是环氧树脂的主要技术指标。

②固化剂:环氧树脂必须加入固化剂才能固化,由液体变为坚硬的固体。环氧树脂的固化剂主要有两大类,一类是反应型固化剂,如伯胺、促胺、有机酸或酸酐。这类固化剂主要通过自身的活泼氢与环氧基反应,使树脂固化。另一类是催化型固化剂,如叔胺、有机金属化合物、咪唑类等。这类固化剂主要是作为电荷中心,促使环氧基开环自聚而固化。表 9-5 所列为环氧树脂常用固化剂。

表 9-5 常用环氧树脂固化剂

类型	反应型				催化型
类别	脂肪胺	芳香胺	酸酐	低聚物	叔胺
品种	乙二胺、己二胺 二乙烯三胺 三乙烯四胺 810 水下固化剂 701、703 固化剂	间苯二胺 702 固化剂 590 固化剂	邻苯二甲酸酐 70 酸酐 647 酸酐	低分子聚酰胺 酚醛树脂 聚硫橡胶	三乙胺三 乙醇胺
固化温度	室温以下	高温	高温	室温或高温	室温或高温

③稀释剂:环氧树脂多为黏稠液体,为了降低黏度,提高胶黏剂对被粘物的浸润能力,可在胶液中加入一些稀释剂。稀释剂有活性和非活性之分,活性稀释剂参与固化反应,使用时要适当增加固化剂用量。表 9-6 为环氧树脂常用的稀释剂。

表 9-6 环氧树脂用稀释剂

非活性稀释剂		活性稀释剂			
名　称	沸点(℃)	牌号	名称	环氧值/(mol/100g)	黏度/cp
丙酮	56.5	600	二缩水甘油醚	1.15~1.3	4~6
甲乙酮	79.6	630	多缩水甘油醚	0.35~0.47	40~126
环乙酮	156.0	512	乙二醇双缩水甘油醚	0.7	100
邻苯二甲酸二丁酯	335.0	662	甘油环氧	0.65	300
邻苯二甲酸二辛酯	384.0	680	间苯二酚双缩	0.75~0.85	200~300
磷酸三丁酯	240.0				
甲苯	110.8				

④填料:为了降低固化收缩率和反应热或降低成本,可在胶液中加入一些填料,如气相白炭黑、沉淀白炭黑、碳酸钙、硅微粉、滑石粉、石英砂、瓷粉、石棉和石墨。

⑤增韧剂和增塑料:为了提高胶层的韧性可加入增韧剂(丁腈橡胶、聚硫橡胶等)或加入增塑剂(如邻苯二甲酸二丁酯、邻苯二甲酸二辛酯等)。

(2)环氧类结构胶的品种、特点与用途

环氧树脂结构胶黏接强度高,室温固化,而且可以湿面粘接,广泛用于石料、玻璃、木材等结构粘接,也用于对水泥混凝土结构的加固和修补。

常用的环氧树脂结构胶品种与用途如表 9-7 所示。

表 9-7　常用环氧树脂结构胶品种与用途

品　种	组　成	固化条件	用　途
GB4010 建筑结构胶	环氧树脂，水下 固化剂，填料	25 ℃，2 h 初凝固， 24 h 达最高强度	水泥混凝土结构加固和修补，新旧混凝土 粘接，桥梁支承衬基床加固等
JGN-Ⅰ胶 JGN-Ⅱ胶 JGN 胶	环氧树脂，增韧剂， 固化剂，填料	20 ℃，24 h	金属、混凝土及其他水泥制品的粘接， 混凝土结构加固和修补
YJS-1 胶	环氧树脂，固化剂	20 ℃，48 h	金属，水泥，玻璃，木材的粘接和修补
CJ-1 胶	环氧树脂，固化剂，填料	20 ℃，20 h	金属，水泥，玻璃，木材的粘接和修补
AC 胶	环氧树脂，固化剂	20 ℃，30 h	金属，水泥，玻璃，木材的粘接和修补
6202 胶	环氧树脂，固化剂，填料	20 ℃，24 h	金属，水泥，陶瓷，玻璃，木材的粘接及建筑修补

3. 环氧类树脂改性砂浆及注浆补强补漏材料

(1)环氧树脂改性砂浆

环氧树脂砂浆是以环氧树脂为聚合物，与水泥、石英砂、河砂等材料复合而成的新材料。具有弯曲强度、拉伸强度及延伸率高，干燥收缩率低，防水性和不透水性良好等优点。

环氧砂浆配方组成：

①环氧树脂：可选用低黏度液体黏料，如牌号为 E-44、E-42 的品种，主要起胶凝作用。

②固化剂：应选用室温固化的多胺类物质，如乙二胺、二乙烯三胺、三乙烯四胺等，其中以多乙烯多胺者较好，使用时无烟雾。

③增塑剂：常用的是苯二甲酸二丁酯，加入量一般为树脂量的 5% 左右，加入过多会影响成品质量。

④稀释剂：通常使用非活泼性稀释剂，如二甲苯、丙酮等。稀释剂的加入量以保证树脂有足够的流动性和对基层的湿润为宜，兼顾砂浆的涂布施工性能。如加入量过少，配成的树脂砂浆施工性能差，无流平性，表面容易留下刮板的痕迹或高低不平；过量时，则会使成品质量下降。

⑤填充料：填充料分细骨料和粗骨料。粗骨料是干燥的石英砂，根据铺设的厚度，一般可选用 6 号砂；其加入量以树脂∶粗砂 = 1∶1 ~ 1.5 为宜。细骨料用滑石粉较好，粉料加入量为树脂量的 10% ~20%，如过多则施工性能差，易结团。

⑥颜料：环氧树脂地面涂层可根据需要配成各种颜色，调配颜色可先做小样，一般加量为 1% ~3%。

其他常用各品种改性砂浆和混凝土修补材料的特点与用途如表 9-8 所示。

表 9-8　常用改性砂浆和混凝土修补材料的特点与用途

品　种	特点与用途
环氧树脂改性砂浆	强度高、防水性好、耐冻结性能、耐腐蚀性能、耐冲击性能、耐磨性均好， 主要用于修建高层建筑、化工地面、海上建筑及混凝土修补
聚丙烯酸酯乳液改性砂浆	涂层有一定弹性，粘接力高，耐水耐候性好， 广泛用于地面、墙面涂层及混凝土修补

续上表

品　　种	特点与用途
聚醋酸乙烯及其共聚物改性砂浆	成本低、粘接性好、无污染， 广泛用于建筑物内外墙、屋面涂层及混凝土修补
聚乙烯醇缩醛改性砂浆	成本低、施工方便，主要用于建筑物内外墙粉刷， 新旧混凝土粘接、裂纹修补
聚氨酯改性砂浆	涂层韧性好，耐冲击，耐腐蚀，耐磨损，防水性好， 广泛用于弹性地面，运动场地、过街天桥涂层施工
橡胶类乳液改性砂浆	施工方便，主要用于屋面、厕浴间、接缝等 防水层或混凝土修补
不饱和聚酯改性砂浆	黏结力强、耐腐蚀、防水、绝缘性好， 广泛用于内外墙面、地坪和勾缝，或用于基础、贮槽涂抹及防腐
酚醛、脲醛树脂改性砂浆	具有优良的耐候性、耐热性和耐水性， 广泛用于地坪和勾缝等

环氧树脂砂浆的特点是强度高，耐磨、耐腐蚀、耐冲击，主要用于建筑物地面、化工厂地面涂层及混凝土粘接与修补。

（2）环氧树脂注浆补强补漏材料

①环氧树脂注浆补漏材料配方组成和性能

表9－9　环氧树脂注浆补漏材料配方组成

名　称	用料配合比（质量比）					硬化时间（h）	与混凝土黏结力（MPa）	抗拉强度（MPa）	备　注
	环氧树脂	邻苯二甲酸二丁酯	二甲苯（丙酮）	乙二胺	粉料				
环氧树脂胶泥	100	10	/	10～12	50～100	12～24	2.7～5.0	5.0	嵌缝、固定注浆嘴
	100	10	30～40	8～12	25～45	12～24			涂面和粘贴玻璃布用
	100	20	/	14～15	100～150				抹面胶泥
抹面胶泥	100	10	40～60	8					注射或毛笔涂刷浆液
	100	10	40～50	8～12		12～24	2.7～3.0	5.0	注浆用浆液

说明：①粉料用石英粉或瓷粉；且石英粉可用辉绿岩代用。

②腐蚀介质为氢氟酸时，粉料应选用硫酸钡粉，用量为200～300。

②环氧树脂注浆补漏材料特点和用途

环氧树脂注浆补强补漏材料系由E-44环氧树脂、苯二甲酸二丁酯、二甲苯、乙二铵及粉料等在常温状态下配制而成，品种有环氧树脂胶泥、浆液等。

该材料补漏不受结构形状限制，粘结强度高、质量可靠、施工工艺简单，可用于各种结构（包括有振动、高温、腐蚀介质作用的结构）修补0.1 mm以上的裂缝，还可用于混凝土结构补强加固和粘结断裂构件。但采用本材料补漏仅适用于修补干燥裂缝，如用于屋面板裂缝的补强补漏，湿裂缝应经干燥后修补。

4. 其他常用胶黏剂

(1)酚醛树脂胶黏剂

酚醛树脂胶黏剂具有优良的耐热性、耐水性、耐老化性、耐溶剂性、电绝缘性以及很高的黏结强度,但胶层脆性大,抗剥离强度较低。目前采用橡胶改性酚醛树脂作为基料而制得的胶黏剂,不仅保持酚醛树脂胶黏剂的原有特色,而且胶黏剂的柔韧性、抗拉强度、抗剥离强度以及抗冲击强度等性能大为提高。

在酚醛树脂中加入丁腈橡胶或聚乙烯醇缩甲醛等成分制成的胶黏剂,可用于粘结金属,如钢、铝、铜以及非金属如玻璃、陶瓷、电木等,它还能用于黏结玻璃钢、橡胶、聚苯乙烯泡沫塑料等。

(2)聚醋酸乙烯胶黏剂

聚醋酸乙烯胶黏剂又称乳白胶或白胶水,它是醋酸乙烯经乳液聚合而成的,属于热塑性合树脂胶结剂。它无毒、无味,具有良好的黏结强度,吸水率低(仅2% ~3%),可单独使用。主要用于胶接木材、皮革、泡沫塑料等,如在乳液中加入水泥,可用来粘结混凝土、玻璃、金属、陶瓷和塑料等。另外,在乳液中加入颜料、填料等可制成乳胶漆,作为建筑涂料使用。这种胶黏剂的耐水性、耐热性和抗老化性较差,易蠕变,只适用于40℃以下使用。

(3)聚乙烯醇及其缩甲醛胶黏剂

聚乙烯醇树脂是白色粉末,可溶解于水,其水溶液可粘结纸张、墙纸、织物,并可作为各种粉刷灰浆中的胶黏剂,是106内墙涂料的主要成分。

聚乙烯醇缩甲醛胶黏剂又称107胶,它是一种透明的水溶液胶体,无臭、无毒、无味,具有较高的黏结强度和较好的耐水性及耐老化性能,还能与水泥复合使用,可显著提高水泥材料的耐磨性、抗冻性和抗裂性,并增加其防霉菌性,是建筑中广泛使用的一种胶黏剂。

(4)过氯乙烯胶黏剂

过氯乙烯胶黏剂是一种无色透明黏稠液体,又称901胶。它是以过氯乙烯树脂、干性油、改性醇酸树脂、增韧剂、稳定剂等研磨后,与有机溶剂配制而成的。具有良好的胶结能力,防潮性、防霉性好,适用于粘结各种硬质管材和板材。

9.2.2 土工合成材料

土工合成材料是一种新型的岩土工程材料,它以人工合成的聚合物,即塑料、化学纤维、合成橡胶为原料,制造成各种类型的产品,置于土体内部、表面或各层土体之间,发挥过滤、排水、隔离、加筋、防渗、防护等作用,广泛用于水利、电力、公路、铁路、建筑、海港、采矿、机场、环保等工程的各个领域。土工合成材料可分为土工织物、土工膜、复合土工合成材料和特种土工合成材料等类型,下面进行简单的介绍。

1. 土工膜

土工膜是以聚合物为基本原料制成的一种防渗漏材料,其主要功能为防止液体的渗漏和气体的挥发。

制造土工膜的材料有塑料和合成橡胶两大类。塑料类主要有聚氯乙烯、低密度聚乙烯、中密度聚乙烯和高密度聚乙烯等。合成橡胶类主要有丁基橡胶、环氧丙烷橡胶、氯磺化聚乙烯等。

土工膜在许多水库工程及其他水利工程中有广泛应用。

2. 土工网

土工网是以聚合物为主要原料,采用挤出工艺,以特制的旋转机头制成的非纺织型整体化网状结构。土工网使用的聚合物主要有高密度聚乙烯,低密度聚乙烯、聚丙烯等,其中尤以高密度聚乙烯的用量最多。

土工网的应用从道路建设、江河治理、海岸防护、铁路一直到围海造田、绿化、防风沙、垃圾场等土木工程领域,也可用作垫层加固软基、植草和复合排水材料的基材。

3. 土工格栅

塑料土工格栅是以聚丙烯和高密度聚乙烯为主要原料,加入抗紫外线等助剂,以挤出板材、精密冲孔、拉伸(单向或双向)成型而制成的塑料土工格栅。

塑料土工格栅所使用的原材料主要是聚丙烯和高密度聚乙烯。使用这两种材料生产的格栅,其性能略有差别:聚丙烯土工格栅抗拉强度较大,伸长率小;高密度聚乙烯土工格栅抗拉强度小,伸长率大,但聚丙烯的抗氧化、老化性能和蠕变性能比高密度聚乙烯要差,必须经过相应处理才行。

土工格栅主要用于加筋土和软基处理工程。

4. 土工格室

塑料土工格室是由高分子聚合物片材经过高强力焊接而形成的一种三维网状结构,使用前土工格室以折叠的方式堆放在一起,以便运输。使用时可人工拉开成网格状,在网格中填入砂、碎石或表土等松散物料,这样格室与这些填料就形成了一种组合材料,可实现较高的承载能力,并具有很强的抗冲蚀能力。施工时可就地取材,无需远距离运输专用的结构材料,大大降低了施工费用。

土工格室按格室结构可分为有孔型和无孔型,按格室片材的表面特点可分为光滑型和带纹型。土工格室的用途很广,在沙漠海滩筑路中起固沙作用,在铁路、公路、电厂、管道支撑等工程中用作处理软土地基,也用在各种边坡的冲蚀控制及挡土墙系统中。

5. 土工垫

土工垫是一种三维结构、用于控制水土流失的坡面防护土工合成材料。主要有两种,即单丝热粘结型土工垫和土工网。单丝热粘结型土工垫是以尼龙(或聚丙烯)为主要原料,经挤出成单丝后,无规则叠成一定厚度相互热粘结而成。土工网是以聚烯烃聚合物为主要原料,以挤出菱形网与挤出双向拉伸方形网复合、点焊、热收缩成型。

土工网底部有一层高模量的基础层,上部有一层有规则的波形网包层,更易于与土壤、植被良好结合,促进植物生长,有效地防止水土流失。由于这种土工垫是由网复合而成的,故亦称土工网垫或三维植被网。

思考练习题

1. 高炉矿渣的化学成分包括哪些材料?主要成分有哪些?
2. 高炉矿渣的活性与哪些因素有关?高炉矿渣粉的质量如何分级?
3. 高炉矿渣有哪些应用?
4. 粉煤灰的化学成分包括哪些材料?主要成分有哪些?
5. 粉煤灰有哪些应用?

6. 煤矸石的主要成分有什么？煤矸石有什么用处？
7. 试述胶黏剂的黏结机理。
8. 环氧树脂结构胶由哪些成分组成？各有什么用途？
9. 土工合成材料有哪些种类？各有什么用途？

10 材料试验

【学习目标】通过本章的学习，要求掌握常见的各种材料的试验方法、数据处理、结果评定。

10.1 水泥试验

本试验依据国家标准《水泥细度检测方法(筛析法)》(GB/T 1345—2005)、《水泥比表面积测定方法(勃氏法)》(GB/T 8074—87)、《水泥标准稠度用水量、凝结时间、安定性检验方法》(GB/T 1346－2001)、《水泥胶砂流动度测定方法》(GB/T 2419－2005)、《水泥胶砂强度检验方法(ISO法)》(GB/T 17671－1999)的规定进行。

10.1.1 水泥试验的一般规定

1. 取样方法

从同一水泥厂的产品中，取同品种、同等级、同期到达的水泥进行编号和取样。编号数量依水泥出厂产量多少而定，每一编号为一取样单位。不超过200 t为1个编号。取样应有代表性，可连续取，应从20个以上不同部位各抽取等量水泥样品，总量不得少于12 kg。

2. 养护条件

实验室温度为20 ℃ ±2 ℃，相对湿度大于50%；湿气养护箱；应能使温度控制在20 ℃ ±1 ℃，相对湿度大于90%。

3. 对试验材料的要求

(1)试样要充分拌匀，通过0.9mm方孔筛并记录筛余物的质量占总量的百分率。将样品分成两份，一份用于试验，一份密封保存3个月，供仲裁检验时使用。

(2)试验用水必须是洁净的淡水。如对水质有争议，也可用蒸馏水。

(3)水泥试样、标准砂、拌和水及试模温度均与实验室温度相同。

10.1.2 水泥密度的检测

1. 试验目的

水泥密度是指单位体积的水泥所具有的质量，是水泥混凝土进行配合比设计的重要参数。

2. 主要仪器设备

(1)李氏密度瓶：横截面为圆形，容积为220～250mL，带有长180～200mm、直径约10 mm的细颈，细颈上刻度读数精确至0.1mm。

(2)恒温水槽：能够保持恒定温度的容器。

(3)无水煤油:符合 GB 235 的要求。

3. 试验步骤

(1)将无水煤油注入李氏密度瓶中至 0 ~ 1mL 刻度线后,盖上瓶塞放入恒温水槽内,使刻度部分浸入水中,恒温 30 min,并记录下初始读数。

(2)从恒温水槽中取出李氏密度瓶,用滤纸将李氏密度瓶细长颈内有煤油的部分擦干净。

(3)将预先通过 0.9mm 方孔筛的水泥试样放入温度为 105 ℃ ±5 ℃的烘箱中烘干 1 h,并在干燥器内冷却至室温。

(4)称取 60g 烘干后的水泥试样,用小匙将水泥试样慢慢地装入李氏密度瓶中,并反复摇动,直至没有气泡排出。然后再将李氏密度瓶静置于恒温水槽中,恒温 30 min,记录下第二次读数。第二次读数时,恒温水槽的温度与第一次读数时的温度不大于 0.2 ℃。

4. 试验结果

(1)计算水泥的体积 V。水泥的体积应为第二次读数与初始读数之差,即水泥所排开无水煤油的体积。

(2)计算水泥的密度。按式(10-1)计算水泥的密度,计算结果精确至 0.01 g/cm³,并以两次试验结果的算术平均值作为最后的测定结果。两次试验结果的差值不得超过 0.02 g/cm³。

$$\rho = \frac{m}{V} \tag{10-1}$$

式中 ρ——水泥的密度,g/cm³;

m——装入李氏密度瓶中水泥的质量,g;

V——水泥试样的体积,cm³。

10.1.3 水泥细度的检测

水泥细度检测方法有比表面积法和筛析法。比表面积法适合于硅酸盐水泥;筛析法适合于普通硅酸盐水泥及其他品种水泥。筛析法可分为负压筛析法、水筛法和手工筛析法三种,三种方法均以过筛后遗留在80 μm和 45 μm 方孔筛上筛余物的质量百分数来表示。

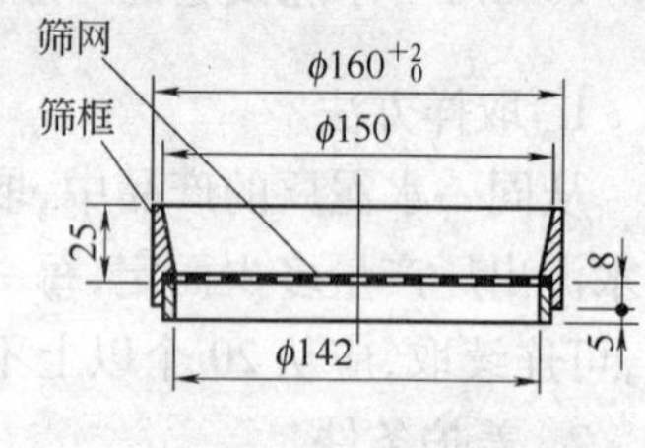

图 10-1 负压筛

1. 筛析法

(1)试验目的和意义

检测水泥颗粒的粗细程度,作为评定水泥质量的重要依据之一。

(2)主要仪器设备

①负压筛:由圆形筛框和筛网组成,筛框直径为 142mm,高为 25mm,筛网为金属丝编织的方孔筛,方孔边长为 80 μm 和 45 μm。负压筛还应附有透明的筛盖,筛盖与筛上口之间应具有良好的密封性,其外形及结构尺寸如图 10-1 所示。

②水筛:由圆形筛框和筛网组成,筛框有效直径为 125mm,高为 80mm,筛网为金属丝编织的方孔筛,方孔边长为 80 μm 和 45 μm。筛网与筛框接触处应用防水胶密封,防止水泥嵌入,其外形及结构尺寸如图 10-2 所示。

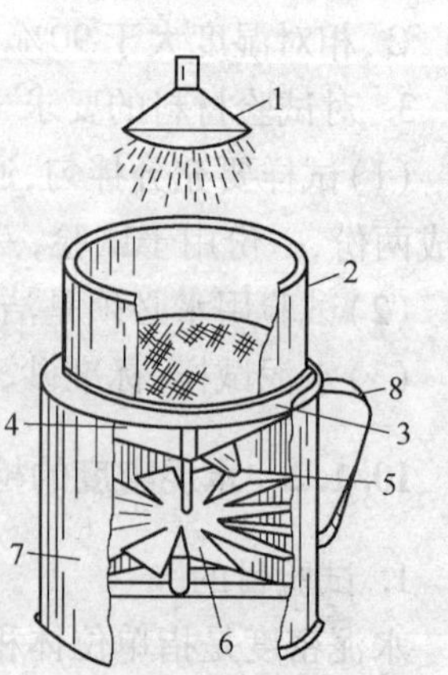

图 10-2 水筛

1—喷头; 2—标准筛; 3—旋转托架; 4—集水斗;5—出水口;6—叶轮; 7—外筒; 8—把手。

③喷头:直径为55mm,面上均匀分布90个小孔,孔径为0.5~0.7mm 。

④负压筛析仪:由筛座、负压筛、负压源及收尘器组成,其中筛座由转速为30r/min±2r/min的喷气嘴、负压表、控制板、微电机及壳体等构成,筛析仪负压可调范围为4 000~6 000Pa,喷气嘴上口平面与筛网之间距离为2~8mm。负压筛析仪外形及结构尺寸如图10-3所示。

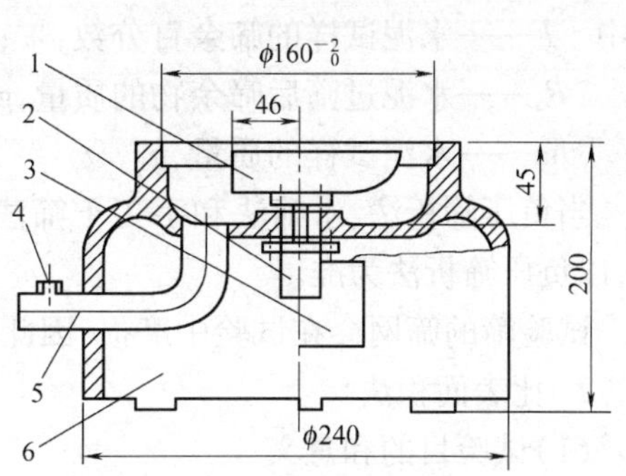

图10-3 负压筛析仪

1—喷气嘴;2—微电机;3—控制板开口;4—负压表接口;5—负压源及收尘器接口;6—壳体。

⑤天平:称量100 g,感量0.05 g。

(3)试验步骤

①负压筛析法

a. 筛析试验前,应把负压筛放在筛座上,盖上筛盖,接通电源,检查控制系统,调节负压到4 000~6 000 Pa范围内。

b. 称取水泥试样(80 μm筛析试验称取试样25 g;45 μm筛析试验称取试样10 g),置于洁净的负压筛中,盖上筛盖,放在筛座上,开动筛析仪连续筛析2 min,在此期间如有试样附着在筛盖上,可轻轻地敲击筛盖使试样落下。筛毕,用天平称量筛余物质量R_s,精确至0.01 g。

c. 当工作负压小于4 000 Pa时,应清理吸尘器内水泥,使负压恢复正常。

②水筛法

a. 筛析试验前,应检查水中有无泥、砂,调整好水压及水筛架的位置,使其能正常运转,并控制喷头底面和筛网之间距离为35~75 mm。

b. 称取水泥试样(80 μm筛析试验称取试样25 g;45 μm筛析试验称取试样10 g),置于洁净的水筛中,立即用淡水冲洗至大部分细粉通过后,放在水筛架上,用水压为0.05 MPa±0.02 MPa的喷头连续冲洗3 min。筛毕,用少量水把筛余物冲至蒸发皿中,等水泥颗粒全部沉淀后,小心倒出清水,烘干并用天平称量筛余物质量R_s,精确至0.01 g。

③手工筛析法

a. 称取水泥试样(80 μm筛析试验称取试样25 g;45 μm筛析试验称取试样10 g)倒入手工筛内。

b. 用一只手执筛往复摇动,另一只手轻轻拍打,往复摇动和拍打过程应保持近于水平。拍打速度为120次/ min,每40次向同一方向转动60°,使试样均匀分布在筛网上,直至1 min通过的试样量不超过0.03 g为止。

c. 称量筛余物质量R_s,精确至0.01 g,计算试验结果。

(4)试验筛的清洗

试验筛必须经常保持洁净,筛孔通畅,使用10次后要进行清洗。金属框筛、铜丝筛网清洗时应用专门的清洗剂,不可用弱酸浸泡。

(5)试验结果

按式(10-2)计算水泥试样筛余百分率,计算结果精确至0.1%,并以两次检验所得结果的平均值作为最终试验结果。如果两次筛余结果绝对误差大于0.5%时,应再做一次试验,取两次相近结果的算术平均值作为最终结果。

$$F=\frac{R_s}{m}\times 100\% \qquad (10-2)$$

式中　F——水泥试样的筛余百分数，%；

R_s——水泥过筛后筛余物的质量，g；

m——水泥试样的质量，g。

当负压筛析法、水筛法和手工干筛法三种鉴定结果发生争议时，以负压筛析法为准。

试验筛的筛网会在试验中磨损，因此筛析结果应进行修正。

2. 比表面积法

(1)试验目的和意义

检测水泥颗粒的粗细程度，作为评定水泥质量的重要依据之一。

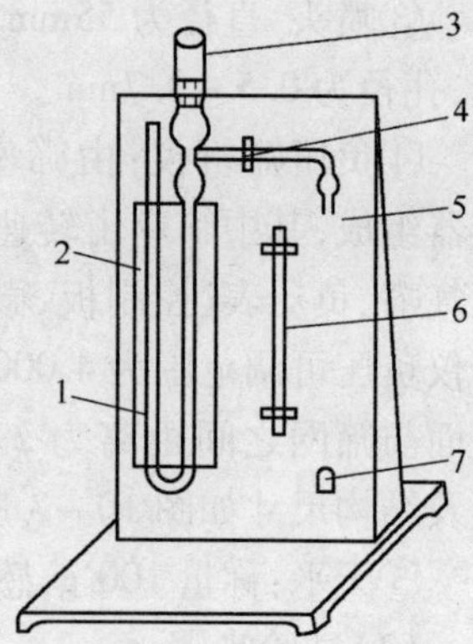

图 10－4　Blaine 透气仪

1—U 形压力计；2—平面镜；3—透气圆筒；4—活塞；5—背面接微型电磁泵；6—温度计；7—开关。

(2)主要仪器设备

①Blaine 透气仪：由透气圆筒、压力计和抽气装置三部分组成。Blaine 透气仪外形及其组成如图 10－4 所示。

②滤纸：采用符合国家标准规定的中速定量滤纸。

③分析天平：分度值为 1 mg。

④计时秒表：精确到 0.5 s。

⑤烘干箱。

(3)仪器校准

①漏气检查

将透气圆筒上口用橡皮塞塞紧，接到压力计上，用抽气装置从压力计一臂中抽出部分气体，然后关闭阀门，观察是否漏气。如果发现漏气，应用活塞油脂加以密封。

②试料层体积的测定

将两片滤纸沿圆筒壁放入透气圆筒内，用一直径比透气圆筒略小的细长棒往下按，直到滤纸平整地放在金属的传孔板上。然后装满水银，用一小块薄玻璃板轻压水银表面，使水银面与圆筒口齐平，并须保证在玻璃板和水银表面之间没有气泡或空洞存在。从圆筒中倒出水银，称量水银质量，精确至 0.05 g。重复几次测定，直到水银质量数值基本不变为止。然后从圆筒中取出一片滤纸，用约 3.3 g 的水泥，压实水泥层。再往圆筒上部空间注入水银，同上述方法排除气泡、压平水银表面。从圆筒中倒出水银，称量水银质量，重复几次，直至水银质量称量数值相差小于 50 mg。按式(10－3)计算圆筒内试料层体积，计算结果精确至 0.005 cm^3。

$$V=\frac{m_1-m_2}{\rho_{水银}} \tag{10-3}$$

式中　V——试料层体积，cm^3；

m_1——未装水泥时，充满圆筒的水银质量，g；

m_2——装水泥后，充满圆筒的水银质量，g；

$\rho_{水银}$——试验温度下水银的密度，g/cm^3。

试料层体积的测定至少应进行两次，每次应单独压实水泥，并以两次测定所得结果的算术平均值作为最终试验结果，两次数值相差不得超过 0.005 cm^3。

(4)试验步骤

①试样制备

将在烘箱(105 ℃ ±5 ℃)中烘干并在干燥器内冷却至室温的水泥试样倒入 100 mL 的密

闭瓶内，用力摇动 2 min，将结块成团的水泥试样振碎，使试样松散。静置 2 min 后，打开瓶盖，轻轻搅拌，使在松散过程中落到表面的细粉分布到整个试样中。

②确定试样数量

按式(10－4)计算需要的试验用的标准试样数量。

$$W=\rho V(1-e) \tag{10-4}$$

式中 W——需要的标准试样数量，g；

ρ——试样的密度，g/cm^3；

V——试料层体积，cm^3；

e——试料层空隙率。试料层空隙率是指试料层中孔的容积与试料层总的容积之比，一般水泥采用 0.500±0.005。

③试料层制备

将穿孔板放在透气圆筒的突缘上，用一根直径比透气圆筒略小的细棒把一片滤纸送到穿孔板上，边缘压紧。称取已经确定的水泥试样数量，倒入透气圆筒内。轻轻敲击圆筒的外边，以使水泥层表面平坦。再放入一片滤纸，用捣器均匀捣实水泥试样，直至捣器的支持环紧紧接触圆筒的顶边，并旋转两周，慢慢取出捣器。

④透气试验

把装有试料层的透气圆筒连接到压力计上，在连接的过程中，要求保证二者之间的连接紧密，不漏气，不振动所制备的试料层。打开微型电磁泵慢慢从压力计中抽出空气，直到压力计内液面上升到扩大部下端时关闭阀门。当压力计内液体的液面下降到第一刻度线时开始计时，液体的液面下降到第二刻度线时停止计时。计算液面从第一刻度线下降到第二刻度线所需要的时间，并记录试验时的温度。

(5)试验结果

根据不同的情况，采用不同的计算公式，计算被测试样的比表面积，并以两次试验结果的算术平均值表示，精确至 10 cm^2/g。如果两次试验结果相差大于 2%，应重新试验。

①被测试样的密度、试料层中空隙率与标准试样相同，试验时温差不大于 ±3 ℃时，可按式(10－5)计算被测水泥的比表面积。

$$S=\frac{S_s\sqrt{T}}{\sqrt{T_s}} \tag{10-5}$$

式中 S——被测试样的比表面积，cm^2/g；

S_s——标准试样的比表面积，cm^2/g；

T——被测试样试验时压力计中液面降落测得的时间，s；

T_s——标准试样试验时压力计中液面降落测得的时间，s。

如试验时温差大于 ±3 ℃时，按式(10－6)计算被测水泥的比表面积。

$$S=\frac{S_s\sqrt{T}\sqrt{\eta_s}}{\sqrt{T_s}\ \sqrt{\eta}} \tag{10-6}$$

式中 η_s——被测试样试验温度下的空气黏度，Pa·s；

η——标准试样试验温度下的空气黏度，Pa·s。

其余符号含义同前。

②被测试样的试料层中空隙率与标准试样试料层中空隙率不同，试验时温差不大于 ±3

℃时,可按式(10-7)计算被测水泥的比表面积。

$$S=\frac{S_s\sqrt{T}(1-\varepsilon_s)\sqrt{\varepsilon^3}}{\sqrt{T_s}(1-\varepsilon)\sqrt{\varepsilon_s^3}} \tag{10-7}$$

式中 ε——被测试样试料层中的空隙率;

ε_s——标准试样试料层中的空隙率。

其余符号含义同前。

如试验时温差大于 ±3 ℃时,可按式(10-8)计算被测水泥的比表面积。

$$S=\frac{S_s\sqrt{T}(1-\varepsilon_s)\sqrt{\varepsilon^3}}{\sqrt{T_s}(1-\varepsilon)\sqrt{\varepsilon_s^3}}\cdot\frac{\sqrt{\eta_s}}{\sqrt{\eta}} \tag{10-8}$$

③被测试样的密度和试料层中空隙率均与标准试样不同,试验时温差不大于 ±3 ℃时,可按式(10-9)计算被测水泥的比表面积。

$$S=\frac{S_s\sqrt{T}(1-\varepsilon_s)\sqrt{\varepsilon^3}}{\sqrt{T_s}(1-\varepsilon)\sqrt{\varepsilon_s^3}}\cdot\frac{\rho_s}{\rho} \tag{10-9}$$

式中 ρ——被测试样的密度,g/cm³;

ρ_s——标准试样的密度,g/cm³。

其余符号含义同前。

如试验时温差大于 ±3 ℃时,可按式(10-10)计算被测水泥的比表面积。

$$S=\frac{S_s\sqrt{T}(1-\varepsilon_s)\sqrt{\varepsilon^3}}{\sqrt{T_s}(1-\varepsilon)\sqrt{\varepsilon_s^3}}\cdot\frac{\sqrt{\eta_s}}{\sqrt{\eta}}\cdot\rho_s \tag{10-10}$$

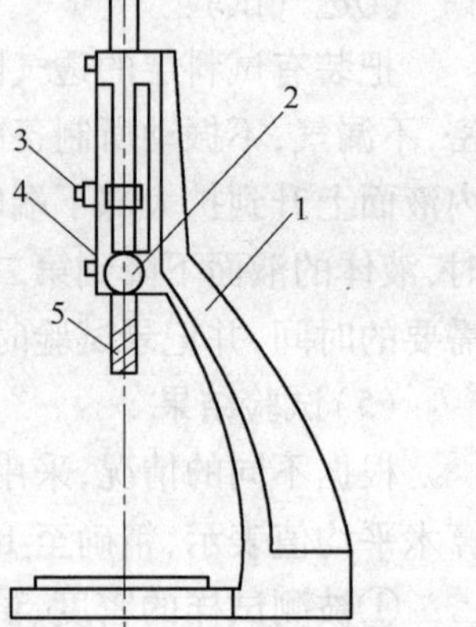

图 10-5 标准稠度测定仪

1—支架; 2—松紧螺丝; 3—指针; 4—标尺;5—金属圆棒。

10.1.4 水泥标准稠度用水量的测定

水泥标准稠度用水量的测定方法有维卡仪法和试锥法两种。

1. 试锥法(代用法)

试锥法又分调整用水量法和固定用水量法,如两种方法的测定结果发生矛盾时,应以调整用水量法为准。

(1)试验目的

测定水泥净浆达到标准稠度时的用水量,为测定水泥的凝结时间和体积安定性做准备。

(2)主要仪器设备

①标准稠度测定仪:由支架、试锥、试模、指针和金属圆棒组成,标准稠度测定仪的外形及结构组成如图 10-5 所示。

②金属空心试锥:置于金属圆棒之下,试锥底部直径为 40 mm,高 50 mm。

③圆锥形试模:试模上口内径为 60 mm,高为 75 mm。试锥和试模的外形如图 10-6 所示。

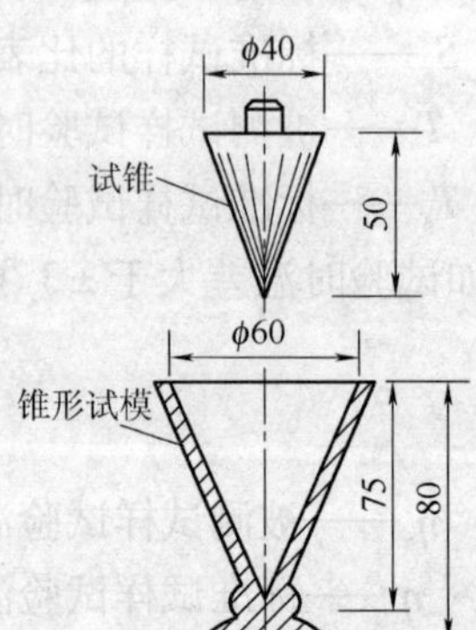

图 10-6 试锥和试模(单位:mm)

④水泥净浆搅拌机：由搅拌叶片、搅拌锅、传动机构和控制系统组成，应符合 JC/T 729《水泥物理检验仪器水泥净浆搅拌机》的要求。

⑤量筒：最小刻度 0.1 mL。

⑥天平：称量 1000 g，感量 1 g。

(3)试验步骤

①试验准备。试验前必须检查标准稠度测定仪的金属棒能否自由滑动；试锥降至锥模顶面位置时，指针是否对准标尺的零点；搅拌机运转是否正常。水泥净浆搅拌机的筒壁及叶片先用湿布擦抹。

②将称好的 500 g 水泥试样，倒入水泥净浆搅拌锅内。

③量取拌和用水量。采用调整用水量法时，按经验确定；采用固定用水量法时，用水量为 142.5 mL，精确至 0.5 mL。

④将搅拌锅放到搅拌机锅座上，升至搅拌位置，开动机器，同时徐徐加入拌和水，慢速搅拌 120s，停拌 15s，同时将叶片和锅壁上的水泥浆刮入锅中间，接着快速搅拌 120s 后停机。

⑤搅拌结束后，立即将拌制好的水泥净浆装入锥形试模中，用小刀插捣，轻轻震动数次，刮去多余的净浆；抹平后迅速将试模移到试锥下面固定位置上，将试锥降至水泥净浆表面，拧紧螺丝 1 ~2s 后，突然放松，让试锥自由地沉入水泥净浆中。到试锥停止下沉时，记录试锥下沉深度 S。整个操作应在搅拌后 1.5 min 内完成。

(4)试验结果

①采用调整用水量法时试验结果的确定

以试锥下沉深度为 28 mm ±2 mm 时的水泥净浆为标准稠度净浆。如下沉深度超出范围，须另称试样，调整水量，重新试验，直至达到 28 mm ±2 mm 时为止，其拌和用水量为该水泥的标准稠度用水量 P。水泥标准稠度用水量是以拌合用水量占水泥质量的百分比表示的，按式(10 -11)计算：

$$P=\frac{W}{500}\times 100\% \tag{10-11}$$

式中 P——水泥标准稠度用水量，%；

W——水泥净浆达到标准稠度时的拌和用水量，g。

②采用固定用水量法时试验结果的确定

根据测得的试锥下沉深度 S(mm)，按下面的经验公式(10 -12)计算标准稠度用水量 P：

$$P=33.4-0.185S \tag{10-12}$$

式中 P——标准稠度用水量，%；

S——试锥下沉深度，mm。

当试锥下沉深度小于 13 mm 时，应改用调整用水量法测定。

2. 维卡仪法(标准法)

(1)试验目的

测定水泥净浆达到标准稠度时的用水量，为测定水泥的凝结时间和体积安定性做准备。

(2)主要仪器设备

①标准法维卡仪：维卡仪上附有标准稠度测定用试杆，其有效长度为 50 mm ±1 mm，由直径为 10 mm ±0.05 mm 的圆柱形耐腐蚀金属制成。滑动部分的总质量为 300 g ±1 g。与试杆、试针联结的滑动杆表面应光滑，能够靠重力自由下落，不得有紧涩和摇动现象。维卡仪的外形

及结构组成如图 10－7 所示。

②盛装水泥净浆的截顶圆锥试模：用耐腐蚀并有足够硬度的金属制成。试模为深 40 mm ±0.2 mm，顶内径 65 mm ±0.5 mm，底内径 75 mm ±0.5 mm 的截顶圆锥体。每只试模底部应配备一个大于试模、厚度≥2.5 mm 的平板玻璃底板。

③水泥净浆搅拌机：由搅拌叶片、搅拌锅、传动机构和控制系统组成，应符合 JC/T 729《水泥物理检验仪器水泥净浆搅拌机》的要求。

④量筒：最小刻度 0.1 mL。

⑤天平：称量 1 000 g，感量 1 g。

(3) 试验步骤

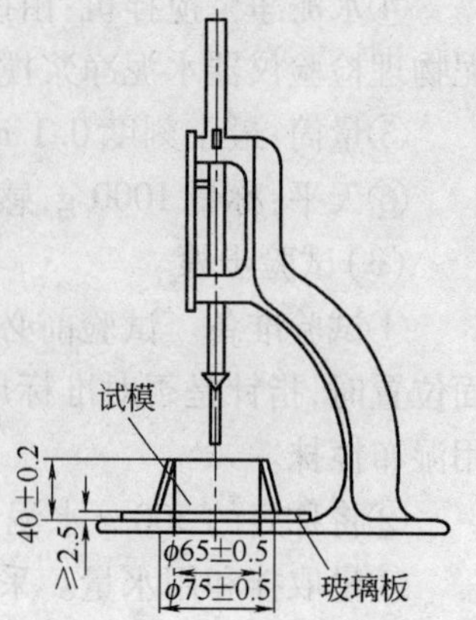

图 10－7　维卡仪（单位：mm）

①试验准备。试验前必须检查维卡仪的金属棒能否自由滑动；试杆降至试模顶面位置时，指针是否对准标尺的零点；搅拌机运转是否正常。水泥净浆搅拌机的筒壁及叶片先用湿布擦抹。

②将称好的 500 g 水泥试样倒入水泥净浆搅拌锅内。

③用量筒量取一定量的拌和用水。

④将搅拌锅放到搅拌机锅座上，升至搅拌位置，开动机器，同时徐徐加入拌和水，慢速搅拌 120s，停拌 15s，同时将叶片和锅壁上的水泥浆刮入锅中间，接着高速搅拌 120s 后停机。

⑤搅拌结束后，立即将拌制好的水泥净浆装入已置于玻璃底板上的试模中，用小刀插捣，轻轻振动数次，刮去多余的水泥净浆；抹平后迅速将试模和底板移到维卡仪上，并将其中心定位在试杆下，降低试杆直至与水泥净浆表面接触，拧紧螺丝 1～2s 后，突然放松，使试杆垂直自由地沉入水泥净浆中。在试杆停止沉入或释放试杆 30s 时，记录试杆距底板之间的距离，升起试杆后，立即将其擦净，整个操作应在搅拌后 1.5 min 内完成。

⑥以试杆沉入净浆并距底板 6 mm ±1 mm 的水泥净浆为标准稠度净浆。如下沉深度超出范围，须另称试样，调整用水量，重新试验，直至达到 6 mm ±1 mm 时为止，其拌和水量为该水泥的标准稠度用水量 P。

(4) 试验结果

以试杆沉入净浆并距底板 6 mm ±1 mm 的水泥净浆为标准稠度净浆，其拌和水量为该水泥的标准稠度用水量 P，并以占水泥质量的百分比表示，按式(10－13)计算：

$$P=\frac{W}{500}\times 100\% \tag{10-13}$$

式中　P——水泥标准稠度用水量，%；

W——水泥净浆达到标准稠度时的拌和用水量，g。

10.1.5　水泥净浆凝结时间的测定

1. 试验目的和意义

测定水泥的初凝时间和终凝时间，并按国家标准评判水泥的凝结时间是否合格，作为评定水泥质量的重要依据。

2. 主要仪器设备

(1) 凝结时间测定仪：与标准法测定水泥标准稠度用水量时所用的维卡仪基本相同，但需要将试杆换成试针。试针由钢制成,分初凝针和终凝针。初凝针是有效长度为 50 mm ± 1 mm、直径为 1.13 mm ± 0.05 mm 的圆柱体;终凝针是有效长度为 30 mm ± 1 mm、直径为 1.13 mm ± 0.05 mm 的圆柱体,在终凝针上还安装了一个环形附件,滑动部分的总质量为 300 g ± 1 g。凝结时间测定仪的外形及结构组成如图 10 - 8 所示。

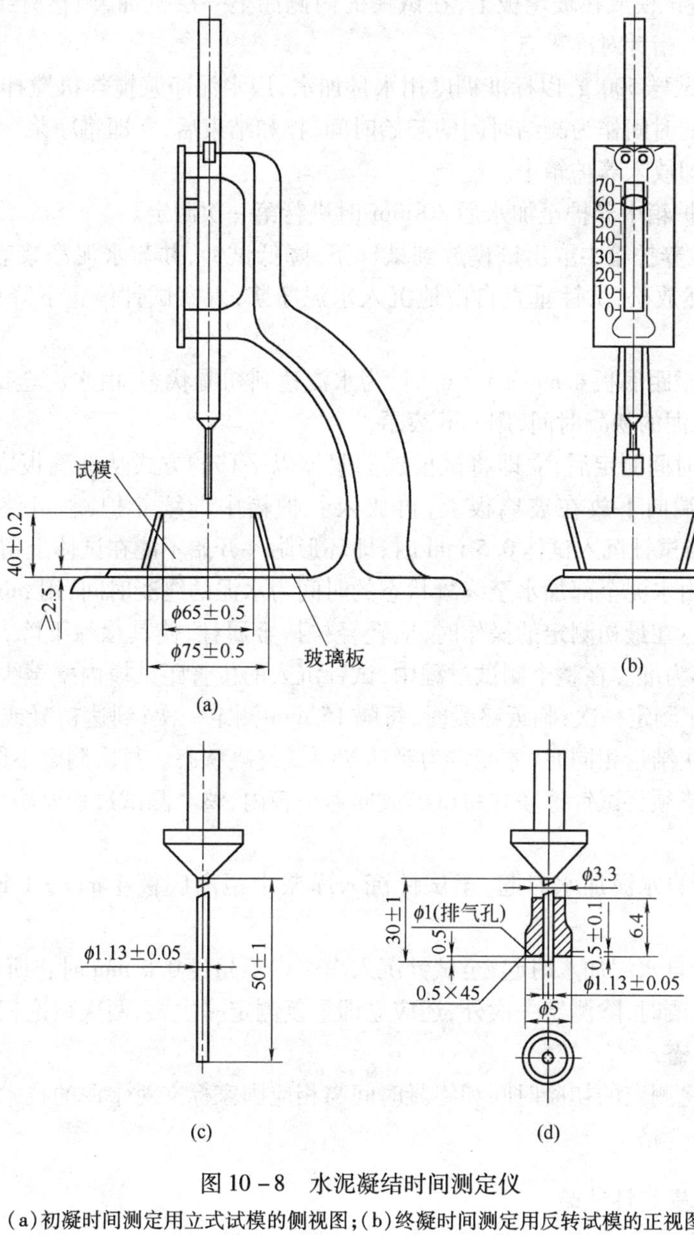

图 10 - 8 水泥凝结时间测定仪

(a)初凝时间测定用立式试模的侧视图;(b)终凝时间测定用反转试模的正视图;(c)初凝用试针;(d)终凝用试针。

(2)截顶圆锥试模:用耐腐蚀并有足够硬度的金属制成。试模为深 40 mm ± 0.2 mm,顶内径 65 mm ± 0.5 mm,底内径 75 mm ± 0.5 mm 的截顶圆锥体。每只试模底部应配备一个大于试模、厚度≥2.5 mm 的平板玻璃底板。

(3)水泥净浆搅拌机:由搅拌叶片、搅拌锅、传动机构和控制系统组成,应符合 JC/T 729《水泥物理检验仪器水泥净浆搅拌机》的要求。

(4)标准养护箱:温度为20℃ ±1 ℃,相对湿度不低于90%。

(5)天平:称量1 000 g,感量1 g。

(6)量筒:最小刻度0.1 mL。

3. 试验步骤

(1)测定前,将试模放在玻璃板上,在试模的内侧涂上一层机油,调整凝结时间测定仪的试针接触玻璃板时,指针对准零点。

(2)称取水泥试样500 g,以标准稠度用水量加水,用水泥净浆搅拌机搅拌成水泥净浆,方法同前,记录加水的时间作为凝结时间的起始时间,拌和结束后,立即将净浆一次装满试模,振动数次后刮平,立即放入养护箱中。

(3)试件在养护箱中养护至加水后30 min时进行第一次测定。

(4)测定时,从养护箱中取出试模放到试针下,降低试针,并与水泥净浆表面接触。拧紧螺丝1 ~2s后,突然放松,试针垂直自由地沉入水泥净浆,观察试针停止下降或释放试针30s时指针的读数。

(5)当试针沉至距底板4 mm ±1 mm时,为水泥达到初凝状态,由水泥全部加入水中至初凝状态的时间为水泥的初凝时间,用min表示。

(6)完成初凝时间测定后,立即将试模连同浆体以平移的方式从玻璃板取下,翻转180°,直径大端向上,小端向下放在玻璃板上,再放入养护箱中继续养护,临近终凝时间时每隔15 min测定一次,当试针沉入试体0.5 mm时,即环形附件开始不能在试体上留下痕迹时,为水泥达到终凝状态,由水泥全部加水至终凝状态的时间为水泥的终凝时间,用min表示。

测定时应注意:在最初测定的操作时,应轻轻扶持金属柱,使其徐徐下降,以防试针撞弯,但结果以自由下落为准。在整个测试过程中,试针沉入的位置距试模内壁至少10 mm 。临近初凝时,每隔5 min 测定一次;临近终凝时,每隔15 min 测定一次;到达初凝或终凝时,应立即重复测一次;当两次结论相同时,才能定为到达初凝或终凝状态。每次测定不能让试针落入原针孔,每次测定完毕须将试针擦净并将试模放回养护箱内,整个测试过程要防止试模受震。

4. 试验结果

初凝时间是指自水泥加水时起,至试针沉入净浆中距离底板4 mm ±1 mm时止所需的时间。

终凝时间是指自水泥加水时起,至试针沉入净浆中不超过0.5 mm时止所需的时间。

到达初凝或终凝时,除测定一次外,还应立即重复测定一次,当两次结论相同时,才能确定到达初凝或终凝状态。

评定方法是:将测定的初凝时间和终凝时间与相应国家标准对水泥的技术要求进行对比,从而判定它们是否合格。

10.1.6 水泥安定性试验

安定性试验可采用试饼法或雷氏法。试饼法通过观察水泥净浆试饼沸煮后的外形变化来检验水泥的体积安定性;雷氏法通过测定水泥净浆在雷氏夹中沸煮后的膨胀值来检验水泥的体积安定性。当试验结果有争议时,应以雷氏法为准。

1. 试验目的和意义

检验水泥硬化后体积变化的均匀性,以评定水泥的质量是否合格。

2. 主要仪器设备

(1)水泥净浆搅拌机、标准养护箱:与测定凝结时间时所用相同。

(2)煮沸箱:有效容积约为410 mm×240 mm×310 mm,篦板的结构应不影响试验结果,篦板与加热器之间的距离大于50 mm。箱的内层由不易锈蚀的金属材料制成,能在30min±5 min内将箱内的实验用水由室温升至沸腾状态并保持3 h以上,整个试验过程不需补充水量。

(3)雷氏夹膨胀测定仪:标尺最小刻度为0.5 mm,其外形及结构组成如图10-9所示。

(4)雷氏夹:用铜质材料制成,其外形及结构尺寸如图10-10所示。当一根指针的根部先悬挂在一根金属丝或尼龙丝上,另一根指针的根部再挂上300 g质量的砝码时,两根指针针尖的距离变化应在17.5 mm±2.5 mm范围内,当去掉砝码后针尖的距离能恢复至悬挂砝码前的状态。

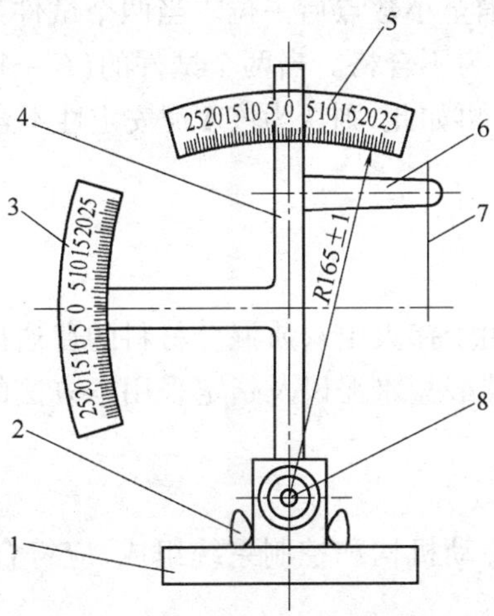

图10-9 雷氏夹膨胀测定仪

1—底座;2—模子座;3—测弹性标尺;4—立柱;5—测膨胀值标尺;6—悬臂;7—悬丝;8—弹簧顶钮。

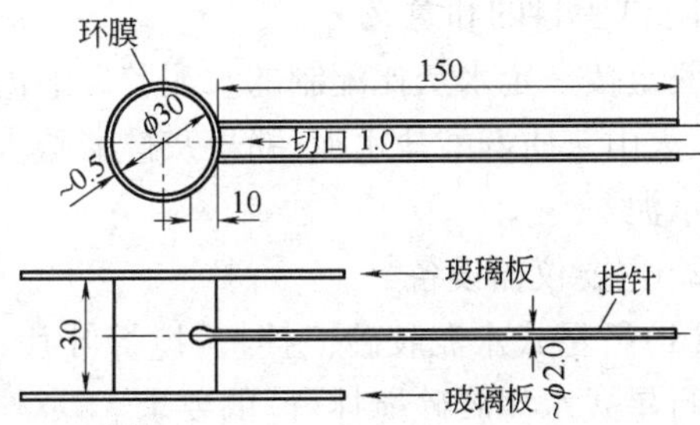

图10-10 雷氏夹

(5)玻璃板、抹刀、直尺等。

3. 试验步骤

(1)称取水泥试样500 g,以标准稠度用水量按测定标准稠度时拌和净浆的方法制成水泥净浆。

(2)采用雷氏法时:将预先准备好的雷氏夹放在已稍擦油的玻璃板上,并立刻将已制好的标准稠度净浆一次装满试模。装模时,一只手轻轻扶持试模,另一只手用宽约10 mm的小刀插捣15次左右,然后抹平。盖上稍涂油的玻璃板,然后将雷氏夹移至养护箱内养护24 h±2 h。

(3)采用试饼法时:从制成的水泥净浆中取试样150 g,分成两等份,制成球型,分别放在两个预先涂过油的玻璃板上,轻轻振动玻璃板,并用湿布擦过的小刀由边缘向饼的中央抹动,制成直径为70~80 mm、中心厚约10 mm、边缘渐薄、表面光滑的试饼。然后将试饼放入养护箱内养护24 h±2 h。

(4)调整好煮沸箱内的水位,保证在整个煮沸过程中都漫过试件,中途不需加水,同时又能在30 min±5 min内升至沸腾。

(5)养护到期后,从养护箱中拿出试件,脱去玻璃板取下试件。

(6)当采用雷氏法时,测量试件指针尖端间的距离 A,精确到 0.5 mm,接着将试件放入养护箱水中的篦板上,指针朝上,试件之间互不交叉。当采用试饼法时,先检验试饼是否完整,在试饼无缺陷的情况下,将其取下置于沸煮箱内水中的篦板上。

(7)启动沸煮箱,在 30 mim ±5 min 内加热至沸腾并恒沸 3 h ±5 min。

(8)煮沸结束后,放掉箱中热水,打开箱盖,待箱体冷却至室温,取出试件检查,并测量试件指针尖端距离 C,精确到 0.5 mm。

4. 试验结果

(1)试饼法评定:目测试饼表面状况,若未发现裂缝;再用直尺检查试饼底面,如果没有弯曲翘曲现象,则可以认为水泥安定性合格,反之为不合格,当两个试饼判别结果有矛盾时,为安定性不合格。

(2)雷氏法评定:测量试件指针尖端的距离 C,精确至小数点后一位。当两个试件煮后的 $(C-A)$ 平均值不大于 5.0 mm 时,即安定性合格,反之为不合格。当两个试件的 $(C-A)$ 值相差超过 4.0 mm 时,应用同一样品立即重做一次试验。再如此,则认为该水泥安定性不合格。

10.1.7 水泥胶砂流动度试验

1. 试验目的和意义

测定按一定水灰比配制的水泥胶砂的流动度,适用于掺火山灰质混合材料的普通硅酸盐水泥、火山灰质硅酸盐水泥、粉煤灰硅酸盐水泥、复合硅酸盐水泥以及指定采用本方法的其他品种水泥。

2. 主要仪器设备

(1)行星式水泥胶砂搅拌机:搅拌叶片、搅拌锅、传动机构和控制系统组成,应符合 JC/T 681《行星式水泥胶砂搅拌机》的要求。

(2)水泥胶砂流动度测定仪(简称跳桌):应符合有关规定。

(3)试模:用金属材料制成,由截锥圆模和模套组成。截锥圆模内壁须光滑,试模高度为 60 mm ±0.5 mm,上口内径为 70 mm ±0.5 mm,下口内径为 100 mm ±0.5 mm,下口外径为 120 mm。

(4)捣棒:用金属材料制成,直径为 20 mm ±0.5 mm,长度约为 200 mm,捣棒底面与侧面成直角,其下部光滑,上部手柄滚花。

(5)卡尺:量程不小于 300 mm,分度值不大于 0.5 mm。

(6)小刀:刀口直平,长度大约为 80 mm。

3. 试验步骤

(1)水泥胶砂流动度测定仪(跳桌)在试验前先进行空转,以检验其各部位是否正常。

(2)称取各材料用量。制备胶砂的材料数量分别为:水泥 450 g;标准砂 1350 g;水量按预定水灰比计算。水泥试样、标准砂和试验用水、试验条件均应符合《水泥胶砂强度检验方法(ISO 法)》(GB/T 17671—1999)的有关规定。

(3)在制备胶砂的同时,用潮湿毛巾擦拭水泥胶砂流动度测定仪台面、试模内壁、捣棒以及与胶砂接触的用具,将试模放在水泥胶砂流动度测定仪台面中央并用潮湿毛巾覆盖。

(4)将拌好的胶砂分两层迅速装入试模,第一层装至截锥圆模高度约 2/3 处,用小刀在相互垂直的两个方向上各划 5 次,用捣棒由边缘至中心均匀捣压 15 次。之后装第二层胶砂,装至高出截锥圆模约 20 mm,用小刀划 10 次,再用捣棒由边缘至中心均匀捣压 10 次。捣压力量应恰好足以使胶砂充满截锥圆模。捣压深度,第一层捣至胶砂高度的1/2,第二层捣实不超过已捣实底层表面。捣压顺序如图10－11所示。装胶砂和捣压时,用手扶稳试模,不要使其移动。

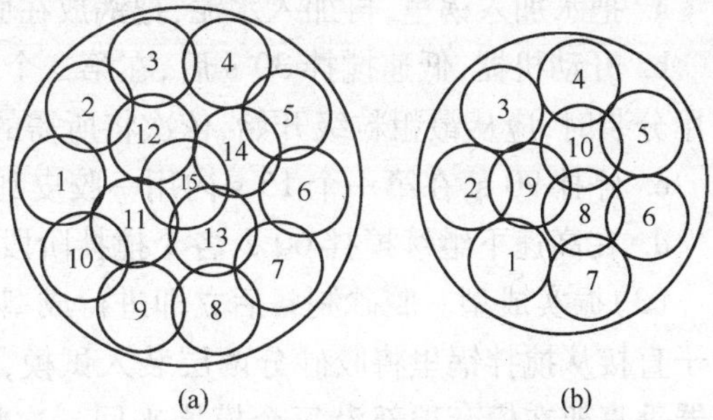

图10－11 捣压顺序

(a)第一层捣压顺序;(b)第二层捣压顺序。

(5)捣压完毕,取下模套,用小刀由中间向边缘分两次将高出截锥圆模的胶砂刮去并抹平,擦去落在水泥胶砂流动度测定仪台面上的胶砂。将截锥圆模垂直向上轻轻提起,立即开动水泥胶砂流动度测定仪,以每秒钟一次的频率,在25 s±1 s内完成25次跳动。

(6)跳动完毕,用卡尺测量胶砂底面互相垂直的两个方向的直径,计算平均值,即为该水量的水泥胶砂流动度,单位为mm。

水泥胶砂流动度试验,从胶砂拌和开始到测量扩散直径结束,必须在6 min内完成。

(7)电动跳桌与手动跳桌测定的试验结果发生争议时,以电动跳桌试验结果为准。

4. 试验结果

用卡尺测量胶砂底面互相垂直的两个方向的直径,以两次试验结果的算术平均值作为最后的测定结果,即为该水量的水泥胶砂流动度,单位为mm。

10.1.8 水泥胶砂强度试验

1. 试验目的和意义

测定水泥各标准龄期的强度,以确定或检验水泥的强度等级。

2. 主要仪器设备

(1)行星式水泥胶砂搅拌机:搅拌叶片、搅拌锅、传动机构和控制系统组成,应符合JC/T 681《行星式水泥胶砂搅拌机》的要求。

(2)胶砂振实台:由底座、卡具、同步电机、模套、可以跳动的台盘、凸轮、臂杆等构成。振动频率为60次/(60 s±1 s),振幅为15 mm±3 mm,应符合JC/T 682《水泥胶砂试体成型振实台》的要求。

(3)试模:由3个水平的模槽组成,可同时成型三条尺寸为40 mm×40 mm×160 mm的棱形试件,应符合JC/T 726《水泥胶砂试模》的要求。

(4)抗折强度试验机:应符合JC/T 724《水泥物理检验仪器电动抗折试验机》的要求。

(5)抗压强度试验机。

(6)抗压夹具:受压面积为40 mm×40 mm。

(7)刮平尺、播料器。

(8)量筒、天平等。

3. 试件成型

(1)称取各材料用量,每锅胶砂的材料数量分别为:水泥450 g±2 g;标准砂1 350 g±5 g;水225 mL±1 mL。

(2)搅拌。每锅胶砂用行星式水泥胶砂搅拌机进行机械搅拌。先使搅拌机处于待工作状态,然后按以下程序进行操作。

a. 把水加入锅里,再加入水泥,把锅放在固定架上,上升至固定位置。

b. 开动机器,低速搅拌 30 s 后,在第二个 30 s 开始的同时均匀地将砂子加入。当各级砂采用分装时,应从最粗粒级开始,依次将所需的每级砂量加完,待机器转至高速后再拌 30 s。

c. 停拌 90 s,在第一个 15 s 内用一胶皮刮具将叶片和锅壁上的胶砂刮入锅的中间。

d. 在高速下继续搅拌 60 s,各个搅拌阶段,时间误差应在 ±1 s 以内。

(3)振实成型。胶砂制备后立即进行成型,将空试模和模套固定在振实台上,用一个适当勺子直接从搅拌锅里将胶砂分两层装入试模,装第一层时,每个槽里约放 300 g 胶砂,用大播料器垂直架在模套顶部沿每个模槽来回一次将料层播平,接着振实 60 次。再装入第二层胶砂,用小播料器播平,再振实 60 次。移走模套,从振实台上取下试模,用一金属直尺以近似 90°的角度架在试模模顶的一端,然后沿试模长度方向以横向锯割动作慢慢向另一端移动,一次将超过试模部分的胶砂刮去,并用同一直尺以近乎水平的情况下将试件表面抹平。

4. 试件养护

(1)去掉留在模子四周的胶砂,立即将做好标记的试模放入雾室或湿箱的水平架子上养护。养护时不应将试模放在其他试模上,一直养护至规定的脱模时间时取出脱模。

(2)脱模后的试件立即水平或竖直放在 20 ℃ ±1 ℃水中养护,水平放置时刮平面应朝上。

(3)试件放在不易腐烂的篦子上,并彼此间保持一定间距,以让水与试件的 6 个面接触。养护期间试件之间间隔或试体上表面的水深不得小于 5 mm。

(4)最初用自来水装满养护池,随后随时加水保持适当的恒定水位,不允许在养护期间全部换水。

(5)除 24 h 龄期或延迟至 48 h 脱模的试件外,任何到龄期的试件应在试验前 15 min 从水中取出。揩去试件表面沉积物,并用湿布覆盖至试验为止。

5. 强度测定

(1)抗折强度测定

将试件一个侧面放在试验机支撑圆柱上,试件长轴垂直于支撑圆柱,通过加荷圆柱以 50 N/s ± 10 N/s 的速率均匀地将荷载垂直地加在棱柱体相对侧面上,直至折断。

按式(10-14)计算抗折强度,精确至 0.1 MPa。

$$f_t = \frac{1.5FL}{b^3} = 0.234 \times F \times 10^{-2} \qquad (10-14)$$

式中 f_t——抗折强度,MPa;

F——破坏荷载,N;

L——支撑圆柱中心距离,100 mm;

b——棱柱体正方形截面的边长,40 mm。

抗折强度试验结果的确定:以 3 个试件抗折强度的平均值作为试验结果。当 3 个强度值中有一个超出平均值 ±10% 时,应剔除后再取另外两个抗折强度的平均值作为抗折强度试验结果。

(2)抗压强度测定

抗折试验后的 6 个断块应立即进行抗压试验。抗压强度测定须用抗压夹具进行,并使夹具对准压力机压板中心。以 2 400 N/s ±200 N/s 的速率均匀地加荷直至破坏,并记录破坏荷载 F。

按式(10-15)计算抗压强度,精确至 0.1 MPa。

$$f_c = \frac{F}{A} = 0.625 \times F \times 10^{-3} \qquad (10-15)$$

式中 f_c——抗压强度,MPa;

F——破坏荷载,N;

A——试件受压部分面积,40 mm×40 mm=1 600 mm^2。

抗压强度试验结果的确定:以6个抗压强度测定值的算术平均值为试验结果。如6个测定值中有一个超出6个平均值的±10%,就应剔除这个测定值,而以剩下5个测定值的平均值作为试验结果。如果5个测定值中再有一个超过它们平均值±10%时,则此组结果作废,应重做试验。

6. 试验结果

将试验计算所得的各标准龄期抗折和抗压强度值,对照国家标准所规定的水泥各龄期强度值,来确定或验证水泥的强度等级。要求各龄期的强度值均不得低于有关标准规定的强度值。

10.2 混凝土试验

10.2.1 混凝土用砂试验

1. 砂的取样

(1)砂的部分试验项目的最小取样数量应符合表10-1的规定。

表10-1 砂的部分试验项目所需的最小取样数量

序号	试验项目	取样数量(g)	序号	试验项目	取样数量(g)
1	筛分析	4 400	4	紧密密度和堆积密度	5 000
2	表观密度	2 600	5	含泥量	4 400
3	吸水率	4 000	6	泥块含量	20 000

(2)砂样应在料堆8个不同部位和深度上各取一份组成一组样品。

(3)取回的样品置于洁净的平板上,在潮湿状态下拌匀,用四分法缩取各项试验所需的试验数量。四分法的方法是:将拌匀的试样摊成约200 mm厚的“圆饼”状,再沿相互垂直的两条直径把“圆饼”分成大致相等的四份,取其对角的两份重新拌匀,再堆成“圆饼”,重复上述过程,直至缩分至稍多于所需试样数量为止。

2. 砂子表观密度的测定

(1)试验目的和意义

测定砂的表观密度,掌握混凝土用砂的基本性质,并为混凝土配合比设计和施工提供必要的依据。

(2)标准方法(容量瓶法)

①主要仪器设备:天平(感量0.1 g)、容量瓶(容量500mL)、滴管等。

②试验步骤和方法:

a. 试样经四分法缩分至650 g,放入105 ℃±5 ℃烘箱中烘干至恒量,冷却至室温。

b. 称取烘干的试样300 g(m_0),装入容量瓶,加水至500 mL的刻度,旋摇容量瓶,使砂样充分摇动,排除气泡,塞紧瓶塞,静置 24 h,在此期间多次轻摇逐气。

c. 用滴管添水至容量瓶 500 mL 刻度线处,以补充因排气造成的水面下降,塞紧瓶塞,称其质量(烘干砂样、水及容量瓶的总质量)m_1(g)。

d. 将瓶内的水和试样全部倒出,洗净容量瓶,再向瓶内注水至瓶颈 500 mL 刻度处,塞紧瓶塞,擦干瓶外水分,称其质量(水及容量瓶总质量)m_2(g)。

e. 按式(10－16)计算砂样的表观密度(精确到 10 kg/m³):

$$\rho = \left(\frac{m_0}{m_0 + m_2 - m_1} - \alpha_t\right) \times 100\% \tag{10-16}$$

式中 ρ——表观密度,kg/m³;

m_0——试样的烘干质量,g;

m_1——试样、水及容量瓶的质量,g;

m_2——水及容量瓶的质量,g;

α_t——水温对砂的表观密度影响的修正,按表 10－2 取。

表 10－2　不同水温下砂石密度测定的温度修正值系数

水温(℃)	15	16	17	18	19	20	21	22	23	24	25
α_t	0.002	0.003	0.003	0.004	0.004	0.005	0.005	0.006	0.006	0.007	0.008

f. 测试两次,以两次测定值的算术平均值作为测试结果。当两次所测值相差大于 20 kg/m³时,应重新取样进行试验。

(3)简易方法(李氏密度瓶法)

①主要仪器设备:天平(感量 0.1 g)、李氏密度瓶、滴管等。

②试验步骤和方法:

a. 试样经四分法缩分至 120 g 左右,放入 105 ℃ ±5 ℃烘箱中烘干至恒量,冷却至室温。

b. 向李氏密度瓶注水至稍高于零线的某一刻度处,记录该读数 V_1(cm³)。

c. 称取干试样 m_0 =50.0 g,借助小漏斗徐徐装入已盛水的李氏密度瓶中。塞紧瓶塞,倾斜密度瓶,用瓶内的水将黏附在瓶颈内的试样洗入水中,摇转密度瓶以排除气泡,静置约 24 h,其间多次轻摇逐气。

d. 待气泡排净后,记录瓶中水面升高后的体积 V_2(cm³)。

e. 按式(10－17)计算砂子的表观密度(精确到 10 kg/m³)。

$$\rho = \left(\frac{m_0}{V_2 - V_1} - \alpha_t\right) \times 1\,000 \tag{10-17}$$

式中 ρ——表观密度,kg/m³;

m_0——试样的烘干质量,g;

V_1——水的原来体积,mL;

V_2——倒入试样后的水和试样的体积,mL;

α_t——水温对砂的表观密度影响的修正,按表 10－2 取。

f. 测试两次,以两次测定值的算术平均值作为测试结果。当两次所测值相差大于 20 kg/m³时,应重新取样进行试验。

3. 砂的堆积密度(松散堆积密度)测定

(1)试验目的和意义

测定砂的堆积密度,并计算其空隙率,可掌握混凝土用砂的基本性质,并为混凝土配合比设计和施工提供必要的依据。

(2)主要仪器设备

天平(称量5 kg,感量5 g)、直尺、金属容量筒(容积1L,应精确测定其容积)、试样铲等。

(3)试验步骤和方法

①试样经四分法缩分样品不少于3L,放入105 ℃ ±5 ℃烘箱中烘干后分为两份备用。

②称量容量筒的质量 m_1(kg)。

③用取样铲将试样从容量筒的中心上方50 mm处徐徐倒入,装满并使上部试样呈锥体,用直尺开始沿筒口中心线向相反方向刮平。

④称量试样和容量筒总质量 m_2(kg)。

⑤按式(10-18)计算砂的堆积密度(松散堆积密度):

$$p_L = \frac{m_2 - m_1}{V} \times 1\ 000 \tag{10-18}$$

式中　ρ_L——堆积密度,kg/m^3;

m_1——容量筒的质量,g;

m_2——容量筒和砂的质量,g;

V——容量筒容积,L。

⑥以两次测定值的算术平均值作为测试结果。

4. 砂的空隙率测定

在测出砂的表观密度 ρ 和堆积密度 ρ_2 之后,便可按式(10-19)计算砂的空隙率:

$$V_L = \left(1 - \frac{\rho_L}{\rho}\right) \times 100\% \tag{10-19}$$

式中　V_L——砂的空隙率,%;

ρ_L——砂的堆积密度,kg/m^3;

ρ——砂的表观密度,kg/m^3。

5. 混凝土用砂的筛分析试验

(1)试验目的和意义

测定砂子的颗粒级配并计算细度模数,为混凝土配合比设计提供依据。

(2)主要仪器设备

①试验筛——公称直径分别为10.0 mm、5.00 mm、2.50 mm、1.25 mm、630 μm、315 μm、160 μm的方孔筛各一只,筛的底盘和盖各一只;筛框直径为300 mm或200 mm。

②天平——称量1 000 g,感量1 g。

③摇筛机。

④烘箱——温度控制范围为105 ℃ ±5 ℃。

⑤浅盘、硬、软毛刷等。

(3)试验步骤

①制备试样。试验前应先将试样通过公称直径10.0 mm的方孔筛,并计算筛余。称取经缩分后的样品不少于550 g两份,分别装入两个浅盘,在105 ℃ ±5 ℃的温度下烘干到恒重,冷却至室温备用。

②准确称取烘干试样 500 g(特细砂可称 250 g),置于按筛孔大小顺序排列(大孔在上、小孔在下)的套筛的最上一只筛(公称直径为 5.00 mm 的方孔筛)上;将套筛装入摇筛机内固紧,筛分 10 min;然后取出套筛,再按筛孔由大到小的顺序,在清洁的浅盘上逐一进行手筛,直至每分钟的筛出量不超过试样总量的 0.1% 时为止;通过的颗粒并入下一只筛子,并和下一只筛子中的试样一起进行手筛。按这样顺序依次进行,直至所有的筛子全部筛完为止。当试样含泥量超过 5% 时,应先将试样水洗,然后烘干至恒重,再进行筛分;无摇筛机时,可改用手筛。

③试样在各只筛子上的筛余量均不得超过按式(10-20)计算得出的剩留量,否则应将该筛的筛余试样分成两份或数份,再次进行筛分,并以其筛余量之和作为该筛的筛余量。

$$m_r = \frac{A\sqrt{d}}{300} \tag{10-20}$$

式中 m_r——某一筛上的剩留量,g;

d——筛孔边长,mm;

A——筛的面积,mm^2。

④称取各筛筛余试样的质量(精确至 1 g),所有各筛的分计筛余量和底盘中的剩余量之和与筛分前的试样总量相比,相差不得超过 1% 。

(4)试验结果

①计算分计筛余(各筛上的筛余量除以试样总量的百分率),精确至 0.1% ;

②计算累计筛余(该筛的分计筛余与筛孔大于该筛的各筛的分计筛余之和),精确至 0.1% ;

③根据各筛两次试验累计筛余的平均值,评定该试样的颗粒级配分布情况,精确至 1% ;

④砂的细度模数应按式(10-21)计算,精确至 0.01:

$$M_x = \frac{A_2 + A_3 + A_4 + A_5 + A_6 - 5 \times A_1}{100 - A_1} \tag{10-21}$$

式中 M_x——砂的细度模数;

A_1、A_2、A_3、A_4、A_5、A_6——公称直径 5.00 mm、2.50 mm、1.25 mm、630 μm、315 μm、160 μm 方孔筛上的累计筛余。

⑤以两次试验结果的算术平均值作为测定值,精确至 0.1。当两次试验所得的细度模数之差大于 0.20 时,应重新取试样进行试验。

6. 砂中泥含量的测定

(1)试验目的和意义

砂中的泥是指粒径小于 0.08 mm 的岩屑、淤泥和黏土的总和。砂中的泥土影响混凝土的质量,测定砂的泥含量,可以判别其是否符合混凝土用砂的要求。

(2)主要仪器设备

天平(感量 0.1 g)、1.25 mm 筛、0.080 mm 筛、容器。

(3)试验步骤和方法

①以四分法缩分试样至 1 100 g,放入 105 ℃ ±5 ℃烘箱中烘干至恒量,冷却至室温。称取 400 g(m_0)干试样两份备用

②将烘干试样放入容器中,注入清水,使水面高出试样 150 mm,充分搅拌,浸泡 2 h。用手在水中淘洗试样,把浑水慢慢倒入 1.25 mm(在上)和 0.080 mm(在下)的套筛上,滤去小于 0.080 mm 的颗粒。

③再次向容器中加入清水,重复上述操作,直至容器内的水目测清洁为止。

④用水淋洗剩留在筛上的细粒,并将 0.08 mm 的筛放在水中(水面略高于筛中砂粒的上表面)来回摇动,以充分洗除 0.08 mm 的颗粒。然后将两只筛上剩留的颗粒和容器中已经洗净的试样一并装入浅盘,置于烘箱中烘至恒重。取出来冷却至室温后,称试样的质量(m_1)。

⑤按式(10-22)计算砂中泥块含量(精确至 0.1%):

$$\varpi_c = \frac{m_0 - m_1}{m_0} \times 100\% \tag{10-22}$$

式中 ϖ_c——泥块含量,%;

m_0——试验前的干燥试样质量,g;

m_1——试验后的干燥试样质量,g。

⑥以上试验做两次,取两次试验测定值的算术平均值作为试验结果。若两次测定值相差大于 0.5%,须重做试验。

7. 砂中泥块含量的测定

(1)试验目的和意义

砂中的"泥块"是指砂中粒径大于 1.25 mm、经浸水泡洗后变成小于 0.630 mm 的颗粒成分。砂中的泥块影响混凝土的质量,测定砂的泥块含量,可以判别其是否符合混凝土用砂的要求。

(2)主要仪器设备

天平(感量 0.1 g)、1.25 mm 筛、0.630 mm 筛等。

(3)试验步骤和方法

①以四分法缩分试样至 5 000 g,放在 105 ℃ ±5 ℃的烘箱中烘干至恒量,冷却至室温。用 1.25 mm 的方孔筛筛分,取筛上的砂不少于 400 g 分为两份备用。

②称取烘干试样 200 g(m_1),置于容器中,并注入饮用水,使水面高出砂面 150 mm。充分拌匀后,浸泡 24 h,然后用手在水中碾碎泥块,再把试样放在公称直径在 0.630 mm 的方孔筛上,用水淘洗,直至水清澈为止。

③保留下来的试样应小心地从筛里取出,装入水平浅盘后,置于温度为 105 ℃ ±5 ℃烘箱中烘干至恒重,冷却后称重(m_2)

④按式(10-23)计算砂中泥块含量(精确至 0.1%):

$$\varpi_{c,L} = \frac{m_1 - m_2}{m_1} \times 100\% \tag{10-23}$$

式中 $\varpi_{c,L}$——泥块含量,%;

m_1——试验前的干燥试样质量,g;

m_2——试验后的干燥试样质量,g。

⑤以上试验测两次,取两次测定值的算术平均值作为试验结果,若两次测定值相差大于 0.5%,须重做试验。

10.2.2 混凝土用石的试验

1. 石子的取样

(1)石子的部分试验项目所需石子的最小取样数量如表 10-3 所示。

(2)石样应在料堆内 5 个不同部位和深度各取一份组成一组样品。

(3)取回的样品置于洁净的平板上,用四分法缩取各项试验的试验数量。

表 10-3　卵石或碎石的部分试验项目所需的最小取样数量(kg)

试验项目	最大公称粒径(mm)							
	10.0	16.0	20.0	25.0	31.5	40.0	63.0	80.0
筛分析	8	15	16	20	25	32	50	64
含泥量	8	8	24	24	40	40	80	80
泥块含量	8	8	24	24	40	40	80	80
针片状颗粒含量	1.2	4	8	10	20	40		
吸水率	8	8	16	16	16	24	24	32
堆积密度、紧密密度	40	40	40	40	80	80	120	120
含水率	2	2	2	2	3	3	4	6
硫化物及硫酸盐	1.0							

2. 石子表观密度的测定

(1)试验目的和意义

测定石子的表观密度,可以掌握混凝土用石子的基本性质,并为混凝土配合比设计和施工提供必要的数据。

(2)标准方法(液体天平法)

①主要仪器设备

液体天平(称量 5 kg,感量 1 g,在天平一边的中心悬挂吊篮,能在水中称量,如图 10-12 所示)、带溢流孔的盛水筒、烘箱等。

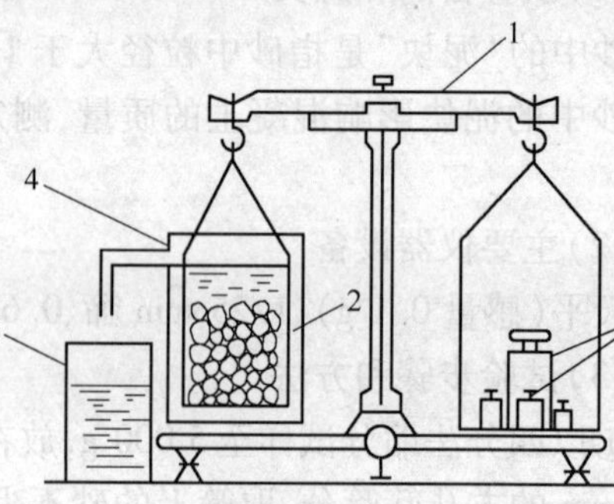

图 10-12　液体天平

1—天平架;2—网篮;3—砝码;
4—带有溢流孔的盛水筒;5—容器。

②试验步骤和方法

a. 试样按四分法缩分至表 10-4 的规定数量,取两份。

表 10-4　石子密度测定称用试样的数量

试样最大粒径(mm)	≤25.0	31.5	40.0	63.0	80.0
每份试样数量(kg)	2.0	3.0	4.0	6.0	6.0

b. 淘洗试样,去除表面尘土杂质,在水中浸泡 24 h。

c. 将试样放入吊篮内,装进盛水筒中,用升降吊篮的方法排除气泡(试样不得露出水面),称量试样和吊篮在水中的质量 m_2(g)。

d. 提起吊篮,取出石子,将空吊篮浸入盛水筒中,称出空吊篮在水中的质量 m_1(g)。

e. 将试样放入 105 ℃ ±5 ℃烘箱内烘干至恒量,称其质量为 m_0(g)。

f. 按式(10-24)计算石子的表观密度:

$$\rho = \left(\frac{m_0}{m_0 + m_1 - m_2} - \alpha_t\right) \times 100\% \qquad (10-24)$$

式中　ρ——表观密度,kg/m^3;

m_0——试样的烘干质量,g;

m_1——吊篮在水中的质量,g;

m_2——吊篮及试样在水中的质量,g;

α_t——水温对砂的表观密度影响的修正,按表 10-2 取值。

g. 以两次试验测定值的算术平均值作为试验结果(精确至 10 kg/m^3)。但两次测定值相差应不大于 20 kg/m^3,否则应重做试验。

(2)简易方法(广口瓶法)(本法所用石子的粒径不宜超过 40 mm)

①主要仪器设备

天平(感量 0.1 g)、广口瓶(1 000mL,磨口,并带玻璃片作盖)、5 mm 孔径的筛等。

②试验步骤和方法

a. 用 5 mm 筛筛除试样中 5 mm 以下颗粒,以四分法缩分至不小于 2 kg,洗刷干净后分成两份,分别浸水至吸水饱和。

b. 将试样取出,装入广口瓶中,排除气泡,加满水并使水面凸出瓶口,用玻璃片沿瓶口水平滑移,使其紧贴瓶口水面,且不留气泡,擦干瓶外水分,称取试样、瓶、水和玻璃片总质量 m_1(g)。

c. 将试样倒出至浅盘中,将瓶洗净重新装水,推入玻璃片且不留气泡,擦干瓶外水分,称取瓶、水和玻璃片总质量 m_2(g)。

d. 将试样放入 105 ℃ ±5 ℃烘箱内烘干至恒量,称其质量为 m_0(g)。

e. 按式(10-25)计算石子表观密度:

$$\rho = \left(\frac{m_0}{m_0 + m_1 - m_2} - \alpha_t\right) \times 100\% \qquad (10-25)$$

式中 ρ——表观密度,kg/m^3;

m_0——烘干的试样质量,g;

m_1——试样、瓶、水、玻璃片的总质量,g;

m_2——瓶、水和玻璃片的总质量,g;

α_t——水温对砂的表观密度影响的修正,按表 10-2 取。

f. 以两次试验测定值的算术平均值作为试验结果(精确至 10 kg/m^3)。但两次测值相差应不大于 20 kg/m^3,否则应重做试验。

3. 石子堆积密度(松散堆积密度)的测定

(1)试验目的和意义

测定石子的堆积密度,并推算其空隙率,为混凝土配合比设计和施工提供必要的数据。

(2)主要仪器设备

秤(100 kg,感量 50 g)、平头铁锹、金属容量筒(其容积按表 10-5 采用)。

表 10-5 测定石子堆积密度的容量筒

试样的最大粒径(mm)	容量筒的容积(L)	容量筒规格(mm)	
		内径	净高
10.0、16.0、20.0、25.0	10	208	294
31.5、40	20	294	294
63.0、80.0	30	360	294

(3)试验步骤和方法

①试样经四分法缩分为两份,风干备用。

②称出容量筒的质量 m_1(kg)。

③用铁锹将试样从容量筒口中心上方 50 mm 处徐徐到入,装满并使上部试样呈锥体,用铁棒从中心开始沿筒口边缘向两边刮平,并以合适的颗粒填入凹陷部分,使表面稍凸部分与凹陷部分的体积大致相等。

④称量试样和容量筒的总质量 m_2(g)。

⑤按式(10-26)计算石子的堆积密度(松散堆积密度):

$$\rho_L = \frac{m_2 - m_1}{V} \times 1000 \tag{10-26}$$

式中 ρ_L——堆积密度,kg/m^3;

m_1——容量筒的质量,kg;

m_2—容量筒和砂的质量,kg;

V—容量筒容积,L。

⑥以两次试验结果的算术平均值作为测试结果。

4. 石子的空隙率测定

在测出石子的表观密度 ρ 和堆积密度 ρ_L 之后,便可按式(10-27)计算石子的空隙率:

$$V_L = \left(1 - \frac{\rho_L}{\rho}\right) \times 100\% \tag{10-27}$$

式中 V_L——堆积密度的空隙率,%;

ρ_L——砂的堆积密度,kg/m^3;

ρ——砂的表观密度,kg/m^3。

5. 石子的筛分试验

(1)试验目的和意义

测定石子的最大粒径和颗粒级配,为混凝土配合比设计提供依据。

(2)主要仪器设备

①试验筛——筛孔公称直径为 100.0 mm、80.0 mm、63.0 mm、50.0 mm、40.0 mm,31.5 mm、25.0 mm,20.0 mm、16.0 mm、10.0 mm、5.00 mm 和 2.50 mm 的方孔筛以及筛的底盘和盖各一只。

②天平和秤——天平的称量 5 kg,感量 5 g;秤的称量 20 kg,感量 20 g。

③烘箱——温度控制范围为 105 ℃ ±5 ℃。

④浅盘。

(3)试验步骤

①试样制备应符合下列规定:试验前,应将样品缩分至表 10-6 所规定的最少质量,并烘干或风干后备用。

表 10-6 筛分试验所需试样的最少质量

公称粒径(mm)	10.0	16.0	20.0	25.0	31.5	40.0	63.0	80.0
试样最少质量(1 g)	2.0	3.2	4.0	5.0	6.3	8.0	12.6	16.0

②按规定称取试样,将试样按筛孔大小顺序过筛,当每只筛上的筛余层厚度大于试样的最

大粒径值时,应将该筛上的筛余试样分成两份,再次进行筛分,直至各筛每分钟的通过量不超过试样总量的0.1%;当筛余试样的颗粒粒径比公称粒径大20 mm以上时,在筛分过程中,允许用手拨动颗粒。

③称取各筛筛余的质量,精确至试样总质量的0.1%。各筛的分计筛余量和筛底剩余量的总和与筛分前测定的试样总量相比,其相差不得超过1%。

(4)试验结果

①计算分计筛余(各筛上筛余量除以试样的百分率),精确至0.1%。

②计算累计筛余(该筛的分计筛余与筛孔大于该筛的各筛的分计筛余百分率之总和),精确至1%。

③根据各筛的累计筛余,评定该试样的颗粒级配。

10.2.3 普通混凝土拌和物坍落度试验

1. 试验目的及适用范围

检验新拌混凝土能否满足工作性的要求。该试验方法适用于骨料最大粒径不大于40 mm、坍落度不小于10 mm的混凝土拌和物稠度测定。

2. 拌和物的取样及试样制备

(1)混凝土拌和物试验用料应从同一盘搅拌或同一车运送的混凝土中取出。取出的拌和物应尽快进行试验,试验前应对试样用人工稍加翻拌,以保证其质量均匀。

(2)混凝土拌和物可以在试验室用人工或机械单独拌制。拌和用的原料应与施工实际用料相同,且应提前运入室内。材料用量以质量计,称量的精确度为:骨料±1%,水、水泥、外加剂均为±0.5%。若砂石含水,应先测定其含水率,进行补充砂石、扣除水量的调整计算(相当于施工配合比的计算),计算出所需的称料量。

(3)拌和料的取料或拌和料数量:

当石子最大粒径不大于31.5 mm时,取料(或拌合料)数量为15 L;

当石子最大粒径大于或等于40 mm时:取料(或拌合料)数量为30 L;

采用机械搅拌时,搅拌量不应小于搅拌机额定搅拌量的1/4。

(4)主要拌和设备:搅拌机(容积75~100L)、拌板和拌铲、磅秤、量筒等。

(5)拌和方法:

①人工拌和:

a. 按预定的(经调整后的)数量称取水泥、砂、石和量取水。

b. 将拌板和拌铲用湿布润湿后,将砂倒在拌板上,加上水泥,用双铲相对翻拌,并自拌板一端翻到另一端,如此重复,直至充分混合、颜色均匀为止。再加上石料,翻拌至少3次,直至均匀拌和。

c. 将干料堆成堆,中间扒开凹槽,将已量好的水向凹槽中先倒入大约一半,仔细翻拌,勿让水流出。边拌边徐徐倒入剩余的水,每翻拌一次,用铲在拌和物上铲切几次。加水完毕后至少再翻拌6次,时间约为4~5 min(当拌料超过30L时,还应加长时间)。

d. 拌好的拌和物,应立即进行坍落度试验。从加水起,坍落度试验和成型试件的全部操作必须在30 min内完成。

②机械搅拌:

a. 按预定的(经调整后的)数量称取水泥、砂、石和量取水。

b. 搅拌前，要用相同配合比的水泥砂浆对搅拌机进行涮膛，然后倒出并刮去多余的砂浆，目的是让水泥砂浆薄薄地黏附在搅拌机筒壁上，以免正式拌和时影响配合比。

c. 开动搅拌机，按石子、砂、水泥顺序投料，干拌均匀后徐徐加水，全部加料时间不得超过 2 min，在水全部加入后继续搅拌 2 min。

d. 卸出拌好的拌和物，在拌板上再人工翻拌 1 ~ 2 min，使拌和物均匀一致，即可进行坍落度试验。从加水起，坍落度试验和成型试件的全部操作必须在 30 min 内完成。

3. 试验步骤

(1)湿润坍落度筒及底板，在坍落度筒内壁和底板上应无明水。底板应放置在坚实水平面上，并把筒放在底板中心，然后用脚踩住两边的脚踏板，坍落度筒在装料时应保持固定的位置。

(2)把按要求取得的混凝土试样用小铲分三层均匀地装入筒内，使捣实后每层高度为筒高的 1/3 左右。每层用捣棒插捣 25 次。插捣应沿螺旋方向由外向中心进行，各次插捣应在截面上均匀分布。插捣筒边混凝土时，捣棒可以稍稍倾斜。插捣底层时，捣棒应贯穿整个深度，插捣第二层和顶层时，捣棒应插透本层至下一层的表面；浇灌顶层时，混凝土应灌到高出筒口。插捣过程中，如混凝土沉落到低于筒口，则应随时添加。顶层插捣完后，刮去多余的混凝土，并用抹刀抹平。

(3)清除筒边底板上的混凝土后，垂直平稳地提起坍落度筒。坍落度筒的提离过程应在 5 ~ 10 s 内完成；从开始装料到提坍落度筒的整个过程应在 150 s 内完成。

(4)提起坍落度筒后，将筒放在一旁，测量筒高与坍落后混凝土试体最高点之间的高度差，即为该混凝土拌和物的坍落度值；坍落度筒提离后，如混凝土发生崩坍或一边剪坏现象，则应重新取样另行测定；如第二次试验仍出现上述现象，则表示该混凝土和易性不好，应予记录备查。

(5)观察坍落后的混凝土试体的黏聚性及保水性。黏聚性的检查方法是用捣棒在已坍落的混凝土锥体侧面轻轻敲打，此时如果锥体逐渐下沉，则表示黏聚性良好，如果锥体倒塌、部分崩裂或出现离析现象，则表示黏聚性不好。保水性以混凝土拌和物稀浆析出的程度来评定，坍落度筒提起后如有较多的稀浆从底部析出，锥体部分的混凝土也因失浆而骨料外露，则表明此混凝土拌和物的保水性能不好；如坍落度筒提起后无稀浆或仅有少量稀浆自底部析出，则表示此混凝土拌和物保水性良好。

(6)当混凝土拌和物的坍落度大于 220 mm 时，用钢尺测量混凝土扩展后最终的最大直径和最小直径，当这两个直径之差小于 50 mm 时，用其算术平均值作为坍落扩展度值；否则，此次试验无效。

如果发现粗骨料在中央集堆或边缘有水泥浆析出，表示此混凝土拌和物抗离析性不好，应予记录。

4. 试验结果

混凝土拌和物坍落度和坍落扩展度值以毫米为单位，测量精确至 1 mm，结果表达修约至 5 mm。

10.2.4 混凝土强度试验

1. 试验目的和意义

(1)测定混凝土强度，检验混凝土所采用的水灰比是否正确，作为调整水灰比的依据。

(2)检验现场施工的混凝土是否达到强度要求,是混凝土施工质量控制的重要组成部分。

2. 主要仪器设备

试模、振动台、养护室(箱)、压力试验机、小铁铲、镘刀等。

3. 试验步骤

(1)制作混凝土试件

①取样或拌制好的混凝土拌合物,应至少用铁锹再来回拌和3次。

②成型方法:

a. 振动台振实制作试件

将混凝土拌和物一次装入试模,装料时应用抹刀沿各试模壁插捣,并使混凝土拌和物高出试模口,试模应附着或固定在符合要求的振动台上,振动时试模不得有任何跳动,振动应持续到表面出浆为止,不得过振。

b. 人工插捣制作试件

混凝土拌和物应分两层装入模内,每层的装料厚度大致相等,插捣应按螺旋方向从边缘向中心均匀进行。在插捣底层混凝土时,捣棒应达到试模底部;插捣上层时,捣棒应贯穿上层后插入下层20~30 mm。插捣时捣棒应保持垂直,不得倾斜。然后应用抹刀沿试模内壁插拔数次,每层插捣次数按在10 000 mm^2 截面积内不得少于12次,插捣后应用橡皮锤轻轻敲击试模四周,直至插捣棒留下的空洞消失为止。

c. 插入式振捣棒振实制作试件

将混凝土拌和物一次装入试模,装料时应用抹刀沿各试模壁插捣,并使混凝土拌和物高出试模口,宜用直径为 ϕ25 mm 的插入式振捣棒振捣,插入试模振捣时,振捣棒距试模底板10~20 mm且不得触及试模底板,振动应持续到表面出浆为止,且应避免过振,以防止混凝土离析;一般振捣时间为20 s。振捣棒拔出时要缓慢,拔出后不得留有孔洞。

③刮除试模上口多余的混凝土,待混凝土临近初凝时,用抹刀抹平。

(2)养护混凝土试件

①试件成型后应立即用不透水的薄膜覆盖表面。

②采用标准养护的试件,应在温度为20 ℃ ±5 ℃的环境中静置一昼夜至二昼夜,然后编号、拆模。拆模后应立即放入温度为20 ℃ ±2 ℃,相对湿度为95%以上的标准养护室中养护,或在温度为20 ℃ ±2 ℃的不流动的 $Ca(OH)_2$ 饱和溶液中养护。标准养护室内的试件应放在支架上,彼此间隔10~20 mm,试件表面应保持潮湿,并不得被水直接冲淋。

③同条件养护试件的拆模时间可与实际构件的拆模时间相同,拆模后,试件仍需保持同条件养护。

④标准养护龄期为28d(从搅拌加水开始计时)。

(3)混凝土强度试验

①试件从养护地点取出后应及时进行试验,将试件表面与上下承压板面擦干净。

②将试件安放在试验机的下压板或垫板上,试件的承压面应与成型时的顶面垂直。试件的中心应与试验机下压板中心对准,开动试验机,当上压板与试件或钢垫板接近时,调整球座,使接触均衡。

③在试验过程中应连续均匀地加荷。混凝土强度等级小于C30时,加荷速度取0.3~0.5 MPa/s;混凝土强度等级大于或等于C30且小于或等于60时,取0.5~0.8 MPa/s;混凝土强度等级大于C60 MPa,取0.8~1.0 MPa/s。

④当试件接近破坏开始急剧变形时,应停止调整试验机油门,直至破坏,记录破坏荷载。

4. 试验结果

(1)混凝土立方体抗压强度应按式(10-28)计算:

$$f_{cc}=\frac{F}{A} \tag{10-28}$$

式中 f_{cc}——混凝土立方体试件抗压强度,MPa;

F——试件破坏荷载,N;

A——试件承压面积,mm^2。

混凝土立方体抗压强度计算应精确至0.1 MPa。

(2)强度值的确定应符合下列规定:

①以3个试件测定值的算术平均值作为该组试件的强度值(精确至0.1 MPa)。

②3个测定值中的最大值或最小值中如有一个与中间值的差值超过中间值的15%时,则把最大及最小值一并舍去,取中间值作为该组试件的抗压强度值。

③如最大值和最小值与中间值的差均超过中间值的15%,则该组试件的试验结果无效。

(3)混凝土强度等级小于C60时,用非标准试件测得的强度值均应乘以尺寸换算系数,其值为对200 mm×200 mm×200 mm试件为1.05;对100 mm×100 mm×100 mm试件为0.95。当混凝土强度等级大于或等于C60时,宜采用标准试件;使用非标准试件时,尺寸换算系数应由试验确定。

10.3 砂浆试验

10.3.1 一般规定

1. 抽样

(1)建筑砂浆试验用料应根据不同要求,可从同一盘搅拌机或同一车运送的砂浆中取出;在试验室取样时,可从机械或人工拌和的砂浆中取出。

(2)在施工中取样进行砂浆试验时,其取样方法和原则应按相应的施工验收规范执行。每一验收批,且不超过250m^3砌体的各种类型及强度等级的砌筑砂浆,每台搅拌机应至少抽检一次。抽样应在使用地点的砂浆槽、砂浆运送车或搅拌机出料口,至少从三个不同部位抽取。所取试样的数量应多于试验用料的1~2倍。

(3)砌筑砂浆的验收批,同一类型、强度等级的砂浆试块应不少于3组。

2. 试验条件

(1)试验室拌制砂浆进行试验时,拌和用的材料要求提前运入室内,拌和时试验室的温度应保持在20 ℃±5 ℃。

(2)试验用水泥和其他原材料,应与现场使用材料一致。水泥如有结块,应充分混合均匀,以0.9 mm筛过筛。砂也应以4.75 mm筛过筛。

(3)试验室用搅拌机搅拌砂浆时,搅拌的用量不宜少于搅拌机容量的20%,搅拌时间不宜少于2 min。

(4)试验室拌制砂浆时,材料称量的精确度:水泥、外加剂等为±0.5%;砂、石灰膏、黏土膏、粉煤灰和磨细生石粉为±1%。

(5)砂浆拌和物取样后,应尽快进行试验。现场取来的试样,在试验前应经人工再翻拌,以保证其质量均匀。

10.3.2 稠度检验

1. 试验原理及方法

通过测定一定重量的锥体自由沉入砂浆中的深度,以反映砂浆抵抗阻力的大小。

2. 试验目的和意义

通过稠度的测定,便于施工过程中控制砂浆稠度,达到控制用水量的目的,同时为确定配合比、合理选择稠度及确定满足施工要求的流动性提供依据。

3. 主要仪器设备

(1)砂浆稠度仪:由试锥、盛样容器和支座三部分组成,见图10-13所示。

(2)钢制捣棒:直径10 mm,长350 mm,端部磨圆。

(3)秒表等。

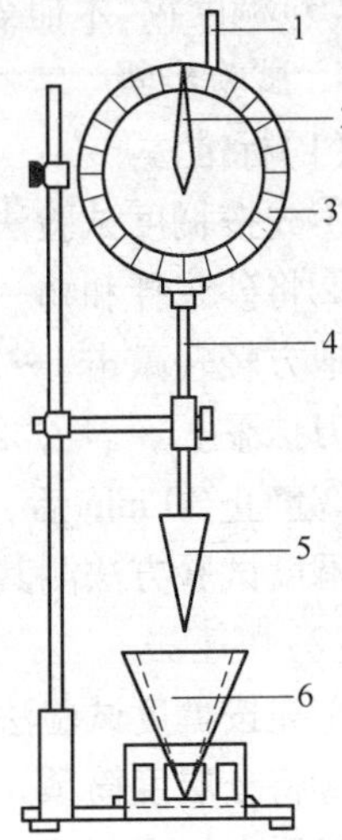

图10-13 砂浆稠度测定仪

1—齿条测杆;2—指针;3—刻度盘;4—滑杆;5—圆锥体;6—圆锥筒。

4. 试验步骤

(1)盛样容器和试锥表面用湿布擦干净,并用少量润滑油轻擦滑杆,使滑杆能自由滑动。

(2)将砂浆拌和物一次装入容器,使砂浆表面低于容器口约10 mm左右,用捣棒自容器中心向边缘插捣25次,然后轻轻地将容器摇动或敲击5~6下,使砂浆平整,随后将容器置于稠度测定仪的底座上。

(3)拧开试锥滑杆的制动螺钉,向下移动滑杆,当试锥尖端与砂浆表面刚接触时,拧紧制动螺钉,使齿条测杆下端刚接触测杆上端,并将指针对准零点上。

(4)拧开制动螺钉,同时计时间,待10 s时立即固定螺钉,将齿条测杆下端接触测杆上端,从刻度盘上读出下沉深度(精确至1 mm),即为砂浆的稠度值。

注意:盛样容器内的砂浆,只允许测定一次稠度,重复测定时,应重新取样。

5. 数据处理及结果评定

(1)取两次试验结果的算术平均值,计算值精确至1 mm。

(2)两次试验值之差如大于20 mm,则应另取砂浆搅拌后重新测定。

10.3.3 分层度试验

1. 试验原理及方法

测定相隔一定时间后沉入度的损失,以反映砂浆失水程度及内部组成的稳定性。

2. 试验目的和意义

通过分层度的测定,评定砂浆的保水性。

3. 主要仪器设备

(1)砂浆分层度筒,见图10-14所示。

(2)水泥胶砂振动台:振幅0.85 mm±0.05 mm,频率50 Hz±3 Hz。

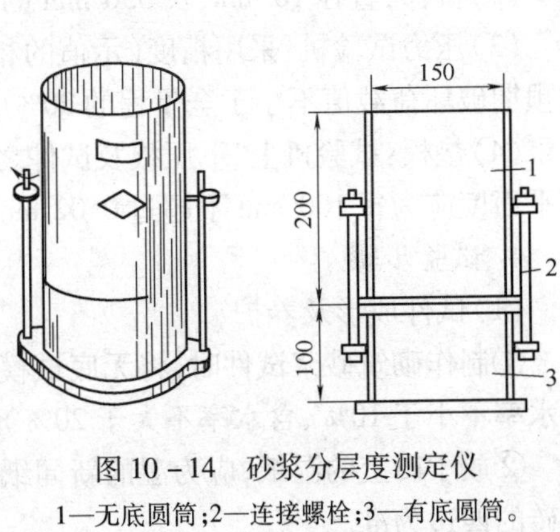

图10-14 砂浆分层度测定仪

1—无底圆筒;2—连接螺栓;3—有底圆筒。

(3)稠度仪、木槌等。

4. 试验步骤

(1)标准法

①先按稠度试验法测定稠度。

②将砂浆拌和物一次装入分层度筒内，待装满后，用木槌在容器周围距离大致相等的四个不同地方轻轻敲击1～2下，如砂浆沉落到低于筒口时，则应随时添加，然后刮去多余的砂浆并用抹刀抹平。

③静止30 min后，去掉上节200 mm砂浆，剩余100 mm砂浆倒出，放在拌和锅内拌2 min，再按稠度试验方法测其稠度，前后两次试验值之差即为该砂浆的分层度值（cm）。

(2)快速法

①先按稠度试验法测定稠度。

②将分层度筒预先固定在振动台上，砂浆一次装入分层度筒内，振动20 s。

然后去掉上节200 mm砂浆，剩余100 mm砂浆倒出，放在拌和锅内拌2 min，再按稠度试验方法测其稠度，前后两次试验值之差即为该砂浆的分层度值(cm)。

注意，如有争议时，以标准法为准。

5. 数据处理及结果评定

(1)取两次试验结果的算术平均值作为该砂浆的分层度值。

(2)两次分层度试验值之差如大于20 mm，应重新试验。

10.3.4 立方体抗压强度检测

1. 试验原理及方法

将流动性和保水性符合要求的砂浆拌和物按规定成型，制成标准的立方体试件，经28d养护后，测其抗压破坏荷载，以此计算其抗压强度。

2. 试验目的和意义

通过砂浆试件抗压强度的测定，检验砂浆质量，确定、校核配合比是否满足要求，并确定砂浆强度等级。

3. 主要仪器设备

(1)试模：为70.7 mm×70.7 mm×70.7 mm的立方体，由铸铁或钢制成，应具有足够的刚度并拆装方便。

(2)捣棒：直径10 mm，长350 mm的钢棒，端部应磨圆。

(3)压力试验机：采用精度(示值的相对误差)不大于±2%的试验机，其量程应能使试件的预期破坏荷载值不小于全量程的20%，也不大于全量程的80%。

(4)垫板：试验机上、下压板及试件之间可垫以钢垫板，垫板的尺寸应大于试件的承压面，其平面度应为每100 mm不超过0.02 mm。

4. 试验步骤

(1)试件成形及养护

①制作砌筑砂浆试件时，将无底试模放在先铺有吸水性较好的纸的普通黏土砖上(砖的吸水率不小于10%，含水率不大于20%)，试模内壁事先涂刷薄层机油或脱模剂。

②放于砖上的湿纸，应为湿的新闻纸(或其他未粘过胶凝材料的纸)，纸的大小要以能盖过砖的四边为准。

③向试模内一次注满砂浆,用捣棒均匀由外向里按螺旋方向插捣 25 次,为了防止低稠度砂浆插捣后可能留下孔洞,允许用灰刀沿模壁插数次,使砂浆高出试模顶面 6 ~ 8 mm。

④当砂浆表面开始出现麻斑状态时(15 ~ 30 min),将高出部分的砂浆沿试模顶面削去抹平。

⑤试件制作后应在 20 ℃ ±5 ℃温度环境下停置一昼夜(24 h ±2 h),当气温较低时,可适当延长时间,但不应超过两昼夜,然后对试件进行编号并拆模。试件拆模后,应在标准养护条件下或自然条件下继续养护至 28d,然后进行试压。

(2)注意事项

①标准养护的条件是:水泥混合砂浆灰应为温度 20 ℃ ±3 ℃,相对湿度 60% ~80% ;水泥砂浆和微沫砂浆应为温度 20 ℃ ±3 ℃,相对湿度 90% 以上。

②采用自然养护的条件是:水泥混合砂浆应在正温度,相对湿度为 60% ~80% 的条件下(如养护箱中或不通风的室内)养护;水泥砂浆和微沫砂浆应在正温度并保持试块表面湿润的状态下(如湿砂堆中)养护。

③养护期间,试件彼此间隔不少于 10 mm。

④砖的使用面要求平整,凡砖的四个垂直面粘过水泥或其胶结材料时,不允许再使用。

⑤在有争议时,以标准养护条件为准。

⑥试件从养护地点取出后,应尽快进行试验,以免试件内部的温湿度发生显著变化。

5. 抗压强度测定

(1)将经 28d 养护的试件从养护地点取出后,先将试件擦拭干净,测量尺寸,并检查其外观。试件尺寸测量精确至 1 mm,并据此计算试件的承压面积。如实测尺寸与公称尺寸之差不超过 1 mm,可按公称尺寸计算。

(2)将试件安放在试验机的下压板上(或下垫板上),试件的承压面应与成型时的顶面垂直,试件中心应与试验机下压板(或下垫板)中心对准。开动试验机,当上压板与试件(或上垫板)接近时,调整球座,使接触面均衡受压。承压试验机应连续而均匀地加荷,加荷速度应为 0.5 ~1.5 kN/s(砂浆强度 5 MPa 及以下时,取下限为宜,砂浆强度 5 MPa 以上时,取上限为宜),当试件接近破坏而开始迅速变形时,停止调整试验机油门,直到试件破坏,然后记录破坏荷载。

6. 数据处理及结果评定

砂浆立方体抗压强度应按式(10 -29)计算:

$$f_{m,cu} = \frac{N_U}{A} \tag{10-29}$$

式中 $f_{m,cu}$——砂浆立方体抗压强度,MPa;

N_U——立方体破坏压力,N;

A——试件承压面积,mm^2。

砂浆立方体抗压强度计算应精确至 0.1 MPa。

以 6 个试件测值的算术平均值作为该组试件的抗压强度值,平均值计算精确至 0.1 MPa。当 6 个试件的最大值或最小值与平均值的差超过 20% 时,以中间 4 个试件的平均值作为该组试件的抗压强度值。

10.4 钢材试验

10.4.1 钢材的拉伸试验

1. 试验目的和意义

拉伸性能是钢材的主要性能，由拉伸试验可测得钢材的屈服强度、抗拉强度和伸长率，可以鉴别钢材的质量是否符合标准的要求，为钢材质量评定及使用提供依据。

2. 主要仪器设备

万能试验机（拉伸试验机）、试样分划仪、千分卡尺、钢板尺等。

3. 试样制备

(1)钢筋的拉伸试样

钢筋应有出厂证明书或试验报告单，验收时以不大于60t为一个验收批，在每批中随机抽取两根钢筋，每根离端部50cm处各取一套（两根）试样。每套试样中，一根作拉伸试验，另一根作冷弯试验。拉伸试样的长度：粗短试件取$5d_0+200$ mm，细长试件取$10d_0+200$ mm，钢丝试件取100 mm +200 mm。

钢筋试样使用原样钢筋，不允许进行车削加工。为了测定伸长率，需在试件表面与轴线平行的一条直线上，用试样分划仪或其他工具以11个小冲点或细画线或油漆标出试件的标距L_0及其各个等分点。每个等分标距为10 mm或20 mm。

(2)钢材的其他试样

其他试样多为圆形或板形，切取样坯和机械加工试样时，均应防止因冷加工或受热而影响试样的力学性能，切坯时边缘处应留有足够的加工余量，切坯宽度应不小于制品厚度，亦不小于20 mm。标距尺寸同上。钢材拉伸试件如图10－15所示。

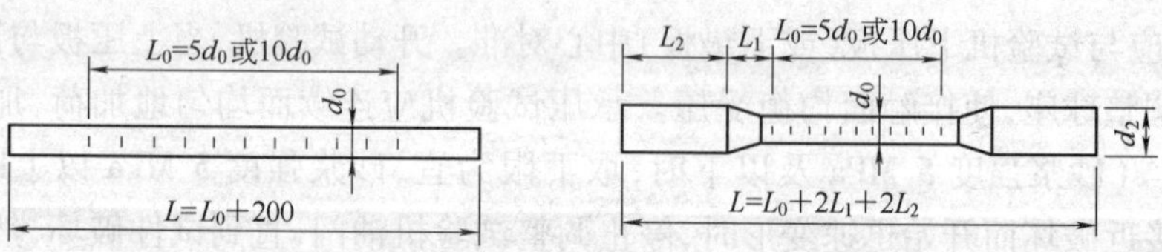

(a)不经车削的试件　　(b)车削试件

图10－15　钢材的拉伸试件

4. 试验步骤和方法

(1)检查试验机是否正常完好，选择试验机的吨位，使试件的最大荷载在试验机量程的50%～75%之间。调整试验机使指针对零，副针与主针重叠。

(2)检查试件的长度划分及直径，将试件放入试验机夹紧，开动试验机缓慢加荷拉伸试件。

(3)接近屈服点时，加荷速度应控制为3～30 MPa/s，一般宜用10 MPa/s。测力度盘的指针第一次回转时的最小荷载，即为所测的屈服点荷载P_s(N)。

(4)对试件继续加荷，直至拉断，记录最大荷载P_b(N)。

(5)按式(10－30)计算试件的屈服强度σ_s和抗拉强度σ_b

$$\sigma_s = \frac{P_s}{A_0}, \quad \sigma_b = \frac{P_b}{A_0} \qquad (10-30)$$

式中 σ_s——试件的屈服强度,MPa;

P_s——试件的屈服荷载,N;

σ_b——试件的抗拉强度,MPa;

P_b——试件的最大荷载,N;

A_0——试件的原始横截面积,mm^2,钢筋按公称直径计算,其他按所测尺寸计算。

(6) 将已拉断试件的两段在断裂处对齐,尽量使其轴线位于同一直线上,测定断后标距 L_1。

①若断口处于标距范围中间 1/3 段内时,可直接量出标距两端的距离,即为断后标距 L_1,如图 10-16(a)所示。

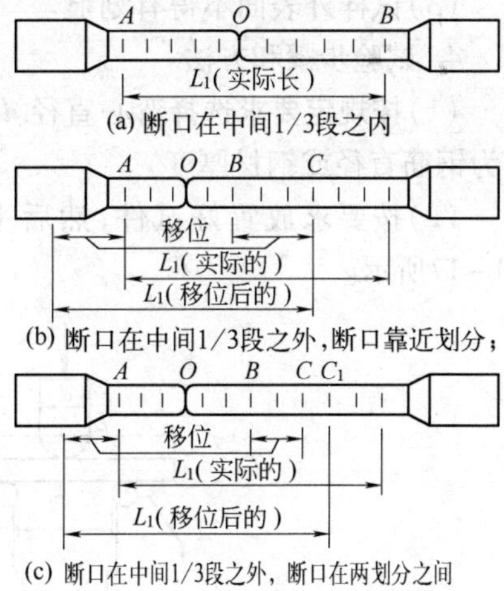

图 10-16 试件拉断后的测量示意图

②若断口处于标距范围中间 1/3 段之外时,要用移中法量取断后标距 L_1;在图 10-16(a)、(b)、(c)中,在长段上,从断口 O 点取基本等于短段的格数,得 B 点。

当断口靠近画线时,长段所余格数为偶数,如图10-16(b)所示,取长段所余格数的一半,得 C 点,则$L_1 = AB + 2BC$。

当断口在两画线之间时,长段所余格数为奇数,如图 10-16(c)所示,取长段所余格数减 1 的一半得 C_1 点,则 $L_1 = AB + BC + BC_1$。

当试件在标距端点上或标距端点外断裂时,则本试验无效,应重做试验。

(7) 按式(10-31)计算试件的伸长率:

$$\delta_{5(10)} = \frac{L_1 - L_0}{L_0} \times 100\% \qquad (10-31)$$

采用粗短试件($L_0 = 5d_0$)时用 δ_5 表示,采用细长试件($L_0 = 10d_0$)时用 δ_{10}表示。

5. 试验结果

在两根试件所测的屈服强度、抗拉强度、伸长率均合格时,评为合格,若有一根达不到屈服强度、抗拉强度和伸长率中的任一项规定值时,则应再抽取双倍试件重做各项试验,若仍有一项不合格,则认为该批钢筋拉伸试验不合格。

10.4.2 钢材冷弯试验

1. 试验目的和意义

通过对钢材进行冷弯试验,检查钢材在规定弯曲程度下弯曲变形的性能,同时可暴露其缺陷,确定其是否满足钢材冷弯加工的要求。

2. 主要仪器设备

压力试验机或万能试验机、弯曲变形模具。

3. 试件制备

(1)钢筋试样:与拉伸试件一起取得,不能进行车削加工(直径 35 mm 以下)。

(2)板材或型材:原料宽度等于或大于 100 mm 时,试件的厚度 a 应等于原材料的厚度,试件宽度 $b = 2a \pm 2$(mm),但不得小于 10 mm,试件长度 $L = 5A + 150$(mm);材料宽度小于 100 mm,试件的横截面等于原来材料的横截面。

(3)试样外表面不得有划痕。

4. 试验步骤和方法

(1)按规定要求选择弯心直径 d,调整两支持辊间的距离为 $d+2a+2$ mm(d 为弯心直径,a 为钢筋直径或钢材厚度)。

(2)按要求放置好试件,然后平稳加压,使试件绕着弯心弯曲到要求的弯转角,如图 10－17所示。

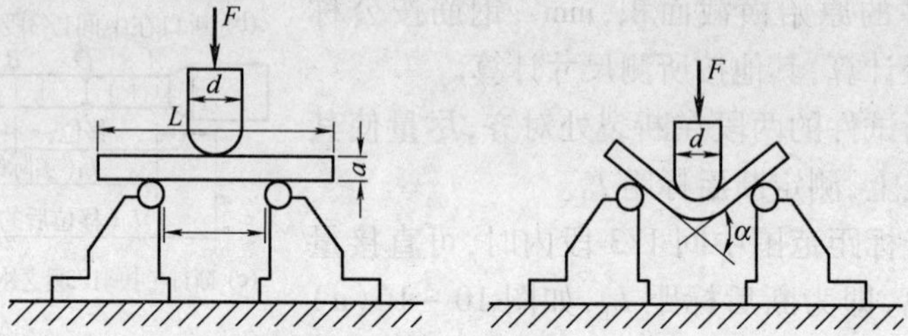

图 10－17 冷弯试验示意图

a—试件直径;L—试件长度;F—试验力;d—弯心直径;α—弯曲角度。

5. 结果评定

卸荷,取下试样,检查弯曲处的外表面,若试样不断、受弯曲部分表面没有裂纹,则评定试样为冷弯合格。

10.4.3 钢材冲击试验

1. 试验目的和意义

钢材的冲击试验是测定在动荷载作用下,试件折断时的弯曲冲击韧性值,借以检查钢材在常温下的冲击韧性、负温下的冷脆性、时效敏感性以及焊接后的硬脆倾向。因此,按不同条件钢材冲击试验可分为常温冲击试验、低温冲击试验、时效敏感性冲击试验和焊接接头冲击试验等。本试验为常温冲击试验。

2. 主要仪器设备

冲击试验机。

3. 试样制备

冲击试验的方法,按照“金属夏比(U 形缺口)冲击试验方法”(GB 229—1994)和“金属夏比(V 形缺口)冲击试验方法”(GB 2106—80)的规定,其所用试件的缺口有 U 形缺口和 V 形缺口两种法,其规格要求如图 10－18 所示。

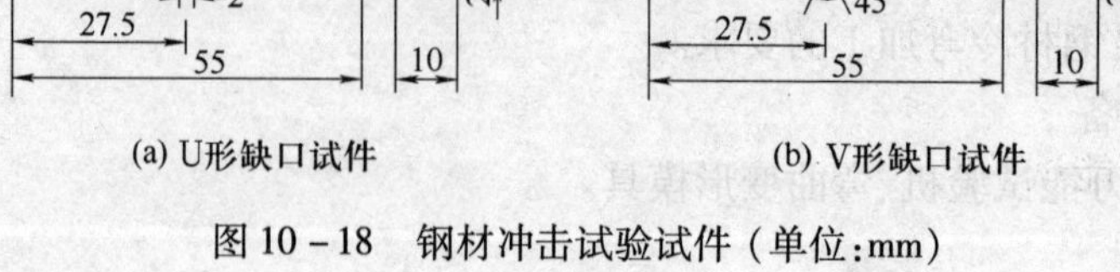

图 10－18 钢材冲击试验试件(单位:mm)

4. 试验步骤和方法

(1)常温冲击试验,应在 20 ℃ ±5 ℃下进行。

(2)校正试验机:将摆锤置于下垂位置,调整指针对准最大读数。扬摆定位后,按动“冲击”按钮,使摆锤旋转下落空摆,检查试验机的能量损失,记录初始读数。

(3)精确量出试件缺口处的尺寸。

(4)将试件置于基座上,使试件缺口的背部正对摆锤的打击中心。

(5)调整指针对准最大读数,将摆锤上扬定位,按动"冲击"按钮,使摆锤旋转下落冲击试件,摆锤击断试件后继续前摆至一定高度,同时带动指针转动,从度盘中读取读数,减去初始读数,即为试件的冲击吸收功 A_k。

(6) 按式(10-32)计算冲击韧性值 a_k

$$a_k = \frac{A_k}{A} \tag{10-32}$$

式中 a_k——试件的冲击韧性值,J/cm²(至1.0J/cm²);

A_k——试件的冲击吸收功,J;

A——试件缺口处的横截面面积,cm²。

若试件将冲击能量全部吸收而未折断,则在"全部冲击功"值前面加">"符号,并注明"未折断"字样。

5. 注意事项

试验时,应特别注意安全,摆锤扬起后,所有人员应退到安全栏以外两侧,顺着摆锤摆动的方向严禁站人,以防发生伤害事故。

10.5 沥青试验

10.5.1 石油沥青针入度试验

1. 试验目的和意义

针入度是反映石油沥青黏滞性的指标,是划分牌号的主要依据,根据测定的针入度值,可以确定沥青的牌号。

2. 主要仪器设备

(1)针入度仪,如图10-19所示。

(2)标准试针,由硬质不锈钢经回火制成,针杆连同砝码的总质量应为100 g。

(3)金属试样皿:小试样皿内径55 mm,深度35 mm,用于针入度200~350度的沥青;针入度大于350度时,另按规定选用。

(4)玻璃保温皿。

(5)温度计0~50 ℃。

(6)恒温水浴、孔径0.3~0.5 mm筛网、熔融罐等。

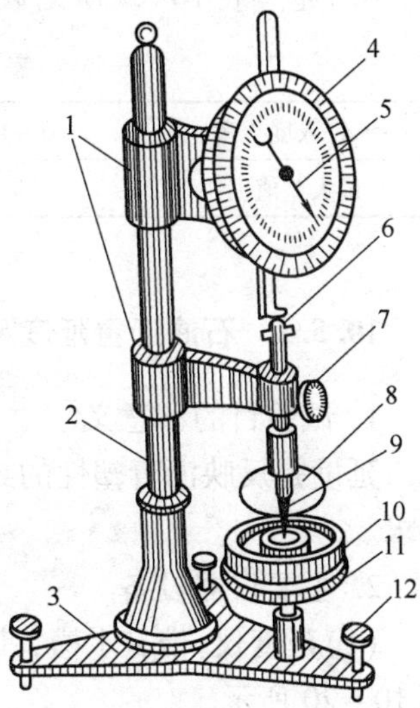

图10-19 针入度仪

1—悬臂;2—固定支柱;3—底座;4—刻度盘;5—指针;6—标准针连杆;7—按钮;8—小镜子;9—标准针;10—保温皿;11—圆型平台;12—调平螺丝。

3. 试样制备

(1)同一批出厂、同类别、同牌号的沥青,以20 t为一取样单位,不足20 t时也作为一取样单位。从每个取样单位的不同5桶(袋)中抽取大致等量的试样共约1 kg作为平均试样。对个别可疑混杂的沥青,应单独取样测试。

(2)将试样晾干,用器皿盛装,在电炉上加热熔化,用筛网滤除杂质。

(3)将热熔试样倒入试样皿中,其深度应比预计穿入深度多 10 mm 以上,在 15 ~ 30 ℃室温下冷却 1 ~ 1.5 h(用小试样皿时)或 1.5 ~ 2 h(用大试样皿时),然后放入 25 ℃ ± 0.5 ℃的恒温水浴中,恒温 1 ~ 1.5 h(用大试样皿时)后可取出进行测试。

4. 试验步骤和方法

(1)检查针入度仪完好情况,调平针入度仪的底座,检查针杆活动情况,按试验条件装好砝码,用有溶剂的布将试针擦净。

(2)将试样皿取出,放入水温(严格控制)为 25 ℃ ± 0.5 ℃的玻璃保温皿中,试样表面以上的水层高度应大于或等于 10 mm,将保温皿放于针入度仪底座平台上,调整标准针,使针尖刚好与试样表面接触,拉下活动齿杆,使其下端与针杆顶端接触,并将刻度盘上指针对零(或记录初始读数)。

(3)紧压按钮,同时计时,使标准针(连同针杆、砝码)自由下落插入沥青试样中,经 5 s,松开按钮,标准针即停止插入。

(4)拉下活动齿杆,使其下端与针杆顶端接触,指针随之转动,此时,刻度盘指针所指读数(或这个读数与初始读数之差),即为试样的针入度值(以 0.1 mm 为 1 度)。

(5)在同一试样的不同位置上测定 3 次,每两测点之间及测点与试样皿边缘之间的距离应大于或等于 10 mm,每次测定前均应检查并调节水温,每次测定后均应将测针取下,用浸有溶剂的布擦净,装上再测。

5. 试验结果

取 3 次测定值的算术平均值作为测试结果。3 次测定值的最大差值(最大值和最小值之差)不得超过表 10 - 7 所列数值,否则应予重做。

表 10 - 7 石油沥青针入度测定值的最大差值

针入度	0 ~ 49	50 ~ 149	150 ~ 249	250 ~ 350
最大差值	2	4	6	10

10.5.2 石油沥青延度测定

1. 试验目的和意义

延度是反映沥青塑性的重要技术指标,根据测定的延度值可以判断沥青的塑性是否符合要求。

2. 主要仪器设备

(1)延度仪:带有水槽,其滑板可带动试件一端按 5 cm/min ± 0.5 cm/min 的速度拉伸,如图 10 - 20 所示。

(2)"8"字形试模:由两个端模和两个侧模组成,中间最小横断面的尺寸为 1cm × 1cm,带有底板,如图 10 - 21 所示。

(3)温度计、恒温水浴等。

3. 试样制备

(1)原料的取样要求与试验 10.5.1 同。

(2)用甘油滑石粉隔离剂(甘油:滑石粉 = 2:1,质量比)均匀涂抹于试模内侧和底板上

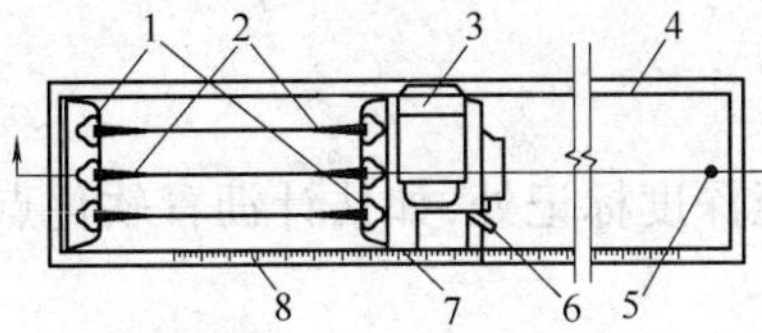

图 10－20 沥青延伸仪图

1—试模；2—试样；3—电机；4—水槽；5—泄水孔；6—开关柄；7—指针；8—标尺。

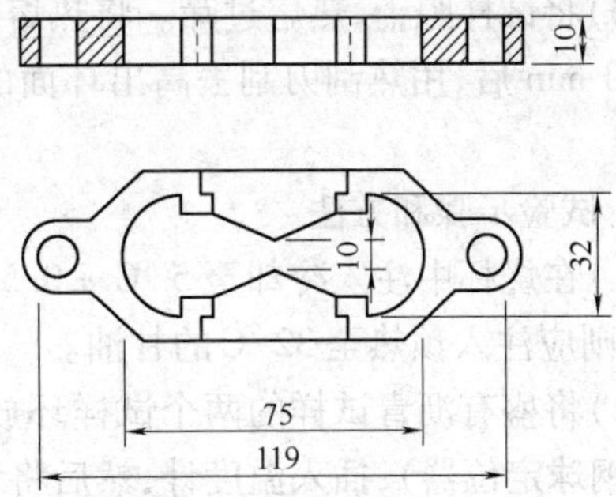

图 10－21 延度试模（单位：mm）

表面，试模装紧于底板上。

（3）将试样晾干，热熔过筛，使热熔沥青呈细流，自模的一端至另一端注入试模，往返多次，至满并稍有高出。每次试验需要制作 3 个试样。

（4）试样在 15～30 ℃的空气中冷却 30 min，再放入 25 ℃ ±0.5 ℃恒温水浴中保持 30 min 后取出，用热刀将高出模面部分的沥青自模的中间向两端削去，直至试件表面齐平光滑为止。将试件再浸入 25 ℃ ±0.5 ℃的恒温水浴中，1～1.5 h 后进行测试。

4. 试验步骤和方法

（1）检查延度仪的拉伸速度是否符合要求，移动滑板至起动端，使其指针对准标尺的零点；调节水槽的水温保持在 25 ℃ ±0.5 ℃，水面应高出试件 25cm 左右。

（2）取出试样，去掉底板，装入延度仪水槽中，各个试模两端的孔分别套在滑板和槽端的金属柱上，然后去掉侧模 。

（3）开动延度仪，以 5 cm/min 的速度拉伸试件，并观察每个试样的延伸情况。如发现沥青细丝浮于水面或沉入槽底时，则应在水中加入乙醇（酒精）或食盐，以调整水的密度与试样密度相近，再进行测定。

（4）每个试样拉断时，指针所指尺上的读数，即为试样的延度（cm）。

5. 试验结果

取 3 个试样延度值的算术平均值作为测试结果。若两个较大值在平均值 ±5% 以内，而最小值超出，则应舍去最小值，取其中两个较大值的平均值作为测定结果。

10.5.3 石油沥青软化点测定

1. 试验目的和意义

软化点是反映石油沥青耐热性能的重要技术指标。根据试验测定的沥青软化点值，可以判断其稳定性是否符合标准要求。

2. 主要仪器设备

（1）软化点测定仪，如图 10－22 所示。

（2）电炉、温度计等。

3. 试样制备

（1）原料的取样要求与试验 10.5.1 同。

（2）将试样环置于涂有甘油滑石粉隔离剂的玻璃板上。

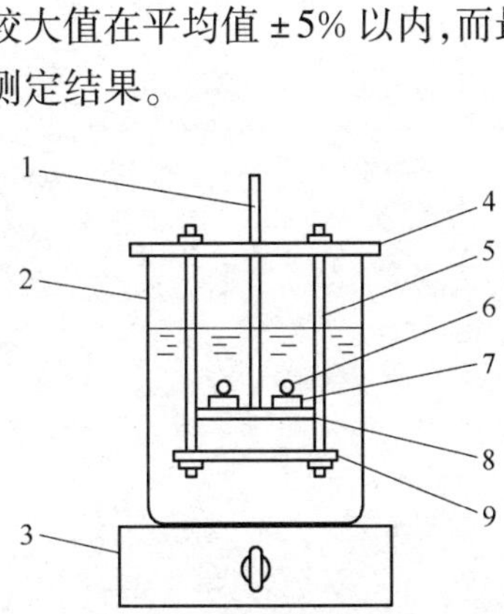

图 10－22 软化点测定仪

1—温度计；2—烧杯；3—电炉；4—上承板；5—立柱；6—钢球；7—试样环；8—中承板；9—下承板。

(3)将试样晾干，热熔过筛。将热熔沥青注满试样环并稍高出环面，在 15 ~ 30 ℃空气中冷却 30 min 后，用热刮刀刮去高出环面的沥青，使试样与环面齐平。每次试验需要制作两个试样。

4. 试验步骤和方法

(1)在烧杯中注入冷却至 5 ℃ ±0.5 ℃的蒸馏水至深度标记处，如估计沥青软化点超过 80 ℃，则应注入预热至 32 ℃的甘油。

(2)将盛有沥青试样的两个试样环放入支架的中承板的圆孔中，在每个试样环上方套上环套(钢球定位器)，插入温度计，然后将装好试样的整个支架放入烧杯中，恒温 5 min。

(3)在每个试样中心放入一个钢球(直径 9.53 mm、质量 3.50 g ±0.05 g)，然后将烧杯置于电炉上加热，使水(或甘油)的温度在 3 min 后保持每分钟上升 5 ℃ ±0.5 ℃。在整个测定过程中，如温度的上升速度超出范围，则应重做实验。

(4)当受热软化的试样(连球)下坠至与下承板接触(下坠 25.4 mm)时的温度，即为试样的软化点。

5. 试验结果

取两个测定值的算术平均值作为测定结果。但两个测定值不得超过表 10 - 8 所列数值，否则应重做试验。

表 10 - 8　软化点允许差值

软化点(℃)	<80	80 ~ 100	100 ~ 140
允许差数(℃)	1	2	3

参考文献

[1] 王春阳．建筑材料．北京:高等教育出版社,2002.
[2] 周士琼．土木工程材料．北京:中国铁道出版社,2004.
[3] 邝为民．工程材料．北京:中国铁道出版社,2001.
[4] 李文利．建筑材料．北京:中国建材出版社,2004.
[5] 刘红飞,蒋元海,叶蓓红．建筑外加剂．北京:中国建筑工业出版社,2004.
[6] 魏鸿汉．建筑材料．北京:中国建筑工业出版社,2004.
[7] 宋岩丽,王社欣,周仲景．建筑材料与检测．北京:人民交通出版社,2007.